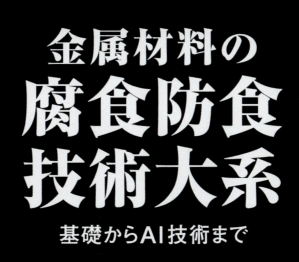

金属材料の腐食防食技術大系

基礎からAI技術まで

監修 梶山 文夫

NTS

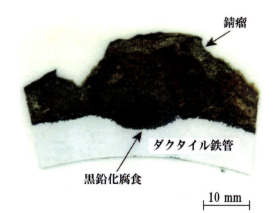

図5 土壌抵抗率187 Ωm, pH 7.51の土壌に管厚8.5 mmのダクタイル鉄管が17年間埋設された様相(p.33)

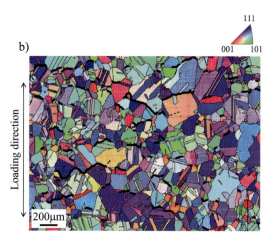

図5 テトラチオン酸溶液中のSUS304に生じたIGSCC(p.53)
a)走査型電子顕微鏡(SEM)による観察結果, b)電子線後方散乱回折(EBSD)装置によるIPFマップ(実線でき裂が生じた粒界を示している)

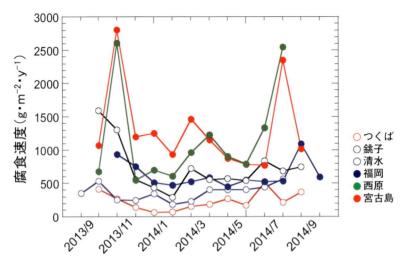

図8　国内6ヵ所で月ごとの暴露試験を行った時の各地域での月別腐食量（p.100）

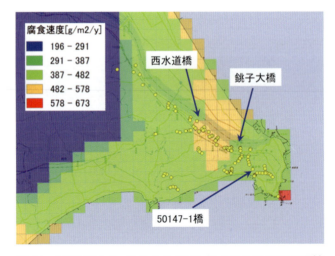

図11　2018年1月10日から2018年2月9日までの環境データを用いて作成した銚子市の腐食予測マップ（p.102）

図2 水面との境界部での腐食（p.106）

図3 銀の黒化（p.106）

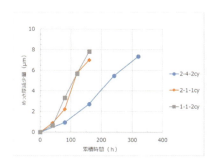

図4 複合サイクル試験のWET率と溶融亜鉛めっき鋼板の腐食速度の関係（p.109）

図4 収集した腐食レールの一例(側面)(p.139)

図2 従来の機械学習で正確な判別が困難な例(p.175)

図3 錆の進行度判別の例(p.175)

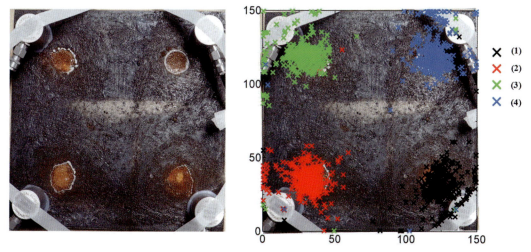

図9 AE音源位置標定結果（p.187）

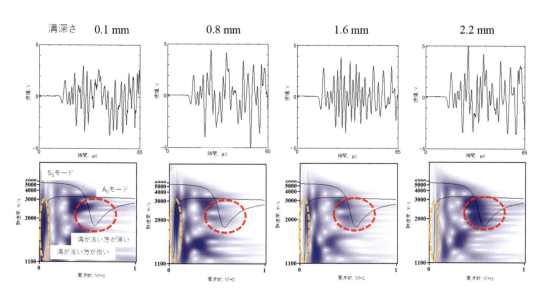

図10 各溝で検出された代表的なAE（上）とウェーブレット変換結果（下）（p.188）

口-5

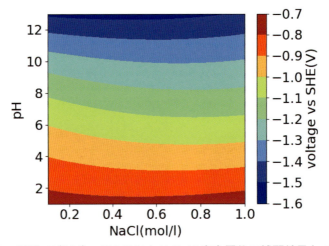

図3 清浄 Al(001), 300 K における Al 腐食電位の補間結果 (p.223)

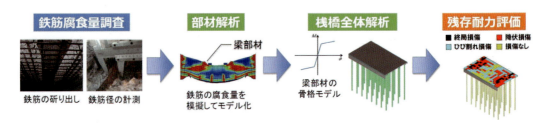

図1 桟橋の残存耐力を評価するための手順 (p.304)

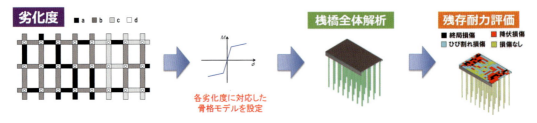

図2 劣化度判定結果から構造解析により残存耐力を評価する技術 (p.304)

腐食防止の重要性と本書の役割

　腐食損失は，操業の停止による直接損失と間接損失がある。たとえば，構造物が天然ガスを輸送する高圧鋼製パイプラインの場合，腐食によって穿孔に至った場合，輸送物の漏えいによる爆発事故，環境破壊の重大な事故につながりかねない。穿孔に至らなくとも腐食は応力腐食割れの引き金と成り得る。腐食は，資産所有者と産業に巨額を負わせ続けている。2015 年現在，(公社)腐食防食学会と(一社)日本防錆技術協会が協同で調査した結果報告によると，日本の腐食損失額は名目 GDP の 1.24％になっている[1]。また，オーストラリアにおいて，基幹部門と資産の腐食とその劣化の経済効果は，1 年間の GDP の 3～5％と見積もられている[2]。さらに，有用な腐食防止を実施することにより，腐食コストの 15～35％は削減可能と考えられている。

　日本における橋梁，鉄塔，道路，トンネル，水道・石油・ガスパイプラインなどのインフラは，1964 年に開催された東京オリンピック開催時に急ピッチで建設・敷設され，その後，1970 年代にマンション建設ブームが訪れることになった。建設・敷設当時は何年か後に補修，入れ取り換えが必要になるという概念が極めて希薄であったと言える。私たちは，今まさにインフラの維持管理の真っただ中にいる。

　腐食防止は，人類，資産及び環境を守るために非常に重要なのである。誤った腐食防止技術を適用しないために，腐食の本質的な理解が不可欠である。そのためには，教科書とそれを解説する講師が必要となるが，我が国は実務に根ざした腐食防止の高等教育はないし，教える講師もいないのが現状である。

　このような現実を踏まえると，広範な分野にわたる腐食防食を解説した本書は，必ずや腐食防食技術者・研究者各位にすぐ役立つものと確信してやまない。

　終りになりましたが，お忙しい中，本書の役割を理解され執筆に尽力された方々，出版にあたって大変お骨折りをいただいた(株)エヌ・ティー・エスの方々に感謝の意を表する。

文　献

1) 篠原正：防錆管理，**64**(7)，1(2020).
2) K. R. Larsen：The costs of corrosion for Australia's urban water industry, *Materials Performance*, **54**(6), 19(2015).

　2025 年 1 月

ISO/TC156/WG10／電食防止研究委員会　梶山　文夫

監修者・執筆者一覧（敬称略）

【監修者】

梶山　文夫　　　　ISO/TC156/WG10　日本主査／電食防止研究委員会　顧問

【執筆者】（掲載順）

梶山　文夫　　　　ISO/TC156/WG10　日本主査／電食防止研究委員会　顧問

藤本　慎司　　　　大阪大学名誉教授／鈴鹿工業高等専門学校　校長

千葉　　誠　　　　旭川工業高等専門学校　物質化学工学科　准教授

西田　孝弘　　　　静岡理工科大学　理工学部土木工学科　教授

藤井　朋之　　　　静岡大学　工学部　准教授

武富　紳也　　　　佐賀大学　理工学部　准教授

松本　龍介　　　　京都先端科学大学　工学部　教授

江原隆一郎　　　　福岡大学　材料技術研究所　客員教授

南口　　誠　　　　長岡技術科学大学

郭　　妍伶　　　　長岡技術科学大学

片山　英樹　　　　国立研究開発法人物質・材料研究機構　構造材料研究センター　副センター長

深見　謙次　　　　パナソニックホールディングス株式会社　プロダクト解析センター
　　　　　　　　　信頼性ソリューション部　主任技師

高野　宏明　　　　パナソニックホールディングス株式会社　プロダクト解析センター
　　　　　　　　　材料ソリューション部　主任技師

長谷川和哉　　　　スガ試験機株式会社　開発部プロジェクトD　課長代理

須賀　茂雄　　　　スガ試験機株式会社　代表取締役社長

木原　重光　　　　株式会社ベストマテリア　会長

松田　宏康　　　　合同会社設備技術研究所　代表

水谷　　淳　　　　公益財団法人鉄道総合技術研究所　軌道技術研究部レールメンテナンス
　　　　　　　　　副主任研究員

坂入　正敏　　　　北海道大学　大学院工学研究院　准教授

井上　博之　　　　大阪公立大学　大学院工学研究科　准教授

溝渕　利明　　　　法政大学　デザイン工学部　教授

山口　健輔　　　　株式会社KDDIテクノロジー　開発4部　シニアエキスパート

松尾　卓摩	明治大学　理工学部機械工学科　専任教授	
齊藤　　完	日本製鉄株式会社　技術開発本部鉄鋼研究所表面処理研究部　課長	
庄　　篤史	山陽特殊製鋼株式会社　技術企画管理部高合金鋼グループ　グループ長	
鈴木　　順	株式会社神戸製鋼所　素形材事業部門チタンユニットチタン工場技術部開発室 主任研究員	
狩野　恒一	株式会社コベルコ科研　計算科学センター	
須田　　聡	ENEOS株式会社　潤滑油販売部　チーフテクノロジスト	
相賀　武英	日塗化学株式会社　営業部　部長付	
髙谷　泰之	トーカロ株式会社　溶射技術開発研究所　技術顧問	
山口　岳思	中日本高速道路株式会社　技術本部環境・技術企画部構造技術課　課長代理	
坂本　達朗	公益財団法人鉄道総合技術研究所　材料技術研究部防振材料研究室　主任研究員	
宇野　州彦	五洋建設株式会社　技術研究所　部長	

目　　次

■ 第1章　腐食分野における国際規格の動向 （梶山　文夫）

  《 1. 国際規格の構成 …………………………………………………………………… 2

  《 2. 腐食分野における ISO の動向 ………………………………………………… 2

  《 3. ISO における国際規格策定の動向 …………………………………………… 2

  《 4. 国際規格策定に関する日本のあるべき姿 …………………………………… 4

■ 第2章　腐食現象

▼ 第1節　腐食発生のメカニズム （藤本　慎司）

  《 1. はじめに ………………………………………………………………………… 6

  《 2. 水溶液腐食の電気化学 ………………………………………………………… 6

  《 3. 表面皮膜の働きと腐食の発生をもたらす皮膜破壊 ………………………… 13

▼ 第2節　大気腐食 （千葉　誠）

  《 1. 金属材料の大気腐食 …………………………………………………………… 15

  《 2. 金属材料の大気模擬環境における腐食試験 ………………………………… 17

  《 3. 乾湿繰り返し試験 ……………………………………………………………… 17

  《 4. 乾湿繰り返し試験を用いた鉄および鉄鋼材料の腐食評価事例 …………… 18

  《 5. 乾湿繰り返し試験を用いたアルミニウム材料の腐食評価事例 …………… 20

▼ 第3節　土壌腐食 （梶山　文夫）

  《 1. 土壌腐食把握の必要性の芽生え ……………………………………………… 23

  《 2. 土壌特性の把握の必要性 ……………………………………………………… 23

  《 3. 土壌の特性 ……………………………………………………………………… 23

  《 4. NBS の研究によるアメリカ各地の土壌に 4.0 年間埋設された炭素鋼の腐食度 ……… 29

  《 5. 「腐食が激しい」意味 ………………………………………………………… 30

  《 6. 微生物腐食事例 ………………………………………………………………… 31

▼ 第4節　海水腐食 （西田　孝弘）

  《 1. 海水の主成分と定義 …………………………………………………………… 36

  《 2. 海水にさらされる場合の環境 ………………………………………………… 37

▼ 第5節　迷走電流腐食 （梶山　文夫）

  《 1. 迷走電流腐食の定義 …………………………………………………………… 42

  《 2. 迷走電流腐食の最初の発生とメカニズム …………………………………… 42

《3. 迷走電流腐食の分類 ……………………………………………………………… 44
《4. 土壌埋設パイプラインが受ける電気的干渉によって発生する直流・交流迷走電流腐食リスク … 45
《5. 迷走電流腐食の防止基準 ……………………………………………………… 47

第6節　応力腐食割れ(SCC)（藤井　朋之）
《1. はじめに …………………………………………………………………………… 49
《2. SCC の特徴と分類 ……………………………………………………………… 49
《3. SCC 挙動とその評価 …………………………………………………………… 50
《4. 試験方法 ………………………………………………………………………… 56
《5. 寿命評価 ………………………………………………………………………… 58

第7節　水素脆化　（武富　紳也・松本　龍介）
《1. はじめに …………………………………………………………………………… 60
《2. 水素の吸着と侵入 ……………………………………………………………… 61
《3. 水素の拡散と輸送 ……………………………………………………………… 63
《4. 水素脆化メカニズム …………………………………………………………… 65
《5. 水素脆化のまとめと課題 ……………………………………………………… 67

第8節　腐食疲労　（江原　隆一郎）
《1. 腐食疲労現象 …………………………………………………………………… 69
《2. 腐食疲労試験方法 ……………………………………………………………… 70
《3. 腐食疲労機構と特徴 …………………………………………………………… 70
《4. 腐食疲労強度改善 ……………………………………………………………… 77

第9節　高温腐食　（南口　誠・郭　妍伶）
《1. はじめに …………………………………………………………………………… 80
《2. 金属の高温酸化 ………………………………………………………………… 80
《3. 酸化皮膜の生成と成長機構 …………………………………………………… 81
《4. 鉄鋼の高温酸化 ………………………………………………………………… 84
《5. 高温酸化対策 …………………………………………………………………… 88
《6. おわりに …………………………………………………………………………… 90

第3章　腐食試験

第1節　屋外腐食試験の概要と試験データの活用　（片山　英樹）
《1. はじめに …………………………………………………………………………… 94
《2. 大気暴露試験 …………………………………………………………………… 94
《3. 大気暴露試験データの活用 …………………………………………………… 98
《4. おわりに …………………………………………………………………………… 103

第2節　腐食試験の概要と腐食評価技術　（深見　謙次・高野　宏明）
《1. はじめに …………………………………………………………………………… 104
《2. 腐食試験の概要 ………………………………………………………………… 105

《 3. 腐食評価技術 ··· 111
《 4. おわりに ··· 114

第3節　腐食促進試験機の開発 （長谷川　和哉・須賀　茂雄）
《 1. 腐食促進試験の歴史 ··· 116
《 2. 現状の腐食試験規格について ··· 119
《 3. 腐食促進試験方法の発展と試験機の開発 ·· 121
《 4. まとめ ··· 125

第4章　寿命予測

第1節　AIによる金属材料の腐食予測システムの開発 （木原　重光・松田　宏康）
《 1. はじめに ··· 128
《 2. 腐食予測が必要なケース ··· 128
《 3. 腐食機構 ··· 129
《 4. 腐食機構予知ルールベース型AI ··· 130
《 5. 機械学習による劣化損傷機構選定AI ··· 132
《 6. 生成AI ··· 133
《 7. 将来性について ··· 133

第2節　極値統計理論による腐食寿命評価 （水谷　淳）
《 1. はじめに ··· 134
《 2. 極値統計理論の局部腐食評価への導入 ·· 134
《 3. 極値統計理論による寿命予測の適用例—腐食したレールの最大錆厚推定— ·············· 138

第5章　構造物の腐食センシング・検出・モニタリング技術

第1節　腐食による構造物の経年劣化と維持管理技術 （坂入　正敏）
《 1. 腐食による構造物の経年劣化 ·· 144
《 2. 構造物の維持管理 ··· 146
《 3. 点検方法 ··· 146
《 4. 効率的な維持管理の実現 ··· 152

第2節　電気化学ノイズ法を用いた腐食モニタリング技術の基礎 （井上　博之）
《 1. はじめに ··· 154
《 2. 電気化学ノイズの測定方法 ··· 154
《 3. EN法による分極抵抗の推定 ··· 155
《 4. EN法による局部腐食感受性の評価 ··· 157

第3節　赤外線を利用した鉄筋の腐食評価 （溝渕　利明）
《 1. はじめに ··· 162
《 2. 赤外線を用いた鉄筋コンクリート構造物の検査手法 ································· 163
《 3. 冷媒を用いた赤外線による鉄筋の腐食量の定量評価について ·························· 165

《 4. おわりに ……………………………………………………………………………… 172

▼ **第4節　AI 画像認識技術を活用した錆の自動検出技術** （山口　健輔）
　　《 1. AI 画像認識技術 ……………………………………………………………………… 174
　　《 2. 深層学習による錆の学習 …………………………………………………………… 176
　　《 3. 精　度 ………………………………………………………………………………… 178
　　《 4. 運　用 ………………………………………………………………………………… 179
　　《 5. おわりに ……………………………………………………………………………… 180

▼ **第5節　アコースティックエミッション法を用いた**
　　　　　　　腐食検出・モニタリング技術 （松尾　卓摩）
　　《 1. はじめに ……………………………………………………………………………… 181
　　《 2. AE 法 ………………………………………………………………………………… 181
　　《 3. 塩水滴下による鋼板の加速腐食試験中の AE 計測 ……………………………… 182
　　《 4. おわりに ……………………………………………………………………………… 187

第6章　耐腐食材料の開発

▼ **第1節　土木・建材向け高耐食めっき鋼板の開発** （齊藤　完）
　　《 1. はじめに ……………………………………………………………………………… 190
　　《 2. 高耐食めっき鋼板 ZAM®，スーパーダイマ® ……………………………………… 191
　　《 3. 次世代高耐食めっき鋼板 ZEXEED® ………………………………………………… 196

▼ **第2節　高効率廃棄物発電ボイラ用ステンレス鋼管 QSX5 の開発** （庄　篤史）
　　《 1. 開発の背景 …………………………………………………………………………… 200
　　《 2. 開発の経緯 …………………………………………………………………………… 200
　　《 3. QSX5 の諸性質 ……………………………………………………………………… 208
　　《 4. 採用実績 ……………………………………………………………………………… 209
　　《 5. おわりに ……………………………………………………………………………… 209

▼ **第3節　耐食チタン合金 AKOT の開発** （鈴木　順）
　　《 1. チタンの耐食性と耐食チタン合金 ………………………………………………… 210
　　《 2. Ti-Ni-Pd-Ru 合金への Cr の添加 …………………………………………………… 210
　　《 3. Ti-Ni-(Pd, Ru)-Cr 合金（AKOT）の耐食性と電気化学的挙動 …………………… 211
　　《 4. AKOT の耐食性発現メカニズム …………………………………………………… 215

▼ **第4節　マテリアルズ・インフォマティクスによる**
　　　　　　　金属材料の耐腐食性の向上技術 （狩野　恒一）
　　《 1. はじめに ……………………………………………………………………………… 218
　　《 2. 概　要 ………………………………………………………………………………… 218
　　《 3. ESM-RISM 法を用いた Tafel 外挿による腐食電位の計算方法 ………………… 219
　　《 4. 材料／水溶液界面モデルの計算詳細 ……………………………………………… 221
　　《 5. 腐食電位の計算結果 ………………………………………………………………… 222

《6. 機械学習モデルによる腐食電位の補完 ·· 222
《7. おわりに ·· 224

第7章 金属・構造物の腐食防止・維持管理技術

第1節 カソード防食 （梶山 文夫）
《1. カソード防食の定義 ·· 228
《2. カソード防食の概念 ·· 228
《3. カソード防食の原理 ·· 229
《4. カソード防食基準策定までの道のり ·· 230
《5. 2024年現在策定されているカソード防食基準 ··· 233
《6. カソード防食の適用例 ··· 237

第2節 環境に配慮した防錆油の開発 （須田 聡）
《1. はじめに ·· 240
《2. 防錆油の組成 ··· 240
《3. 防錆油の種類 ··· 241
《4. 環境に配慮した防錆油 ··· 241
《5. 新たな付加価値を付与した防錆油について ·· 243
《6. 将来の防錆油 ··· 245
《7. おわりに ·· 246

第3節 重防食塗装の開発 （相賀 武英）
《1. 塗装による防食 ·· 247
《2. 重防食塗装とは ·· 247
《3. 鋼構造物の防食塗装の進化 ··· 248
《4. 重防食塗装としてのC-5塗装系の詳細 ·· 249
《5. 安価重防食塗装の開発 ··· 252
《6. まとめ ·· 258

第4節 溶射による金属の防食技術 （髙谷 泰之）
《1. はじめに ·· 260
《2. 溶射材料 ·· 260
《3. 溶射法 ·· 265
《4. 溶射皮膜の腐食メカニズム ··· 267
《5. 溶射皮膜の耐食性評価 ··· 267
《6. 溶射皮膜の欠陥および封孔処理 ·· 275

第5節 高速道路における鋼橋の防食技術 （山口 岳思）
《1. はじめに ·· 278
《2. NEXCOの管理道路の現状 ·· 279
《3. 鋼橋の防食技術 ·· 282
《4. 維持管理の効率化 ··· 287

《 5. 新技術の採用 ………………………………………………………………… 288
《 6. おわりに …………………………………………………………………………… 289

第 6 節　鋼鉄道橋の維持管理 （坂本　達朗）

《 1. はじめに ………………………………………………………………………… 290
《 2. 鋼鉄道橋の塗装方法 …………………………………………………………… 290
《 3. 塗替え施工 ……………………………………………………………………… 293
《 4. 近年の鋼鉄道橋の維持管理上の課題 ……………………………………… 296

第 7 節　海外の水道管の維持管理動向 （梶山　文夫）

《 1. 水道管の歴史 …………………………………………………………………… 299
《 2. ダクタイル鉄管の導入 ………………………………………………………… 299
《 3. 海外の水道管維持管理動向 …………………………………………………… 299
《 4. ダクタイル鉄管の外面腐食防止システム ………………………………… 301
《 5. 日本の水道事業 ………………………………………………………………… 301

第 8 節　AI を用いた桟橋の残存耐力評価技術 （宇野　州彦）

《 1. はじめに ………………………………………………………………………… 303
《 2. 開発技術の概要 ………………………………………………………………… 303
《 3. 開発技術を用いた残存耐力の評価 ………………………………………… 307
《 4. 実桟橋への適用と画像情報を用いた AI 技術の開発 …………………… 309
《 5. おわりに ………………………………………………………………………… 310

※本書に記載されている会社名、製品名、サービス名は各社の登録商標または商標です。なお、必ずしも商標表示(®、TM)を付記していません。

第 1 章

腐食分野における
国際規格の動向

ISO/TC156/WG10／電食防止研究委員会　梶山　文夫

1. 国際規格の構成

　表1は，3つから成る国際規格の構成を示したものである[1]。国際規格は，国際標準化機構（ISO），国際電気標準会議（IEC）および国際電気通信連合（ITU）から成る。ISOは，電気，通信を除く全分野を対象分野とする。情報技術に関しては，IECとISOそれぞれが国際標準化活動を行ってきた。しかしながら，進歩の著しい情報技術に対しては，両者が共同して取り組む必要性が高まり，1987年11月，ISO/IEC JTC1（ISO/IEC Joint Technical Committee，ISO/IEC合同専門委員会）が設立され，現在に至っている。

表1　国際規格の構成[1]

国際規格	ISO：国際標準化機構（International Organization for Standardization）	IEC：国際電気標準会議（International Electrotechnical Commission）	ITU：国際電気通信連合（International Telecommunication Union）
設立年	1947年（非政府組織として設立）	1906年（創設）	1932年
対象分野	電気，通信を除く全分野	電気・電子技術分野　電子，磁気および電磁気，電気音響，マルチメディア，通信，発電および送配電の分野，また，それらに全般的に関連する用語および記号，電磁両立性，計測および性能，信頼性，設計および開発，安全および環境などの分野	通信技術の標準化，無線周波数スペクトラムの管理，途上国への技術協力

2. 腐食分野における ISO の動向

　現在，腐食分野におけるISO活動は，主にISO/TC 156（Corrosion of metals and alloys/金属および合金の腐食）で行われている。**表2**は，Pメンバー国を示したものである[2]。ISO/TC 156の議長国は中国である。2024年6月現在，25ヵ国である。**表3**は，2024年6月現在のISO/TC 156のWG（作業グループ）を示したものである。WGは，連番になっていないことに注意されたい。WGは，TC（専門委員会）またはSC（分科委員会）の作業範囲のうち，特定の作業を行うことを目的にTCまたはSCによって設置され，Pメンバー（Participating member，ISO/IECの専門業務に積極的に参加し，TCまたはSC内投票のため正式に提出された全ての問題および照会原案と最終国際規格案に対する投票の義務を負う）によって任命を受けた専門家で構成される[1]。

3. ISO における国際規格策定の動向

　インフラのライフラインを支えるパイプラインのような埋設と浸漬された金属構造物のカソー

ド防食に関する最初の国際規格は，TC 156ではなく，TC 67/ SC 2（Pipeline transportation systems for the petroleum and natural gas industries/石油及び天然ガス工業用パイプライン輸送システム）によって，2003年11月15日，ISO 15589-1（Petroleum and natural gas industries – Cathodic protection of pipeline transportation systems – Part 1: On-land pipelines/石油及び天然ガス産業－パイプライン輸送システムのカソード防食－Part 1：陸上パイプライン）として刊行された（Project Leader: S. Eliassen）[3]。ISO 15589-1は，今日の防食基準として広く用いられている，鋼および鋳鉄の防食電位である－0.85 V（IRドロップなし，飽和硫酸銅電極基準）を策定したものである。この規格は見直され，2024年7月1日，DIS（Draft International Standard，国際規格原案）になった[4]。しかしながら，フランスとイギリスが反対している。現在，カソー

表2 ISO/TC 156のPメンバー国（2024年6月現在）[2]

NO.	国名
1	オーストラリア
2	ベルギー
3	中国（議長国）
4	チェコ共和国
5	デンマーク
6	フランス
7	ドイツ
8	インド
9	イラン
10	イスラエル
11	イタリア
12	日本
13	韓国
14	オランダ
15	ナイジェリア
16	ノルウェー
17	ポーランド
18	ポルトガル
19	ルーマニア
20	サウジアラビア
21	スペイン
22	スウェーデン
23	スイス
24	イギリス
25	アメリカ

表3 ISO/TC 156のWG（2024年6月現在）

WG1	用語（Terminology）
WG2	環境助長割れ（Environmentally assisted cracking）
WG4	大気腐食試験と大気の腐食性の分類（Atmospheric corrosion testing and classification of corrosivity of atmosphere）
WG5	粒内腐食（Intergranular corrosion）
WG6	試験とデータ解釈一般原理（General principles of testing and data interpretation）
WG7	加速試験（Accelerated corrosion tests）
WG9	発電のための材料の腐食試験（Corrosion testing of materials for power generation）
WG10	埋設と浸漬された金属構造物のカソード防食（Cathodic protection of buried and immersed metallic structures）
WG11	電気化学的試験方法（Electrochemical test methods）
WG13	高温腐食（High temperature corrosion）
WG17	工業用冷却水の腐食（Corrosion in industrial cooling water）
WG18	一時的な腐食防食（Temporary corrosion protection）
WG19	微生物腐食（Microbiologically influenced corrosion（MIC））

ド防食は，TC 67 に TC 156/ WG 10 他がリエゾンする体制で策定されている。

　2019 年 12 月，TC 156 は単独で，交流腐食防止基準である ISO 18086(Corrosion of metals and alloys - Determination of AC corrosion - Protection criteria/金属および合金の腐食 - 交流腐食の決定 - 防食基準)を日本が Project Leader となって刊行した[5]。

　2020 年 2 月，パイプラインの交流腐食リスク評価にはパイプラインのコーティング欠陥を模擬したクーポンが有効であることから，ISO/TC 156 は ISO 22426(Assessment of the effectiveness of cathodic protection based on coupon measurements/クーポン計測に基づくカソード防食の有効性の評価)を刊行した。本 ISO は日本が Project Leader となって刊行したものである[6]。

　2021 年 3 月，ISO/TC 67 が CEN(European Committee for standardization，欧州標準化委員会)/TC 219 と共同して，迷走電流によって影響されるパイプラインシステムの腐食防止に関する国際規格，ISO 21857(Petroleum, petrochemical and natural gas industries - Prevention of corrosion on pipeline systems influenced by stray currents/石油，石油化学，天然ガス産業 - 迷走電流の影響を受けるパイプラインシステムの腐食防止)を刊行した[7]。パイプラインのカソード防食の規格が散逸しており，一見わかりにくくなっている。

4. 国際規格策定に関する日本のあるべき姿

　国際規格を策定するには，技術力，英語力のみでなく，粘り強い交渉力，説得力が必要である。そのためには，常日頃より，英語論文の作成・発行，国際会議での発表・質問対応・議論，海外の関係者を含めた人脈づくりを心がけなければならない。今後さらに日本は，ISO を策定・刊行し，国際貢献を果たしたい。

文　献

1) 日本規格協会(編)：JIS ハンドブック 55 国際標準化(2023).
2) ISO/TC 156：https://www.iso.org/committee/53264.html
3) ISO 15589-1：Petroleum and natural gas industries - Cathodic protection of pipeline transportation systems - Part 1: On-land pipelines(2003).
4) ISO/TC 67/SC 2 N 1363：Result of systematic review of ISO 15589-1:2015：Petroleum, petrochemical and natural gas industries - Cathodic protection of pipeline systems, Part 1: On-land pipelines(2020).
5) ISO 18086：Corrosion of metals and alloys - Determination of AC corrosion - Protection criteria (2019).
6) ISO 22426：Assessment of the effectiveness of cathodic protection based on coupon measurements (2020).
7) ISO 21857：Petroleum, petrochemical and natural gas industries - Prevention of corrosion on pipeline systems influenced by stray currents(2021).

第 2 章

腐食現象

第2章 腐食現象

第1節　腐食発生のメカニズム

大阪大学名誉教授／鈴鹿工業高等専門学校　**藤本　慎司**

1. はじめに

　第2章では各種の腐食形態について詳解されるので，本稿では水溶液環境での腐食の発生について基本的なことを説明する．なお，第2章では水環境ではない高温腐食が詳解されているが，ここでは取り扱わない．

　図1に示すように，水環境での金属腐食では金属がイオン化し，さらに錆を形成すると同時に何らかの酸化剤が還元され，これらの電気化学反応に伴う電子のやり取りがある．一方，図1に示したが，金属材料の表面は通常何らかの酸化物層が覆って耐食性を維持しており，多くの場合に皮膜の破壊が腐食発生となる．すなわち腐食発生のメカニズムには電気化学反応と表面皮膜が関与する．

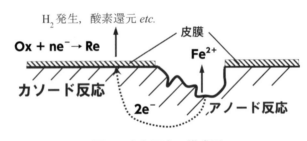

図1　腐食反応の模式図

2. 水溶液腐食の電気化学

2.1　腐食発生の電気化学条件

　上述の通り，水溶液環境での金属材料の腐食は電気化学反応として進行する．腐食の主反応は金属のイオン化やそれに引き続く錆の生成であるが，腐食反応はこれらアノード反応だけでは成り立たず，アノード反応によって放出される電子を受容するカソード反応が同時に生じる．たとえば，鉄の溶解と酸化物生成は，

$$Fe \rightarrow Fe^{2+} + 2e^- \tag{1}$$

$$3Fe^{2+} + 4H_2O \rightarrow Fe_3O_4 + 8H^+ + 2e^- \tag{2}$$

などのアノード反応であるが，水溶液中の溶存酸素の還元，

$$O_2 + 2H_2O + 4e^- \rightarrow 4OH^- \tag{3}$$

などのカソード反応によってアノード反応で生じた電子が消費される。すなわち，腐食反応はアノード反応とカソード反応との組み合わせとして進行する。

$$M \rightarrow M^{n+} + ne^- \tag{4}$$

　　電子供与反応・酸化反応(アノード反応，金属の溶解)

$$Ox + ne^- \rightarrow Re \tag{5}$$

　　電子受容反応・還元反応(カソード反応，酸化剤の還元)

　ここで，Ox は酸化体であり，カソード反応の結果，還元体 Re になる。このときに，金属 M が放出した電子 ne^- が消費され，金属は酸化(溶解あるいは酸化物生成)されて両反応は完結する。
　水溶液腐食における代表的なカソード反応は以下の通りである。

$2H^+ + 2e^- \rightarrow H_2$	酸性水溶液中での水素還元	(6)
$2H_2O + O_2 + 4e^- \rightarrow 4OH^-$	中性・塩基性溶液中での酸素還元	(7)
$4H^+ + O_2 + 4e^- \rightarrow 2H_2O$	酸性溶液中での酸素還元	(8)
$H_2O + e^- \rightarrow 1/2H_2 + OH^-$	中性・塩基性溶液中での水の還元	(9)

海水，河川水，地下水などの中性水溶液中では溶存酸素の還元が主要なカソード反応となる。一方，酸性水溶液中でのカソード反応は水素イオンの還元と酸素の還元である。この他にも，NO_3^-，NO_2^-，H_2O_2，MnO_4^{2-}，CrO_4^{2-}，Fe^{3+}，Cu^{2+} などが酸化剤として作用する。
　次に，腐食の電気化学反応を平衡論から説明する。鉄の溶解反応は次に示す電気化学反応として，式中に電子を含む化学反応式で表される。

$$Fe^{2+} + 2e^- \leftarrow Fe, \qquad E^0 = -0.409 \, (V) \tag{10}$$

平衡状態における電極電位を平衡電位と呼び，特に標準状態における平衡電極電位は一般には標準電極電位，E^0 と呼ばれる。したがって，式(10)の反応は $[Fe^{2+}] = 1$ mol/L のときに電位がこの値より高いと鉄のイオン化が生じる。表1に各種金属の標準電極電位を示す。標準状態以外での平衡電極電位は次の Nernst の式により与えられる。

$$E = E^0 + (RT/nF) \ln([Ox] / [Red]) \tag{11}$$

ここで，$[Ox]$ と $[Red]$ はそれぞれ酸化体と還元体の活量であるが，具体的には水溶液中の溶質濃度(通常は mol/L)，あるいは気体の分圧(1 atm = 1.01325×10^5 Pa)で与えられる。また，R は気体定数($R = 8.31451$ J/K·mol)，T は絶対温度，F はファラデー定数(96485 C/mol)，n は反応電子数で式(4)，(5) 中の n と同じである。例として，鉄のイオンに関する Nernst の式を以下に示す。

－ 7 －

第 2 章　腐食現象

表 1　標準平衡電位

電気化学反応	標準平衡電位, E^0, [V], 25℃	平衡電位, E, [V], 25℃, $[M^{z+}] = 10^{-6}$ mol/L, または pH = 7
$Au^{3+} + 3e^- \leftrightarrow Au$	+ 1.498	+ 1.3798
$O_2 + 4H^+ + 4e^- \leftrightarrow 2H_2O$	+ 1.229	+ 0.816
$Pt^{2+} + 2e^- \leftrightarrow Pt$	+ 1.2	+ 1.023
$Ag^+ + e^- \leftrightarrow Ag$	+ 0.799	+ 0.444
$Hg_2^{2+} + 2e^- \leftrightarrow Hg_2$	+ 0.788	+ 0.433
$Fe^{3+} + e^- \leftrightarrow Fe^{2+}$	+ 0.771	+ 0.416
$O_2 + 2H_2O + 4e^- \leftrightarrow 4OH^-$	+ 0.401	+ 0.816
$Cu^{2+} + 2e^- \leftrightarrow Cu$	+ 0.337	+ 0.1597
$2H^+ + 2e^- \leftrightarrow H_2$	0	− 0.414
$Pb^{2+} + 2e^- \leftrightarrow Pb$	− 0.126	− 0.303
$Sn^{2+} + 2e^- \leftrightarrow Sn$	− 0.136	− 0.313
$Ni^{2+} + 2e^- \leftrightarrow Ni$	− 0.25	− 0.427
$Co^{2+} + 2e^- \leftrightarrow Co$	− 0.277	− 0.454
$Fe^{2+} + 2e^- \leftrightarrow Fe$	− 0.409	− 0.587
$Cr^{3+} + 3e^- \leftrightarrow Cr$	− 0.744	− 0.862
$Zn^{2+} + 2e^- \leftrightarrow Zn$	− 0.763	− 0.94
$Ti^{2+} + 2e^- \leftrightarrow Ti$	− 1.63	− 1.807
$Al^{3+} + 3e^- \leftrightarrow Al$	− 1.662	− 1.78
$Mg^{2+} + 2e^- \leftrightarrow Mg$	− 2.363	− 2.51
$Na^+ + e^- \leftrightarrow Na$	− 2.714	− 3.069

イオン濃度を 10^{-6} mol/L としたとき，あるいは pH を 7 としたときの平衡電位も示す

$$E = E^0 + (RT/nF) \ln([Fe^{2+}] / [Fe])$$
$$= -0.409 + 0.0295 \log([Fe^{2+}]) \quad (ただし，25℃のとき) \tag{12}$$

　Fe の E^0 は − 0.409 V で，Fe イオン濃度，$[Fe^{2+}]$ が変化すると平衡電位が変化するが，腐食系では $[M^{z+}] = 10^{-6}$ mol/L を仮定することが慣例となっている。また，固体の活量は 1 なので，$[Fe] = 1$ とする。よって，鉄の平衡電位は，− 0.587 V となる。
一方，カソード反応では，酸素還元，

$$O_2 + 2H_2O + 4e^- \rightarrow 4OH^- \tag{13}$$

についての Nernst の式は，

$$E = E^0 + (RT/4F) \ln(p_{O_2} \cdot [H_2O]^2 / [OH^-]^4)$$
$$= 0.401 + 0.015 \log p_{O_2} - 0.059 \log [OH^-]$$
$$= 1.23 - 0.0591 \, pH + 0.015 \log p_{O_2} (p_{O_2} = 0.2 \text{ atm}, \ pH = 7 のとき 0.807 V) \tag{14}$$

− 8 −

となる。さらに、酸中のカソード反応となる水素イオンの還元、

$$H^+ + e^- \rightarrow 1/2 H_2 \quad E^0 = 0(V) \tag{15}$$

の Nernst の式は、

$$\begin{aligned} E &= E^0 + (RT/F) \ln([H^+]/p^{1/2}_{H_2}) \\ &= -0.059 \, pH (ただし、p_{H_2} = 1 \, atm \, とする) \end{aligned} \tag{16}$$

で、pH = 0.25℃のとき 0 V、あるいは pH = 7 のとき −0.413 V、pH = 11 のとき −0.649 V となる。

　電気化学反応は平衡状態より電位が偏移したときに生じるので、アノード反応は平衡電位より高く、カソード反応は平衡電位より低くなると反応が進行する。図2(a)に示すように、電池反応ではカソード極とアノード極が外部回路(負荷)を経由して接続され、アノード極は電位が正に、カソード極は負に偏移しアノード(−極)からカソード(＋極)へ電子が移動する。このとき、アノード反応とカソード反応は別の電極上で進行し、外部負荷で仕事が生じる。一方、図2(b)に示す腐食反応ではカソード反応とアノード反応が同一電極上で生じているため、電子は電極内部のみを移動する。このとき、アノード極とカソード極の電位はほぼ同一であると共に、外部に仕事を生じない。したがって腐食反応は図3に示すように、カソード反応の平衡電位がアノード反応の平衡電位よりも高いときに生じる。そのときの電位は、後に述べるが、腐食速度によって決定され、熱力学的平衡として一義的に決まる値ではない。鉄の平衡電位は、−0.587 V であるから、水素発生の平衡電位は pH = 0, 7 のときそれぞれ 0, −0.413 V なので、腐食反応は成立するが、pH = 11 では −0.649 V なので鉄は水中の H^+ によっては腐食されない。ただし、後述のように電極反応の速度は平衡電位からの差に依存するので、水素発生反応をカソードとする鉄の腐食反応は中性付近でもほとんど生じない。一方、酸素還元の平衡電位は、溶存酸素が大気に飽和(p_{O_2} = 0.2 atm)し、pH = 7 のときに 0.807 V となる。これは、水素イオンの平衡電位と比べてはるかに高く、すなわち水中の溶存酸素は鉄に対して強力な酸化剤である。

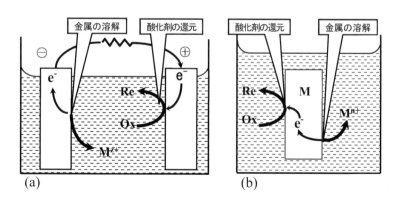

図2　(a)電池反応と(b)腐食反応
腐食反応では2つの電極反応が同一電極上で、かつ等電位で進行する

第2章 腐食現象

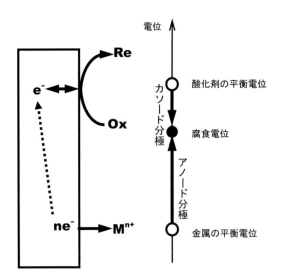

図3 腐食反応が生じるときの平衡電位と腐食電位との関係

2.2 腐食電位と腐食速度

　金属の溶解・酸化物生成反応であるアノード反応，および酸化剤の還元であるカソード反応は，それぞれ違った平衡電位を示し，先に述べたようにカソード反応の平衡電位がアノード反応のそれより高い場合に腐食反応は進行する。図3に示したように，電極電位（腐食電位）はこれら2つの平衡電位間のどこかに位置することになる。

　さて，電極反応の速度は平衡電位からの電位，$\Delta\Phi$ により決定される。たとえば金属の溶解反応は単一の電極反応であるが，

$$M^+ + e^- \underset{i_c}{\overset{i_a}{\rightleftarrows}} M \tag{17}$$

互いに逆の反応，すなわちイオン化と還元とがあり，それぞれアノード反応とカソード反応である。これらの反応速度は，図4に示すように，電位に対して指数関数として変化する。

$$i_a = zFk_a C_M \exp(azF\Delta\Phi/RT) \tag{18}$$
$$i_b = -zFk_b C_M^{z+} \exp(-(1-a)zF\Delta\Phi/RT) \tag{19}$$

ここで，$\Delta\Phi$ は平衡電位からの分極，k は頻度因子，a は対称因子，C は化学種の濃度である。このとき，正逆反応速度が等しいところが電極反応の平衡電位となる。平衡電位からある程度分極すれば逆反応はほとんど無視できるので，電極反応の速度は電位に対して指数関数的に変化する。このため，腐食反応では式(18)，(19)の両辺の対数を取り，$\eta = \Delta\Phi$ として変形した Tafel の式，

$$\eta = \pm b \log(|i/i_0|),$$
η：過電圧すなわち平衡電位からのずれ，i_0：交換電流密度 \hspace{1em} (20)

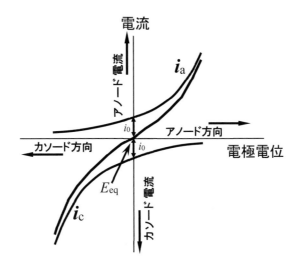

図4 平衡電位付近でのアノード・カソード反応の状況

が用いられることが多い。過電圧, η は電流密度の対数に比例するので, 電極電位と電流密度の絶対値の対数とを直線関係で表すことができる。図5(a)は η が大きいときの電位と電流密度の対数との関係を示しているが, ターフェル係数 b が小さいほど反応速度が急速に増大することを意味する。一方, 過電圧, η が小さいときには, 図5(b)に示すように, 電流と電位とは,

$$\eta = (RT/nF i_0) i \tag{21}$$

のように, ほぼ直線関係となる。ここで, 傾き, $RT/nF i_0$ は分極抵抗と呼ばれ, 交換電流密度 i_0 の逆数と定数 RT/nF との積となっており, 平衡電位付近の電位/電流の関係を測定することにより, 交換電流密度 i_0 を求めることができる。なお, カソード反応とアノード反応のターフェル係数は必ずしも等しくなく, 図5(a)は上下非対称となる。

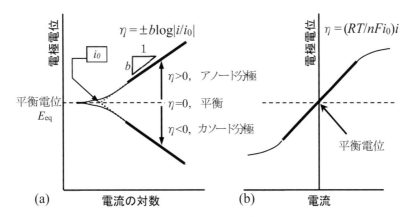

図5 過電圧が大きい場合と小さい場合での電極電位と電流との関係
(a)$|\eta| \geq \sim 70\,\mathrm{mV}$, (b)$|\eta| \leq \sim 5\,\mathrm{mV}$

第2章　腐食現象

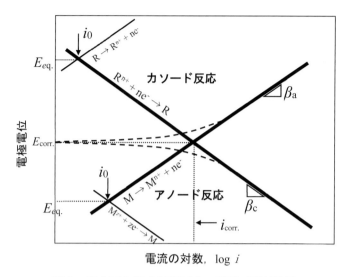

図6　腐食系の複合電極反応の電位/電流関係

　すでに述べたように，腐食反応は金属の溶解・酸化物生成反応であるアノード反応，および酸化剤の還元であるカソード反応との組み合わせにより生じるので，2つの電気化学反応を考えなければならない。このような複合系の電気化学反応での電位/電流関係を図6に示す。金属のイオン化と酸化剤の還元のそれぞれの正反応と逆反応の交点が2つの単一電極の平衡電位である。また，このときの電流密度がそれぞれの交換電流密度，i_0 である。一方，金属のイオン化と酸素還元の交点が腐食電位，$E_{corr.}$ であり，そのときの電流密度を腐食速度，$i_{corr.}$ という。すなわち，腐食電位は熱力学的平衡ではなく，金属の溶解・酸化物生成と酸化剤の還元反応との反応速度の等しくなるときの電位であって，反応速度が決定する電位である。

　電気化学反応の速度は電位に対して指数関数的に変化するために，分極（過電圧）が大きいと物質移動律速となる。特に，腐食反応の代表的なカソード反応である溶存酸素の還元では水中での酸素分子の拡散が H^+ イオンなどと比べると遅いため拡散限界が現れる。すなわち，酸素還元反応のターフェル領域が限界拡散速度に達し，それ以下の電位では電位に依存しなくなる。このとき，溶存酸素濃度が大きく，流速が速いと拡散層厚さが小さくなって，限界拡散電流は大きくなる。中性溶液中での酸素還元反応が，拡散律速となった場合の反応速度は，

$$i = zFE_{O_2}C_{O_2}/\delta \tag{22}$$

$F = 96485$ C/mol，$D_{O_2} = 10^{-5}$ cm²/s(25℃)，$C_{O_2} = 2.5 \times 10^{-7}$ mol/cm³(1 atm)，$\delta = 5 \times 10^{-2}$ cm（拡散層厚さ：静止水溶液の慣用値）で与えられる。大気飽和，常温，静止状態でこの値は 20 μA/cm² 程度であり，鉄の腐食速度の約 0.2 mm/y に相当し，海水，淡水中での腐食速度は局部腐食を生じなければこの程度になることが多い。

　以上，金属材料の電気化学的腐食が生じ得る条件について述べた。しかし，実際には酸化物皮膜の存在が電気化学反応の可否を決定する。次に表面皮膜とその破壊について述べる。

3. 表面皮膜の働きと腐食の発生をもたらす皮膜破壊

　金属材料の表面は通常酸化物に覆われており，その環境遮断性が金属材料の耐食性を決定している。すなわち，表面皮膜が金属材料と水環境との直接の接触を断ち，さらに皮膜中の各種イオン，水分子を含む各種イオンの輸送を効果的に阻止できれば，腐食は生じない。

　したがって，腐食の発生には表面皮膜の性状が大きく関与する。腐食生成物には水酸化物，酸化物などさまざまな種類があり，さらにpHや電位によって生成の可否は異なる。電位－pH図は各反応生成物の安定域を電位とpHとの領域として図示している。

　図7にFeの電位－pH図の例を示す。図中の直線はいずれも隣接する領域の化学種のNernstの式から得られる平衡関係を図示している。たとえば，図中のFeとFe^{2+}の境界線はすでに示した式(12)に対応している。ここでは，pHには依存しないので，pH軸と平行な直線となる。また，Fe^{2+}とFe_3O_4との境界は式(2)の平衡電位のNernstの式，

$$E = 0.983 - 0.2363\,pH - 0.0886\log[Fe^{2+}] \tag{23}$$

であり，pHに依存するので傾きを持つ直線となっている。電位－pH図は水溶液中での金属の安定域，腐食域などの推定に用いられる。FeではFe$_2$O$_3$，Fe$_3$O$_4$やFe(OH)$_3$などの固体腐食生成物が金属表面を覆う場合，これらの層が金属を水溶液環境から遮断して保護作用を発揮すると，不働態となって腐食が著しく抑制される。一方，Fe^{2+}，Fe^{3+}あるいは$HFeO_2^{2-}$などのイオン状態や保護性のない水酸化物生成域では腐食が進行し得る。各種金属の電位－pH図が作成さ

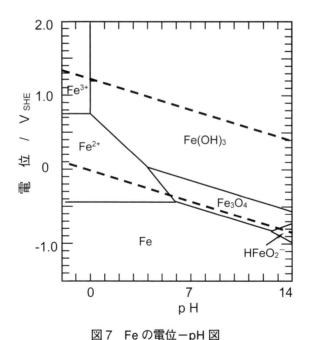

図7　Feの電位－pH図
　[Fe^{2+}], [Fe^{3+}] = 1 mol/l とし，固体生成物として
　Fe(OH)$_3$とFe$_3$O$_4$を仮定

第 2 章　腐食現象

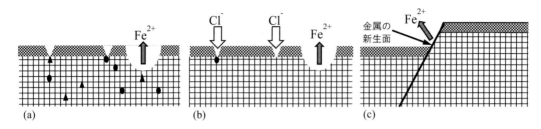

図 8　金属の表面被膜の破壊と腐食の開始
(a)介在物などの下地金属の不均一に起因する不働態皮膜の欠陥，(b)塩化物イオンによる不働態皮膜局部破壊，(c)金属の塑性変形に伴う不働態皮膜破壊と新生面出現

れており，およその腐食挙動を推定することができる。ただし，電位 − pH 図が示す領域はあくまでも熱力学的安定相であり，速度論は考慮されていない。したがって，実際の腐食状況や腐食生成物とは対応しないことも多い。

　腐食にかかわる電気化学反応が起きる条件で，なおかつ表面の酸化物が保護性を失ったとき，つまり金属と水環境の直接の接触が生じたときに腐食は発生する。金属材料が使用される際に，少なくともその環境で表面酸化物皮膜が維持できる必要があるので，金属材料表面は酸化物皮膜などで覆われている。表面皮膜はさまざまな理由で破壊され，下地金属が環境と直接接触すると腐食にかかわるアノード反応が可能となる。表面酸化物皮膜の破壊は**図 8** に示すように，(a)下地金属に非金属介在物などの欠陥がある部位で皮膜の弱点が生じて腐食の起点となる，(b)水溶液中の塩化物イオンは酸化物の溶解度を局所的に高めるために，酸化物皮膜が破壊されて腐食の起点となる。(a)と(b)については，両方の要因が重なる場合が多い。さらに，(c)金属が塑性変形に伴い金属の新生面が生じた場合に腐食の起点となり，応力腐食割れ，腐食疲労が当てはまる。一方，金属材料表面に生成する酸化物は自己修復作用があり，多くの場合皮膜が破壊されても再び皮膜に覆われて腐食の発生に至らない場合も多い。しかし，塩化物イオンなど皮膜の生成・修復を妨げる要因があると腐食反応が進行する。

第2章 腐食現象

第2節 大気腐食

旭川工業高等専門学校 **千葉 誠**

1. 金属材料の大気腐食

現在，人々の生活に身近な自動車，列車，航空機などの交通機関，あるいは人，物，文化の交流に必要不可欠な社会インフラの1つである道路橋などには金属材料が広く用いられている。これは金属材料の高強度，あるいは高い加工性といった材料としての有利な物性によるものである。その一方でこれら材料の大気暴露環境で使用されるという特性上，大気腐食に伴い，景観の悪化だけでなく，強度の低下を引き起こし，これによる性能，安全性の低下が大きな問題となる。ここで，金属材料の"腐食"とは金属原子の酸化反応に伴う劣化現象と定義されている。これを踏まえ"大気腐食"について考えると金属原子が空気中の酸素と反応し腐食が進行すると考える方もいるかもしれないが，実際には，雨や結露により環境由来の電解質類を含む薄い液膜が金属材料表面に付着し，これが乾燥することで付着水/金属材料界面で金属の酸化反応，すなわち腐食が進行する[1]。日本は南北に細長い地形のため，使用する地域によって暴露環境は大きく異なるが，日本各地の年間平均気温，湿度を調査する[2]と平均気温はおおよそ10〜20℃程度，平均湿度は60〜70% RH 程度であることがわかる。加えて夏期晴天時には太陽光が直接照射される位置に置かれた金属材料の表面は40〜60℃まで上昇することもあること[3]を合わせて考えると，金属材料表面は昼間の日照部においては比較的高温乾燥状態，それ以外ではやや低温の乾燥状態に暴露されている期間が長いと想定することができる。さらに，このような環境に置かれた材料表面には，時折雨や結露による水分が水膜として付着している状態となっていることが考えられ[2]，ここにその設置箇所によって異なる塩が溶解していると予想される。たとえば，沿岸地域などでは海水由来の NaCl などが，工業地域では硫酸，硝酸などが液膜に溶解している。このため，水膜中の水分蒸発の際には塩の析出と，ここに水分が再付着すると塩の再溶解を繰り返す，いわゆる乾湿繰り返し環境となる。このような環境においては上述の通り，水分蒸発に伴う液膜薄化による酸素供給速度の上昇，あるいは Cl^- イオン濃度の増加などの影響により，単純な浸漬環境における腐食[4]-[8]とは全く異なる機構で腐食が進行すると推察される[9]-[16]。上述の通り，直射日光が当たる，当たらない，付着水に塩が含まれるか否か，あるいは含まれる場合はその化学種は何か，などそれぞれの材料の設置箇所によって大きく異なり，かつ，これらが互いに影響し合うため，設置場所により腐食環境が全く異なり，これらについてはいまだ不明な点が多いのが現状である。

このような大気腐食環境における化学反応として考えると，金属材料表面に付着した水分中における反応を一般化して示すと式(1)金属の溶解反応，もしくは式(3)に示される金属元素 Me

— 15 —

第 2 章　腐食現象

の水酸化物形成反応と式(4)に示される溶存酸素の還元反応が対となって進行しているといえる。なお，式(1)に示す金属の溶解反応が進行する場合にはこれに続いて式(2)に示す水酸化物形成反応が進行することが多く，いずれの反応が進行したとしても多くの場合，最終的には金属水酸化物が形成する。この水酸化物，もしくはこれが脱水され形成する酸化物が一般に腐食生成物と呼ばれるものである。

$$Me \rightarrow Me^{z+} + ze^- \tag{1}$$

$$Me^{z+} + zOH^- \rightarrow Me(OH)_z \tag{2}$$

$$Me + zOH^- \rightarrow Me(OH)_z + ze^- \tag{3}$$

$$O_2 + 2H_2O + 2e^- \rightarrow 4OH^- \tag{4}$$

つまり，式(1)あるいは(3)で生成される電子と式(4)で消費されるものが当量となるようにこれら 2 つの反応がカップルし進行することになる。このため，金属材料の大気腐食は式(1)，(3)，もしくは式(4)のいずれかが加速されることで促進されることがわかる。

　たとえば，金属材料の設置環境，場所によって付着水に種々アニオンが含まれると考えられる。つまり，沿岸地域であれば海水由来の塩分や工業地域であれば硫酸，硝酸イオンなどが付着水に含有することが予想される。加えて付着水の水分のみが蒸発することでイオン濃度が上昇することでこれらイオンの影響が大きくなることが強く予想される。これらイオンの存在により式(1)，(3)の速度が変化することが予想される。多くの場合，腐食生成物は耐食性を有し，その形成が式(1)，あるいは(3)の反応を抑制する傾向があるが，腐食生成物種自体が環境由来のアニオン種により不安定化し，金属材料表面に不均一な形でこれが形成するなどの状況となることで式(1)，あるいは(3)の反応速度を上昇させる。その一方でこのような付着水中の水分蒸発は式(4)の反応速度にも強く影響すると考えられる。式(4)の反応が進行することにより材料表面では溶存酸素濃度が低下するが，腐食が激しく進行している部位の表面付近ではこの濃度がほぼゼロとなることも珍しくはない。これに対し，液膜/大気界面における酸素濃度は大気中の酸素分圧，温度などの環境因子に依存するため，ほぼ一定となることが予想される。これらを合わせて考えると，液膜が薄化すると酸素濃度の勾配が大きくなることになる。さらに，このときの液膜内での溶存酸素の濃度勾配に比例して材料表面への酸素の供給速度が決定されることが知られている。つまり，液膜が薄化することで溶存酸素の供給速度が上昇するということになる。これがひいては酸素の還元速度である式(4)の速度が上昇することになる。これによりこの反応と対になっている式(1)で表される金属の溶解反応，もしくは式(3)の金属水酸化物形成反応が加速されることが強く予想される。

　これらに加えて液膜厚さは腐食速度に大きく影響する重要な要素の 1 つである。水膜厚さと腐食速度に関しては Tomashov が提案したモデル[17)18)]が広く用いられている。これによると，液膜厚さが数 mm 程度のときには大気環境における腐食速度はほぼ浸漬環境と大きな差が見られな

－ 16 －

い程度であり，あまり腐食速度は大きくないが，液膜が薄くなるに従い腐食速度は大きくなり，数 μm 程度で，腐食速度は極大となる。さらに液膜が薄くなると，急激に腐食速度は低下し数 nm 程度まで減少すると，ほぼ乾燥状態における腐食速度と同様となり，非常に小さくなることが知られている[19]。

このように大気腐食環境においては通常の浸漬環境に比べ濡れ環境における腐食速度は大きくなることが多い。一方で大気腐食環境においては浸漬環境に比べ濡れ時間が短いことが多く，この場合は大気腐食環境の方が浸漬環境よりも必ずしも腐食量が多くなるということではない。その一方で常に金属材料表面が濡れているような環境，たとえば高湿環境，潮解性の高い塩分などが付着する環境においては大気腐食環境における腐食量は非常に大きくなり，注意が必要といえる。

2. 金属材料の大気模擬環境における腐食試験

上述の通り，大気腐食環境での腐食はこれにより材料の強度の低下に代表される性能の低化など非常に重大な問題を引き起こすことが多い。このため，この機構を明らかにすることは非常に重要である。その一方で，実環境で進行する大気腐食に関連する要因として気温，湿度，降雨量，飛来海塩量，この他大気中の化学物質種とその濃度など非常に多岐にわたるため，この機構にはこれら環境因子の評価ならびに腐食との関係を詳細に調査する必要があり[20]，大変複雑，困難であるといえる。この中で特に相対湿度は大気腐食における主要因であると考えられる[21]。相対湿度は材料の濡れ時間や表面に形成する液膜厚さに大きく関連するパラメータであり，腐食量や腐食速度に大きく関連すると考えられる。また，飛来海塩量は表面に形成する液膜中の塩濃度と密接に関連する。

3. 乾湿繰り返し試験

筆者らの研究グループでは海浜地域かつ日照部における大気腐食を模擬するため，ペルチェ素子を用いた温度を一定にした試料台装置上に置かれた試料にマイクロシリンジを用いて間欠的に液滴を滴下し，乾湿繰り返し環境における純鉄および鉄鋼材料の大気腐食挙動を追跡している。ここではこのことについて簡単に説明する（図1）。まず，試料の表面に塩化ナトリウムなどの塩の水溶液を一滴滴下すると，試料表面に半球形の液滴が形成される（図1(a)）。このまま放置すると，時間の経過と共に水分の蒸発に伴って液滴は小さくなり，液滴の端から塩粒子の析出が始

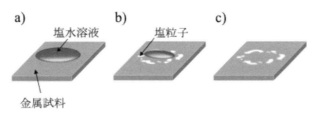

図1　乾湿繰り返し試験中の試料表面概略図

まる(図1(b))．さらに乾燥時間を増加させると，液滴はほぼ完全に蒸発・消失し，おおよそリング状の塩析出物が液滴のあった場所に観察されるようになる(図1(c))．その後，同量の純水を試料の同一箇所に滴下すると，析出した塩粒子は速やかに溶解し，再び半球形の縁を含有した液滴となる(図1(a))．このまましばらく放置すると，水分がほぼ完全に乾燥し，1サイクル目と同様にほぼリング状の塩粒子の析出物が観察される(図1(c))．このような純水の滴下により試料表面に水溶液が付着している状態(湿潤状態)，ならびに水分が乾燥し，表面に塩析出物が付着している状態(乾燥状態)を最大百数十回繰り返すことで大気環境における金属材料の腐食を模擬してきた．このような乾湿繰り返し実験は，グローブボックス・液噴霧装置などの比較的大きな装置を必要とする通常の大気腐食環境を模擬した腐食試験に比べ，安価・簡便であり，温度，乾湿繰り返し間隔，溶液組成などの実験パラメータを容易に変化させることができる特徴を有し，さまざまな条件における大気腐食模擬環境における試験を実施しやすくこのような腐食機構解明に大きく貢献することが期待されている．

4. 乾湿繰り返し試験を用いた鉄および鉄鋼材料の腐食評価事例[2)22)]

4.1 はじめに

　ここでは実際の測定例について示す．まず始めに，道路橋など大型建造物の構造材料として広く用いられている鉄鋼材料に対し乾湿繰り返し試験を行った結果について紹介する．人々の日々の生活を支える重要な社会インフラ基盤である鋼道路橋の多くは国内では1955年頃の高度成長期，もしくはそれ以後に建設されたものである[23)]．その一方で過去にはおおむね建設から50年程度で更新されていたが，昨今の厳しい予算状況においてはこのような更新は速やかに行われていないのが現状であり，今後老朽化した設備の数，割合は年々増加していくことが容易に想像できる．当然，現在の社会状況を考えるとこれら全てを撤去，および再架橋することが必ずしも適切とはいえず，これからのインフラの維持管理においては，これらの寿命と劣化具合を正確に予測して更新が必要なもののみを選別し，優先するという視点が必要となるだろう．ここで，これらの老朽化の主要因としては，構造材料である鉄鋼材料の長期間にわたる屋外暴露環境下での利用に伴う大気腐食が挙げられる．このような観点から鉄試料の大気腐食機構を解明することは非常に重要である．ここでは鉄試料の大気腐食機構を乾湿繰り返し試験により調査した結果について紹介する．

4.2 試験方法

　今回試料としては純鉄を用いた．これらを前処理として鏡面まで機械研磨を行った．乾湿繰り返し試験では日照環境での大気腐食を再現するため，温度を323 Kに保持した試料台に設置し，この表面にマイクロシリンジからNaCl水溶液を滴下し行った．このまま放置すると水分はほぼ完全に蒸発し，NaCl粒子がリング状に試料表面に生じた．その後，試料の同一箇所に純水を滴下すると，析出したNaClは速やかに溶解した．このような乾燥・湿潤プロセスを150回繰り返した．

上述の乾湿繰り返し試験後の試料表面を写真撮影し，試料表面に生成する腐食生成物の色および形態を観察した。撮影後，試料を純水およびアセトンで洗浄後，酸洗用インヒビターを添加した硫酸に浸漬することにより腐食生成物を溶解除去した後，試料表面を走査型電子顕微鏡（Scanning Electron Microscope：SEM）により観察した。

4.3 試験結果と考察

図2に，先述の乾湿繰り返し試験前後の純鉄表面の光学写真を示す。図2aに示した乾湿繰り返し試験前試料，すなわち前処理後試料の表面にはほとんど凹凸が見られず，鏡面を示した。これに乾湿繰り返し試験を行うと，図2(b)に示す通り，液滴滴下部に赤褐色，および黒色の腐食生成物が観察された。一方で，赤褐色の腐食生成物は占める面積割合が増加することがわかる。なお，ここに生成した腐食生成物は，黒色の物はFe_3O_4(Magnetite)，赤褐色の物はγ-FeOOH(lepdocrosite)とα-Fe_2O_3(hematite)の混合物であると予想され[24)25)]，乾湿繰り返し試験においてこれらの腐食生成物が形成しているものと推察される。その後，表面に形成した腐食生成物を全て除去した後の表面をSEMにより観察した。その結果を図3に示す。図3(a)に示した試験前試料はほぼ平滑な形態であることがわかる。図3(b)に試料中心部，つまり液滴の中央部付近に見られた腐食形態を示した。このように非常に微細な腐食痕が多数観察されたが，そのサイズは非常に小さかった。液滴端部に見られた腐食形態を図3(c)に示す。100 μm以上の孔が多数見られることがわかる。

上述の腐食挙動は，酸素供給速度と試料表面に生成する酸化物皮膜の耐食性により説明することができる。乾湿繰り返し試験前の鉄表面には耐食性を持つ空気酸化皮膜層が存在することが知られているが，NaCl水溶液を滴下するとその一部に欠陥が生じる。この皮膜欠陥部で次のような鉄の溶解反応である式(5)と溶存酸素の還元反応である式(6)が対になることで腐食が進行す

図2 乾湿繰り返し試験前後の純鉄試料表面像
a)試験前，b)試験後

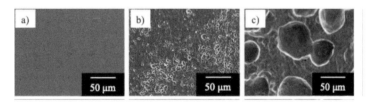

図3 乾湿繰り返し試験前後の純鉄試料SEM像
a)試験前，b)試験後(液滴中心部)，c)試験後(液滴端部)

第2章　腐食現象

ると考えられる。

$$Fe \rightarrow Fe^{x+} + xe^- \quad (x = 2 \text{ or } 3) \tag{5}$$

$$O_2 + 2H_2O + 4e^- \rightarrow 4OH^- \tag{6}$$

欠陥部への酸素の供給を一軸拡散によると仮定すると，液滴中心部では水膜が厚いため，酸素の供給速度は小さいが，滴下端部ではその上部の水膜が薄く，供給速度が速くなるものと予想される。このため，滴下中心部では鉄の腐食速度が小さく，腐食はあまり進行しないが，液滴端部では激しい鉄の腐食が進行すると考えられる。なお，滴下端部の腐食が激しいのは，液滴の乾燥過程において水分の蒸発に伴い液滴中心部より端部に向かう流れが表面張力により誘起された[26]結果，滴下中心部が先に乾燥状態になるのに加え，端部では析出した NaCl の吸水性により，乾燥時間が短いためと考えられる。式(5)で生成する Fe^{2+} あるいは Fe^{3+} は，微量液滴中において式(6)で生成した OH^- と反応して腐食生成物を形成する。代表的な反応を以下に示す。

$$Fe^{2+} + 2OH^- \rightarrow Fe(OH)_2 \tag{7}$$

$$2Fe^{3+} + 3OH^- \rightarrow Fe_2O_3 + 3H^+ \tag{8}$$

$$Fe^{3+} + 2OH^- \rightarrow FeOOH + H^+ \tag{9}$$

$$Fe^{2+} + 2Fe^{3+} + 4(OH)^- \rightarrow Fe_3O_4 + 4H^+ \tag{10}$$

生成した腐食生成物は，試料表面を覆ってさらなる腐食を抑制することになるが，その抑制効果は，その組成，欠陥構造，厚さなどにより変化する。いずれの試料においてもサイクル数が150回以上でピットの成長がほぼゼロになるのは，試料表面を腐食生成物が厚く覆うためと考えられる。また，液滴中心部において抑制効果があまり効果的でないのは，腐食生成物から成る皮膜が薄いためであろう。

5. 乾湿繰り返し試験を用いたアルミニウム材料の腐食評価事例

5.1　はじめに

　アルミニウム材料はその軽量化のため，自動車・電車などの車両などに用いられている。これらの材料は数年から数十年の長い期間にわたり，屋外環境に暴露され，使用されることになるため，アルミニウム材料の大気腐食がこの際大きな問題となる。ここではアルミニウム材料の日照部における大気腐食を模擬するため，乾湿繰り返し試験結果について説明する。

5.2　試験方法

　試料として，機械研磨により表面を平滑にした 1050-Al 合金板(純度99.5%，合金元素とし

て，Si：0.01%，Fe：0.36%，Cu：0.02%，Zn：0.01%を含む)を用いた。これらを 323 K に保持したペルチェ素子付き試料台に設置し，その表面にマイクロシリンジにて NaCl 水溶液一滴を滴下して行った。試料表面に滴下された液滴は，しばらく放置するとほぼ完全に蒸発したので純水を試料の同一箇所に滴下，水分の蒸発，および純水の滴下という乾燥・湿潤サイクルを 150 回繰り返した。試験後の試料を純水およびアセトンで洗浄後，光学写真撮影を行った。その後，373 K の 10 mass%-H_3PO_4/4 mass%-K_2CrO_4 溶液に 7.5 分浸漬することで，それぞれの試料表面に形成した腐食生成物を溶解除去[27]した後，その表面で腐食が最も激しかった部位を SEM により観察した。

5.3 試験結果と考察

図 4 は，1050-Al 合金試料の乾湿繰り返し試験前後の表面写真である。試験前の試料，すなわち前処理後試料表面はほぼ均一かつ鏡面を示す(図 4(a))。これに関して繰り返し試験を行うと，試料表面の液滴滴下部位にわずかな変色が観察されるようになる(図 4(b))。**図 5** は乾湿繰り返し試験後，リン酸クロム酸処理により腐食生成物を溶解除去後に SEM 観察をした結果である。乾湿繰り返し試験後の試料表面を見ると液滴を滴下した部位の中心部と端部において大きく腐食形態が異なったため，ここではこれらを区別して示した。滴下中心部においては，図 5b に示す通り，最大で直径 50 μm 程度の腐食痕が観察された。これに対して滴下端部においては，最大で直径 120 μm 程度の孔が観察された。またこれら孔の深さを三次元顕微鏡で計測すると液滴中心部では最大 10 μm，液滴端部では 20 μm であった。以上の結果を踏まえ，Al 合金の乾湿繰り返し環境における腐食機構について考察する。液滴中心部，端部のいずれにおいても腐食に伴う孔形成が確認されるが，その孔径は液滴端部の方が直径，深さとも 2 倍程度大きいことがわかる。研磨後の Al 合金の表面にも，研磨後速やかにごく薄い自然酸化皮膜が表面にすることが予

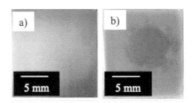

図 4　乾湿繰り返し試験前後の
アルミニウム材料表面像
a)試験前，b)試験後

図 5　乾湿繰り返し試験前後のアルミニウム材料 SEM 像
a)試験前，b)試験後(液滴中心部)，c)試験後(液滴端部)

第2章　腐食現象

想され，この皮膜が比較的高い耐食性を有していると考えられる。この欠陥部を通して下地 Al が酸素，水と次式(11)の反応を起こすと考えられる。これにより無定形水和酸化物，バイヤーライト(bayerite)，ギブサイト(gibbsite)などを形成[28]したものと考える。

$$Al + 2H_2O + (1/2)O_2 \rightarrow Al(OH)_3 + (1/2)H_2 \tag{11}$$

一方で液滴端部においては，その形状から中心部に比べて水膜が薄くなる。このため，この部位で特に酸素の供給速度が速く，腐食が加速されることが考えられる。

謝　辞

本書執筆ならびに関連研究遂行にあたり北海道大学名誉教授である高橋英明先生より多くの助言を頂戴した。また，本書に記載した研究成果の多くは旭川工業高等専門学校千葉研究室所属学生・卒業生のたゆまぬ努力により得られたものである。彼らの協力なくして到底遂行しえないものであった。各位にこの場を借りて厚く御礼申し上げる。

文　献

1) 廣畑洋平，太田博貴，春名匠，野田和彦：日本金属学会誌，**81**，115(2017).

2) 野村耕作，兵野篤，千葉誠，高橋英明：鉄と鋼 (Tetsu-to-Hagané)，**107**，1047(2021).

3) 藤原博，田原芳雄：土木学会論文集，570，129 (1997).

4) K. Azumi, K. Iokibe, T. Ueno and M. Seo：*Corros. Sci.*, **44**, 1329(2002).

5) M. Kurosaki and M. Seo：*Corros. Sci.*, **45**, 2597 (2003).

6) H. Tamura：*Corros. Sci.*, **50**, 1827(2008).

7) K. Fushimi, K. Miyamoto and H. Konno： *Electrochimica Acta*, **55**, 7322(2010).

8) Md. S. Islam and M. Sakairi：*Corros. Sci.*, **153**, 100 (2019).

9) 升田博之：真空，**44**，14(2001).

10) 押川渡：表面技術，**64**，159(2013).

11) S. Kainuma, Y.-Soo Jeong and J.-Hee Ahn：*Mater. Sci. Eng. A*, **602**, 89(2014).

12) T. Van Nam, E. Tada and A. Nishikata：*Mater. Trans.*, **56**, 1219(2015).

13) C. Q. Cheng, L. I. Klinkenberg, Y. Ise, J. Zhao, E. Tada and A. Nishikata：*Corros. Sci.*, **118**, 217(2017).

14) 斉藤嵩，平賀拓也，千葉誠，柴田豊，高橋英明：材料と環境，**63**，570(2014).

15) M. Chiba, S. Saito, H. Takahashi and Y. Shibata：*J. Solid State Electrochem.*, **19**, 3463(2015).

16) M. Chiba, S. Saito, K. Nagai, H. Takahashi and Y. Shibata：*Surf. Interface Anal.*, **48**, 767(2015).

17) N.D. Tomashov：*Atmospheric Corrosion of Metals*, MacMillan, 367(1966).

18) 篠原正：ふぇらむ，**17**，296(2012).

19) 篠原正：表面科学，**36**，4(2015).

20) 片山英樹，野田和彦，山本正弘，小玉俊明：日本金属学会誌，**65**，298(2001).

21) 中野敦，押川渡：材料と環境，**60**，135(2011).

22) 山崎聡之朗，河村風花，齋藤向葵，千葉誠：鉄と鋼 (Tetsu-to-Hagané) (2024). In press

23) 国土交通省：道路メンテナンス年報(2020). https://www.mlit.go.jp/road/sisaku/yobohozen/ yobohozen_maint_r01.html

24) T. Misawa, K. Hashimoto and S. Shimodaira： *Corros. Sci.*, **14**, 131(1974).

25) 三沢俊平，山下正人，松田恭司，幸英昭，長野博夫：鉄と鋼 (Tetsu-to-Hagané)，**79**，69(1993).

26) 山上達也：色材協会，**81**，504(2008).

27) 千葉誠，濱田留那，野村耕作，鈴木幸四郎，永井かなえ，兵野篤，高橋英明：防食技術，**65**，378 (2021).

28) R.S. Alwitt：Aluminium–water system oxides and oxide films, Marcel Dekker, New York(1976).

— 22 —

第2章　腐食現象

第3節　土壌腐食

ISO/TC156/WG10／電食防止研究委員会　梶山　文夫

1. 土壌腐食把握の必要性の芽生え

　迷走電流腐食は，初めは土壌に埋設された金属の全ての腐食の原因であると見なされていた。1910年，土壌腐食の深刻さがアメリカ議会によって認識された。この時，アメリカ標準局（NBS）は，迷走電流によって引き起こされる腐食と可能な緩和方法を研究することを委託された。約10年を超えるフィールドと実験室調査は，迷走電流に起因する非常に深刻な腐食と同様に迷走電流を除外した環境においても深刻な腐食が発生したことを指摘した。そこで，種々の土壌の特性と埋設された金属との関係を決定し，腐食損失を減少することを確定する方法を決定した[1]。NBSによる36500を超える333種類の鉄系，非鉄系，保護性コーティング材料試験片を全米128の試験場所に埋設する一大プロジェクトが実施された。この結果は，土壌腐食のバイブルとして活用されている。

2. 土壌特性の把握の必要性

　土壌腐食を理解するためには　まず土壌特性の把握が必要となる。

3. 土壌の特性

　陸上パイプラインの腐食とカソード防食について多角的な視点から見た土壌特性は，以下に示す(1)～(7)が挙げられる。
(1)不均質系
(2)固相−液相−気相の三相から構成
(3)微生物の宝庫
(4)受けやすい環境変化
(5)広範囲なpH
(6)広範囲な抵抗率
(7)潜在的に高いCO_2濃度
　以下，項目ごとに内容を解説する。

3.1 不均質系

　土壌はわずかに離れた距離でも，土質，溶存酸素量，水分量，溶解塩類の種とその塩類量などが異なる。このことは，土壌が不均質系であることを意味する。土壌に通気差があるとパイプラインに腐食電池が形成される。土壌中の酸素濃度，水分量など，その原因は多く，通気性のより良い環境に埋設された部位がカソード，通気性の悪い環境に埋設された部位がアノードとなり腐食する。これを通気差マクロセル腐食という。図1は，粘土と砂に跨って埋設された裸のパイプラインに形成された通気差マクロセル腐食の状況を示したものである。

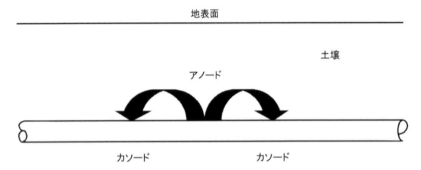

図1　粘土と砂の異種土壌による通気差マクロセル腐食
アノード：粘土に埋設された部位，カソード：砂に埋設された部位

3.2　固相－液相－気相の三相から構成

　土壌は，マクロには固相である土壌粒子，液相である雨水を含む土壌水，気相である空気から構成され，以下が考察される。
・三相に明確な境界はない。
・固相は土壌粒子でイオンが吸着態で存在し，微生物が生息している。さらに，ミクロに見ると，気－気，気－固，液－液および液－固界面付近における微生物と界面の相互作用が微生物の微視的住み場所に関係してくる。
・液相は土壌水（土壌溶液）で，土壌のpHすなわち土壌水のpHは，土壌粒子の保持する吸着成分，微生物による酸，CO_2の溶存によって決定される。
・気相は土壌空気で大気と比較してCO_2分圧が高い。

3.3　微生物の宝庫

　土壌は微生物の宝庫である。土壌腐食に関与する主な微生物として，硫酸塩還元菌，鉄酸化細菌，硫黄酸化細菌および鉄細菌が挙げられる。図2は，土壌腐食に深く関与する微生物の顕微鏡写真を示したものである[2]。

　微生物腐食は，ISO 8044：2020では「microbiologically influenced corrosion」と称され，「微生物活動によって影響を与えられた腐食」と定義されている[3]。微生物活動を理解する上で重要なことは，嫌気性（好気性）環境には，好気性（嫌気性）微生物が生息していないと決めつけてはなら

第3節 土壌腐食

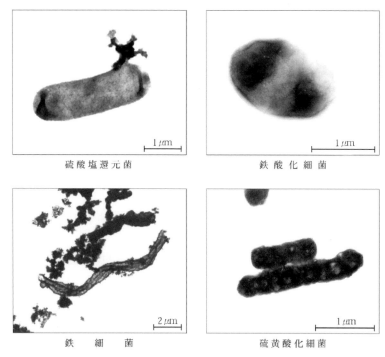

図2 土壌腐食に深く関与する微生物の顕微鏡写真[2]

ないということである。土壌環境の変化により，主役の微生物が交代する。例として，嫌気性環境では硫酸塩還元菌(Sulfate Reducing Bacteria：SRB)が主役で硫化鉄FeSを生成するが，好気売によって生成したFeSを基質として生息し，硫酸を生成することによってFeの腐食を促進することがある。以下に土壌腐食に深く関与する微生物の活動について述べる。

3.3.1 硫酸塩還元菌(SRB)

SRBは，pH 5～9.5の嫌気性環境で活動し，いったん成長を開始すると，その環境の化学的，物理的特性は著しく変化するといわれている。SRBと土壌に埋設された鋳鉄の腐食を論じるときに1934年，von Wolzogen Kührとvan der Vlugtによって提出されたカソード復極説[4]が有名であるので，その内容について解説する。

(1) カソード復極説[4]

Von Wolzogen Kührとvan der Vlugtは，下記に示すようにSRBが水素ガスを利用することができる，ヒドロゲナーゼ活性を有するというStephensonとSticklandの論文[5]を引用して，SRBが次の式(Ⅰ.)～(Ⅴ.)のように腐食に関与していることを明らかにした[4]。これらの式は，彼らが提出したカソード復極説の反応式を示したものである。

$$8H_2O \rightarrow 8H^+ + 8OH^- \quad \text{(水のイオン化)(Ⅰ.)}$$
$$4Fe + 8H^+ \rightarrow 4Fe^{2+} + 8H \quad \text{(アノードの鉄の溶解反応)(Ⅱ.)}$$

第2章　腐食現象

（SRB）

$$H_2SO_4 + 8H \rightarrow H_2S + 4H_2O \qquad\qquad （復極）（Ⅲ.）$$

$$3Fe^{2+} + 6OH^- \rightarrow 3Fe(OH)_2 \qquad\qquad （腐食生成物）（Ⅳ.）$$

$$Fe^{2+} + H_2S \rightarrow FeS + 2H^+ \qquad\qquad （腐食生成物）$$

$$4Fe + H_2SO_4 + 2H_2O \rightarrow 3Fe(OH)_2 + FeS \qquad\qquad （全反応）（Ⅴ.）$$

論文には，electrochemical，または electro-biochemical process とあるが，反応式に電子が見られない上，アノード反応式のみでカソード反応式の記述がなく，電気化学反応の説明の反応式としては十分に理解できるものではない。Kühr と Vlugt の考えは，SRB が式（Ⅲ.）の反応を起こすことにより，式（Ⅱ.）の反応，すなわち鉄の溶解反応を促進させるとしている。この説は，現在でも SRB が関与する鉄の腐食反応メカニズムを論じるときには必ず引用されるくらいに有名であるが，この説に関する是非はいまだ問題となっている。Stephenson と Stickland は水素ガス（H_2）による硫酸塩還元反応を考えたが，式（Ⅲ.）では原子状水素となっている。ただし，反応式 SO_4^{2-} と H の化学量論的関係は，彼らの考えと同じである。

（2）カソード復極説に対する是非

　SRB が関与して Fe 基合金材料の大きな腐食速度がもたらされた場合に，Kühr と Vlugt のカソード復極説で起こると考えると，以下に示す疑問点が生じる。

　Webster と Newman は，中性の嫌気性での SRB 腐食を次のように述べている[6]。環境水の還元反応は，中性 pH において速い腐食速度を持続することはできない。そこで，腐食速度は取るに足らない値となる。さらに，中性で嫌気性の硫化物を含む環境中での還元電位における腐食は，局部的とならない。現時点では，フィールド調査に基づくと，Webster と Newman の考えが有力と見なされる。

　Kühr と Vlugt のカソード復極説に対するこれまでの是非は，SRB を純粋培養した液体培地中で電気化学的手法である分極挙動を把握し，経時的にカソード分極量が減少する，すなわちカソード復極することをもって行っている。

　分極挙動を検討した既往の研究としては，Booth と Tille[7]によるものが代表的である。Booth らは，SRB としてヒドロゲナーゼ活性を有する *D.desulfuricans* と，ヒドロゲナーゼ活性を有しない *D.orientis* を Butlin と Adams，Thomas[8]による培地 A に接種し，この培地に浸漬した軟鋼電極の分極挙動を，電流を印加する方法により検討した。その結果，ヒドロゲナーゼ活性を有する *D.desulfuricans* にはカソード復極現象が見られるが，ヒドロゲナーゼ活性を有しない *D.orientis* には顕著なカソード復極現象が見られないことを明らかにしている。また，SRB の活動によって軟鋼表面上に生成した硫化鉄が保護皮膜として働き，ヒドロゲナーゼ活性の有無にかかわらず経時的にアノード分極をもたらすことも報告している。実際の軟鋼の腐食速度は明らかにされていないが，分極曲線から判断する限り，小さいものと推定される。Booth と Tiller は，SRB として，ヒドロゲナーゼ活性を有し，カソード復極を示す *D.desulfuricans* タイプにおいては Kühr と Vlugt のカソード復極説を支持できるとしている。しかしながら，Booth と Tiller は，Kühr と

— 26 —

Vlugt の提出した腐食メカニズムについては全く考察せず，単に分極挙動としてカソード復極が見られただけで，Kühr と Vlugt の説が正しいものであると述べている。

Costello は，*D.vulgaris*（Strain Hildenborough（NCIB 8303））を用いて，SRB の活動の結果生成する H_2S が，

$$2H_2S + 2e^- \rightarrow 2HS^- + H_2 \tag{1}$$

の反応によって還元されることによりカソード復極現象を起こすことを分極曲線で証明し，Kühr と Vlugt が提出した式（Ⅲ.）がカソード復極の原因だとする考えを否定している[9]。

3.3.2 鉄酸化細菌（IOB）

主要な細菌属名は，*Thiobacillus ferrooxidans* であり，第一鉄イオン（Fe^{2+}）や無機硫黄化合物をエネルギー源とし，CO_2 を炭素源とする好気性の化学独立栄養細菌である。*T. ferrooxidans* すなわち鉄酸化細菌は硫酸酸性（最適 pH は 2.0〜2.5 で上限 pH は 3.5〜4.0 であるとされている）の好気的条件下で Fe^{2+} を Fe^{3+} に酸化することにより，炭酸同化を行う細菌である。このとき酸化される Fe^{2+} と吸収される酸素のモル比は 4：1 であることが，Silverman と Lundgren によって報告されている[10]。

$$2\,Fe^{2+} + 1/2O_2 + 2H^+ \rightarrow 2Fe^{3+} + H_2O \tag{2}$$

このときの自由エネルギー変化 ΔG は，ingledew によると，pH 2.0 において $-8.1\,kcal \cdot mole^{-1}$ であるとされている[11]。

Silverman らの報告の後，今井，杉尾，安原および田尾は，鉄酸化細菌の無傷の細胞懸濁液を用いて $FeSO_4$ を酸化させたところ，細胞は $28\,\mu\,moles$ の $FeSO_4$ を完全に酸化して $7\,\mu\,moles$ の酸素吸収を示したことを明らかにし，これより式（2）に従って酸化反応が進行することを確認した[12]。

$$4FeSO_4 + O_2 + 2H_2SO_4 \rightarrow 2Fe_2(SO_4)_3 + 2H_2O + 32\,kcal \tag{3}$$

これは Silverman らの結果を裏付けるものといえる。

式（2）で示した $Fe_2(SO_4)_3$ は式（3）に示すようにエネルギーの出入りのない非生物的な化学的加水分解反応を受ける。

$$2Fe_2(SO_4)_3 + 12H_2O \rightarrow 4Fe(OH)_3 + 6H_2SO_4 \tag{4}$$

式（2）と式（3）から，

$$4FeSO_4 + O_2 + 10H_2O \rightarrow 4Fe(OH)_3 + 4H_2SO_4 + 32\,kcal \tag{5}$$

式（4）を見てわかるように，鉄酸化細菌は生物活動の結果 $FeSO_4$ を酸化すると硫酸を生成する。

Bloomfield と Coulter は，この菌は酸性硫酸塩土壌や FeS_2 を含む土壌中の鉄が酸化されたサイトに存在することを報告している[13]。

3.3.3 硫黄酸化細菌（SOB）

硫黄または無機硫黄化合物をエネルギー源とし，CO_2 を全炭素源とする好気性の化学独立栄養細菌である。*Thibacillus* は耐酸性が強く，生育可能範囲の pH は 0.5〜5.5 で，最適 pH は 2.0〜3.5 とされている。この細菌は，硫黄を式(6)に示すように好気的条件下で酸化する際に生じるエネルギーを用いて CO_2 を同化し，無機的環境下に生育し得るものである。

$$S^0 + 3/2O_2 + H_2O \rightarrow SO_4^{2-} + 2H^+ + 118\,kcal \tag{6}$$

式(5)を見てわかるように，硫黄酸化細菌が活動している土壌環境においては鉄酸化細菌が活動しているときと同じように，硫酸が生成し，環境は酸性になる。なお，この群に属する多くの菌種は，硫黄単体の他に，チオ硫酸や硫化物など還元型無機硫黄化合物もエネルギー源として利用できる。

3.3.4 鉄細菌（IB）

鉄細菌には2つのタイプが含まれる。すなわち，柄のある *Gallionella* と，糸状の *Sphaerotilus*，*Crenothrix*，*Leptothrix*，*Clonothrix* および *Lieskeella* である。IB は，好気性で，中性から弱アルカリ性の環境下で Fe^{2+} を Fe^{3+} に酸化する際に生じるエネルギーを利用する微生物である。自発反応として，Fe^{2+} は Fe^{3+} に酸化されるが，IB が活性高く生息している所では，この酸化速度が大きくなるのが特徴である。

3.4 受けやすい環境変化

土壌は，たとえば地下水位の変動によって地下水位が高くなれば嫌気性になり，地下水位が低くなれば好気性になる。嫌気性であれば腐食に関与する嫌気性微生物の活性が高くなる。一方，好気性であれば腐食に関与する好気性微生物の活性が高くなり，またパイプラインでのカソード反応である溶存酸素の消費反応速度が大きくなり，パイプラインのアノード反応速度を大きくすることが考えられる。

また，1984 年 Hardy と Brown は，嫌気性の硫酸塩還元菌（SRB）培養液の7日間の軟鋼の腐食速度は，その質量減少から $1.45\,mg/dm^2/day$（0.0067 mm/y）と小さかったが，その後，空気にさらすと $129\,mg/dm^2/day$（0.60 mm/y）もの大きい腐食速度がもたらされることを発表した[14]。この研究結果は，嫌気性環境で SRB の生菌数が多い場合，鋼および鋳鉄表面に安定した FeS 沈殿皮膜が生成し，腐食は抑制されるが，嫌気性から空気を含む好気性環境変化が起これば，腐食は激しくなることを示している。

3.5 広範囲な pH

土壌の pH は，土壌水（土壌溶液）の pH である。土壌は中性域にあると見なされがちであるが，実際には酸性土壌からアルカリ性土壌まで存在する。筆者は関東地方の 430 地点から土壌をサンプリングし，土壌の pH は 2.90〜11.06 の範囲にあり，平均値が 7.04 であることを明らかにした[2]。日本土壌肥料学会監修の『酸性土壌とその農業利用』において，土壌の pH と評価は**表 1**

のように表わされており，土壌の pH 8.0 以上は強アルカリ性と見なされる[9]。

表1　土壌の pH と評価[15]

pH	評価
8.0 以上	強アルカリ性
7.6—7.9	弱アルカリ性
7.3—7.5	微アルカリ性
6.6—7.2	中性
6.0—6.5	微酸性
5.5—5.9	弱酸性
5.0—5,4	強酸性
4.9 以下	極めて強酸性

3.6　広範囲な抵抗率

　土壌抵抗率 ρ は，0.1～5000 Ωm まで広範囲な値を示すといわれている。土壌の有する広範囲な抵抗率は，炭素鋼，低合金鋼および鋳鉄の防食電位と関係がある。ISO 15589-1：2015 において，土壌と水（海水を除く）の温度 T が 40℃ より低い場合，一様の高い抵抗率であれば防食電位が -0.85 V_{CSE}（飽和硫酸銅電極基準）より以下のようにプラスよりの値を制定している。

$100 < \rho < 1000$ Ωm：防食電位 -0.75 V_{CSE}，

腐食電位範囲：$-0.50 \sim -0.30$ V_{CSE}

$\rho > 1000$ Ωm：防食電位 -0.65 V_{CSE}，

腐食電位範囲：$-0.40 \sim -0.20$ V_{CSE}

梶山は，関東地方の 430 地点の土壌抵抗率を計測し，6.2～404 Ωm の範囲にあることを明らかにした[2]。抵抗率が 100 Ωm より高い土壌に鋼管が埋設される場合，防食電位を -0.75 V_{CSE} に設定することも考えられるが，雨の多い日本の天候を考慮すると変化しない抵抗率を保つとは考えにくいことから，日本は土壌抵抗率に依存しない防食電位を採用すべきと考える。

3.7　潜在的に高い CO_2 濃度

　土壌中の微生物の有機物の分解によって生成した二酸化炭素濃度は，大気中のそれよりも高い。

4. NBS の研究によるアメリカ各地の土壌に 4.0 年間埋設された炭素鋼の腐食度[1]

　表2は，NBS の研究によるアメリカ各地の土壌に 4.0 年間埋設された炭素鋼の腐食度を示したものである[1]。ここで，孔食の程度は，最も深い食孔の深さと，試験片の質量減少から換算した平均的な腐食の深さとの比率によって表される。これを孔食係数（pitting factor：PF）という。

第2章　腐食現象

均一な腐食の場合には，孔食係数は1になる。

表2　NBS の研究によるアメリカ各地の土壌に 4.0 年間埋設された炭素鋼の腐食度[1]

土壌 No.	土質	平均 腐食深さ $P_{4.0}^{ave}$ (mm)	平均 腐食速度 $d_{4.0}^{ave}$ (mm/y)	最大 腐食深さ $P_{4.0}^{max}$ (mm)	最大 腐食速度 $d_{4.0}^{max}$ (mm/y)	孔食 係数 $PF_{4.0}$
53	Cecil 粘土質ローム	0.113	0.028	2.489	0.622	22.0
56	Lake Charles 粘土	0.621	0.155	2.642	0.661	4.3
58	Muck 黒泥土	0.341	0.085	1.168	0.292	3.4
59	Carlisle 黒泥土	0.128	0.032	0.508	0.127	4.0
60	Rifle 泥炭	0.314	0.079	0.965	0.241	3.1
61	Sharkey 粘土	0.194	0.049	1.143	0.286	5.9
62	Susquehanna 粘土	0.167	0.042	1.422	0.356	8.5
63	Tidal 低湿地	0.358	0.090	0.965	0.241	2.7
64	Docas 粘土	0.233	0.058	1.702	0.426	7.3
65	Chino シルト質ローム	0.178	0.045	1.499	0.375	8.4
66	Mohave 微細な砂利ローム	0.477	0.119	3.683*	0.921	7.7
67	石炭がら	1.436	0.359	3.683*	0.921	2.6
70	Mecred シルト質ローム	0.377	0.094	2.997*	0.749	7.9
	平均値	0.380	0.095	1.913	0.478	6.8

＊1つ以上の供試体に腐食による穿孔が見られた

5.「腐食が激しい」意味

表3は，土壌No.53 と 67 に対して土壌の通気性，抵抗率と鋼の腐食傾向との関係を比較して示したものである[1]。

1933 年，Evans らは「腐食が激しい」という言葉に「腐食の起こる危険（腐食確率，Corrosion probability）が大きい」という意味と，「腐食の起こった場所での進行度（腐食速度，Corrosion velocity）が大きい」という2通りの意味が含まれることを指摘した[16]。これを表3の結果に当てはめると，通気性が良く，抵抗率が高い土壌は腐食速度が大きく高い孔食係数を示す。一方，通気性が悪く，抵抗率が低い土壌は腐食確率が大きく低い孔食係数を示す傾向があるといえる。

表3　土壌 No.53 と 67 に対する土壌の通気性，抵抗率と鋼の腐食傾向との関係[1]

土壌 No.	土質	通気性	抵抗率 （Ωm）	$P_{4.0}^{ave}$ (mm)	$P_{4.0}^{max}$ (mm)	$PF_{4.0}$
53	Cecil 粘土質ローム	良	177.90	0.113	2.489	22.0
67	石炭がら	悪	4.55	1.436	3.683	2.6

6. 微生物腐食事例

6.1 硫酸塩還元菌が関与する腐食事例

　土壌抵抗率が 17.7 Ωm で硫酸塩還元菌が生息する粘土質土壌に 16 年間埋設された呼び径 150 mm，管厚 10.9 mm（実測による）のダクタイル鉄管の腐食における硫酸塩還元菌の役割についてフィールド調査を行った[17]。なお，最大腐食速度は 0.20 mm/y であった。

6.1.1　目視観察

　図3の上図は，掘削しダクタイル鉄管が現れた時点の状況を示したものである。管は水分を多く含んだ土壌中に埋設され，管表面に黒色の生成物があることがわかった。図3の下図は，管を掘り上げた後，サンドブラスト処理後の表面を示したものである。管表面には，至る所にクレータ状の腐食が見られた。

6.1.2　腐食部断面のマクロおよびミクロ組織観察

　図4は，この管を輪切りにして腐食部分の管厚方向の様相を示したものである。管内面は全く腐食しておらず，腐食が外面の土壌側からのみ進行したことが明らかである。これは，ダクタイル鉄管の輸送物質が腐食性成分を含有しない天然ガスであったことによる。腐食部分はいずれも黒鉛化腐食の形態であり，ダクタイル鉄管が黒鉛化腐食することが裏付けられた。

図3　硫酸塩還元菌が生息する粘土質土壌に 16 年間埋設された呼び径 150 mm，管厚 10.9 mm のダクタイル鉄管[17]
（上）掘削直後の状況，（下）管付着物除去後の状況

第2章　腐食現象

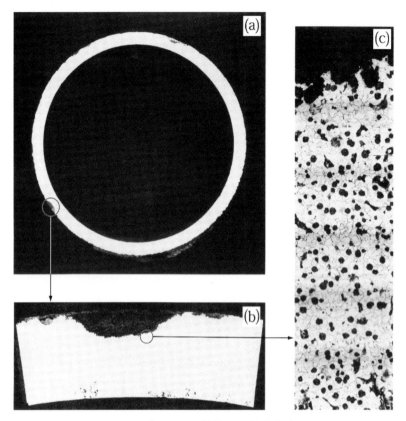

図4　ダクタイル鉄管の黒鉛化腐食
(a)輪切りにしたダクタイル鉄管，(b)(a)で黒鉛化腐食した黒色部分を含む管断面，(c)(b)で黒鉛化腐食した黒色部分を含む金属組織

6.2　鉄細菌が関与する腐食事例

図5は，土壌抵抗率187 Ωm，pH 7.51の土壌に，管厚8.5 mmのダクタイル鉄管が17年間埋設された様相を示したものである[13]。最大腐食速度は，0.197 mm/yであった。IBの活動の結果，管外面には錆瘤が生成し，黒鉛化腐食していたことがわかる。

図6はダクタイル鉄管の黒鉛化腐食部分の電子プローブマイクロアナライザによる分析結果を示したものである。この図より，ダクタイル鉄管の上に大きな錆瘤が形成され，ダクタイル鉄管の原形が保たれているのがわかる。錆瘤の大半はFe，O(酸素)，およびSi(珪素)の化合物で構成されている。局部腐食孔の中には，O，S(硫黄)，SiおよびC(炭素)の濃縮が見られることから，SiO_2，腐食孔に残ったFeの硫酸塩および$FeCO_3$によって管の原形が維持されていると考えられる。

図7は，提案された錆瘤の形成とピット内の黒鉛化腐食を示したものである。マイナスの電荷を有する$H_3SiO_4^-$($SiO_2 + 2H_2O \rightleftarrows H_4SiO_4$，$H_4SiO_4 \rightleftarrows H^+ + H_3SiO_4^-$)がプラスの電荷を有するFeOOHに特異吸着することにより，錆瘤を安定化させる[19]。

第3節　土壌腐食

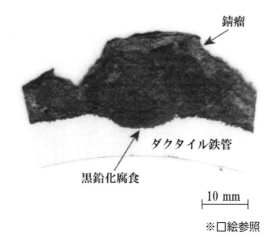

※口絵参照

図5　土壌抵抗率 187 Ωm, pH 7.51 の土壌に管厚 8.5 mm のダクタイル鉄管が 17 年間埋設された様相[17]

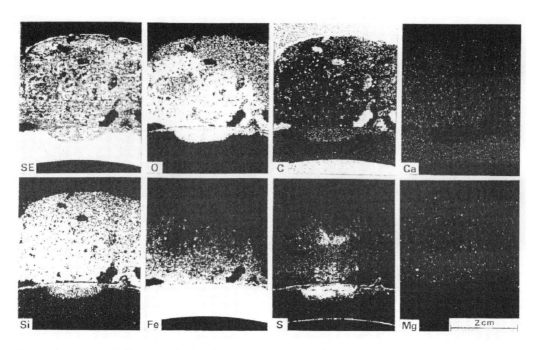

図6　ダクタイル鉄管の黒鉛化腐食部分の電子プローブマイクロアナライザによる分析結果
　　（SE：二次電子像）

第 2 章　腐食現象

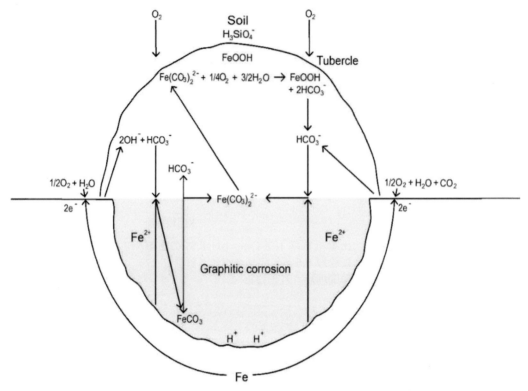

図7　提案された錆瘤の形成とピット内の黒鉛化腐食[19]

文献

1) M. Romanoff：Underground Corrosion, National Bureau of Standards Circular, 579 (1957).
2) 梶山文夫：電気化学的手法を用いた鉄管の土壌腐食に関する研究，東京工業大学，工学博士論文 (1989).
3) ISO 8044：Corrosion of metals and alloys-Vocabulary (2020).
4) C. A. H. von Wolzogen Kühr and I.S. van der Vlugt：De Grafiteering van Gietijer als Electrobiochemisch Process in Anaerobe Gronden, *Water*, **18**(16), 147 (1934).
5) M. Stephenson and L. H. Stickland：Hydrogenase：The Reduction of Sulphate to Sulphide by Molecular Hydrogen, *Biochemical J.*, **25**(1), 215 (1931).
6) B. J. Webster and R. C. Newman：Producing Rapid Sulfate-Reducing Bacteria (SRB)-Influenced Corrosion in the Laboratory, Microbiologically Influenced Corrosion Testing, ASTM STP 1232, 28 (1994).
7) G. H, Booth and A. K. Tiller：Polarization Studies of Mild Steel in Cultures of Sulphate-reducing Bacteria, *Transactions of the Faraday Society*, **56**, 1689 (1960).
8) K. R. Butlin, M. E. Adams and M. Thomas：The Isolation and Cultivation of Sulphate-deducing Bacteria, *Journal of General Microbiology*, **3**(1), 46 (1949).
9) J. A. Costello：Cathodic Depolarization by Sulphate-reducing Bacteria, *South African Journal of Science*, **70**(7), 202 (1974).
10) M. P. Silverman and D. G. Lundgren：Studies on the Chemoautotrophic Iron Bacterium *Ferrobacillus Ferroxidans*, *Journal of Bacteriology*, **78**(3), 326 (1959).
11) W. J. Ingledew：*Thiobacillus Ferrooxidans* The Bioenergetics of an Acidophilic Chemolithotroph, *Biochimica et Biophysica Acta*, **683**(2), 89 (1982).
12) 今井和民，杉尾剛，安原照男，田野達男：バクテリヤによる鉄の酸化，日本鉱業会誌，**88**(1018), 879 (1972).
13) C. Bloomfield and J.K. Coulter：Genesis and Management of Acid Sulfate Soils, *Advances in*

Agronomy, Academic Press, New York, **25**, 265 (1973).

14) J. A. Hader and J. L. Brown：The Corrosion of Mild Steel by Biogenic Sulfide Films Exposed to Air, *Corrosion*, **40**(12), 650(1984).

15) 吉田稔：土壌酸性の土壌化学的解析，酸性土壌とその農業利用—特に熱帯における現状と将来—，博友社，144(1984).

16) U. R. Evans, P. B. Mears and P. E. Queneau：Corrosion-Velocity and Corrosion Probability, *Engineering*, **136**, 689(1933).

17) F. Kajiyama：Extensive investigation into ductile-iron natural gas pipeline corrosion in soils, CEOCOR 2019, 2019-19 (2019).

18) F, Kajiyama and Y. Koyama：Field Studies on Tubercular Forming Microbiologically Influenced Corrosion of Buried ductile Cast iron Pipes, *1995 International Conference on Microbially Influenced Corrosion*, New Orleans (1995).

19) F. Kajiyama：The role of HCO_3^- and iron bacteria in the tubercle formation on ductile iron pipelines in aerobic alkaline soil, CEOCOR 2022, 5-19 (2022).

第2章　腐食現象

第4節　海水腐食

静岡理工科大学　西田　孝弘

1．海水の主成分と定義

1.1　海水中の主要成分とその濃度

　海水中の主要成分の組成は全外洋においてほとんど変化せず，主要イオンの相対的な濃度比はほぼ一定である。表1に海水に含まれる主なイオン・化学種を示す。

表1　海水に含まれる主なイオン・化学種[1]

成　分	化学式	質量%	溶質%
ナトリウムイオン	Na^+	1.0556	30.61
マグネシウムイオン	Mg^{2+}	0.1272	3.69
カルシウムイオン	Ca^{2+}	0.0400	1.16
カリウムイオン	K^+	0.0380	1.10
ストロンチウムイオン	Sr^{2+}	0.0008	0.03
塩化物イオン	Cl^-	1.8980	55.05
硫酸イオン	SO_4^{2-}	0.2649	7.68
臭化物イオン	Br^-	0.0065	0.19
炭酸水素イオン	HCO_3^-	0.0140	0.41
フッ化物イオン	F^-	0.0001	0.003
ホウ酸	H_3BO_3	0.0026	0.07

　海水の塩分（Salinity：S）は主要11イオンの濃度によってほぼ決まる。ここで塩分Sとは，かつては無水固形物の質量の海水質量に対する比率として定義され，千分率（‰）単位で表されていたものであり，現在は海水の電気伝導度から求める単位を持たない量として定義されている。なお，どちらの定義でもほぼ同等の数値となるが，後者は特に実用塩分（practical salinity）と呼ばれ，次式で求められる。

$$S = 0.0080 - 0.1692 R_{15}^{1/2} + 25.3851 R_{15} + 14.0941 R_{15}^{3/2} - 7.0261 R_{15}^2 + 2.7081 R_{15}^{5/2} \qquad (1)$$

　　　R_{15}：15℃，1 atmにおける海水試料と塩化カリウム標準溶液（32.4356 g/kg）の電気伝導度の比

　なお，前述のように塩分Sは単位を持たない量である。一部の報告書や観測機器などでは数字の後にPSUあるいはpsu（Practical Salinity Unit）を付して実用塩分であることを明示するもの

もあるが，これらは正式な単位ではない。

海水の塩分 S が主要11イオンの濃度に支配される理由は次の通りである。

・海水中の全溶存成分の99.9%以上がこれらの主要イオンである
・主要イオンは海水中で溶解度が大きく，吸着や沈殿を起こしにくい
・海洋大循環が生じる時間間隔と主要イオンを構成する主要元素の平均滞留時間を考慮すると，主要元素は海洋においてよくかき混ぜられた状態にあるといってよい
・主要元素は生物の必須元素であるが，主要元素の存在量が生物の必要とする量に対して圧倒的に大きい

一般に河川から流入した低塩分の海水は海水表面を拡散するが，水平面については潮流により，鉛直面については風波や冬季の表面海水の冷却による鉛直混合などにより混合が促進される。そのため，塩分 S の著しい変動は生じ難いものの，海水の蒸発や結氷による濃縮，降水や河川水による希釈による変動は観測できるレベルで生じ得る。

沿岸水においては，主に陸岸からの河川水の流水によって低塩分の海水が形成される。東京湾全域の水平面あるいは鉛直方向の海水の塩分の観測例では，海水の塩分の鉛直成分や水平面の分布は25～34であることが示されている。一方，外洋においては，塩分 S は海水の蒸発と降水によって変化する。北太平洋での観測例では，海水の塩分 S は，赤道付近で35.0程度であり，極地方では33.0程度と小さくなる。また，4 km以深の深層水の塩分はいずれの海域でも34.7程度でほぼ一定になる。

1.2　海水懸濁物の粒径

懸濁物とは水中に浮遊する粒径2 mm以下の不溶解性物質の総称である。海水の懸濁物と溶解成分を厳密に区別する定義はないが，メンブランフィルターの孔径0.45 µmを通過するものを溶解成分とするのが一般的な学術上の定義のようである。沿岸部の海水を工業的に利用する場合，懸濁物は不具合発生の要因となりやすいため注意が必要とされている。海水懸濁物は数多くの種類が存在し，地域性を有するが，おおむね次のように分類される。海水による腐食を考慮する場合，これら懸濁物の鋼材への衝突・摩耗を考慮する必要がある。

・河川から流入する土砂，粘土
・生物の分解物
・都市排水，工業排水，養殖，船舶塗料，農薬，流出石油，各種廃棄物などに含まれる人為的汚染物質
・海水利用時に混入する鉄など

2.　海水にさらされる場合の環境

海洋環境に設置される鋼材は，海底土中，海水中，干満帯，飛沫帯，海上大気中の異なる環境に跨って，あるいは，いずれかの環境にさらされる。特に，異なる環境に跨ってさらされる場合は，マクロセル腐食の発生に注意が必要となる。海洋環境にさらされる鋼材の腐食速度はこれら

第2章 腐食現象

の環境の影響を強く受け，それに伴って腐食の傾向や腐食速度は大きく異なる。海洋鋼構造物は激しい腐食環境にさらされるため，カソード(電気)防食(海中部)と被覆防食(干満帯，飛沫帯，海上大気部)を併用した防食対策がなされるのが一般的である。これらの防食処理を行っていない鋼材においては，腐食の激しい部位は図1に示すように，飛沫帯と平均干潮面直下付近となる場合が多い。腐食環境の特徴は表2と以下の2.1～2.5に示す傾向となる。

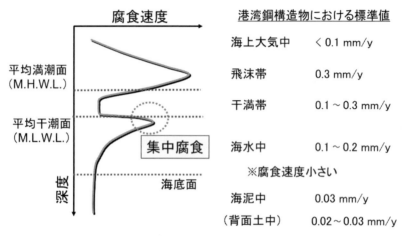

図1 調査結果に基づく腐食の傾向の一例(無防食の場合)[2]

表2 鋼構造物の各環境における特徴と腐食特性[3]

環 境	環境の特徴	腐食特性
海上大気部	風が微細な海塩粒子を運ぶ (海面からの距離により環境の腐食性は変化する。風速，風向き，降雨，気温，日射量，埃，季節，汚染などの腐食因子)	日陰で降雨洗浄されない部位は，湿潤，高付着塩分となり，腐食速度が大きい
飛沫帯	鋼表面は，十分に酸素を含む薄い水膜で濡れている。生物付着はない	腐食速度は，最も大きい
干満帯	海水の潮汐により乾湿が繰り返される	干満帯から海中部に連続している構造物では，M.S.L.付近が酸素濃淡電池のカソードとして作用する。防食被覆を施した鋼材では被覆の損傷部での腐食速度は大きい
海中部	生物付着，流速などが腐食因子として作用する	干満帯から海中部に連続している構造物では，M.L.W.L.直下付近が酸素濃淡電池のアノードとして作用し，腐食速度が大きい
海底土中部	硫酸塩還元バクテリアなどが存在することもある	硫化物は，鋼の腐食や電気防食特性に影響を及ぼす
背面土中部	残留水位より上では土壌環境とほぼ同じ	土壌環境に類似している
	残留水位より下では海底土中部とほぼ同じ	海底土中部に類似している

2.1 海中および海底土中

　海水中における腐食は図1に示した平均干潮面直下付近の激しい腐食を除けば，ほぼ一様の腐食速度となり，その値はおおよそ 0.1～0.2 mm/y となる。海底土中の場合は，海水中より酸素の供給が少なくなり，より小さい腐食速度となる（おおよそ 0.03～0.05 mm/y）。ただし，海底付近では気象条件によってサンド・エロージョンによる腐食が促進される場合がある。

　サンド・エロージョンとは，砂などの固体粒子を含む流体の流れにより，該固体粒子が材料と接触し，材料が機械的に損傷する現象をいう。ISO 8044：2020 Vocabulary において，トライボコロージョン（tribo-corrosion）は「腐食している表面又は腐食している表面と他の表面との間の摩擦に対する流動体又は粒子衝撃が原因で，不働態層の絶えず続く除去を含む腐食のいかなる形態」と定義されている。また，注として「トライボコロージョン（tribo-corrosion）は，摩耗腐食（*wear corrosion*），擦過腐食（*fretting corrosion*）及びエロージョン・コロージョン（*erosion corrosion*）を含むがこれらの腐食に限られたものではない。」と述べている。これらの腐食は，広義にトライボコロージョンに属しているという解釈である。2024年8月現在，日本におけるtribo-corrosion に関する国際標準化活動は，ISO/TC 156（金属及び合金の腐食）/WG 13 Tribo-corrosion で行われている。

　サンド・エロージョンの作用は，波高が低く波が穏やかな際には影響が小さい。しかしながら，天候が悪化して波高が高くなると，海底付近の砂の移動が激しくなり，砂の粒子が鋼材表面へ衝突する。その後，天候が穏やかとなり波高が低くなると，砂の衝突は減少するが，新しく露出した鋼材表面は再び激しい腐食となり，錆層が形成される。上記のような作用が，波浪海域に位置する鋼材の表面で繰り返し生じることで腐食速度は速くなる。

2.2　干満帯

　干満帯は周期的に海水への水没と大気環境曝露を繰り返す。この部分においては，平均水面位置により腐食の傾向が大きく異なることが知られており，特に，平均水面付近の腐食速度が遅く，平均干潮面直下付近の腐食速度が速くなる傾向がある（図1）。これは，平均水面付近がカソード部，平均干潮面直下付近がアノード部となるマクロセル腐食が生じるためである。平均干

図2　鋼矢板の集中腐食の例

第 2 章　腐食現象

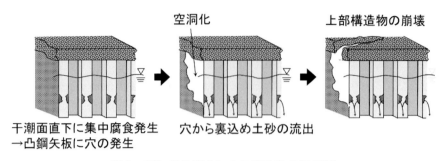

図 3　鋼矢板の腐食による構造物の崩壊例

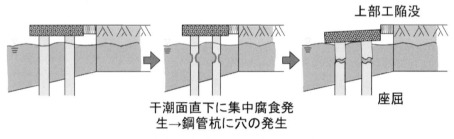

図 4　鋼管の腐食による上部工の陥没例

潮面直下付近の腐食速度は，場合によっては，飛沫帯の腐食速度よりも大きくなる場合もある。このような，干満帯で生じる腐食は，「集中腐食」と呼ばれる[2]（図 2）。鋼矢板式構造物，鋼管杭式構造物に集中腐食が生じ，放置すると，構造物が倒壊する場合もある。鋼矢板構造物（図 3）では，平均干潮面直下付近の集中腐食により，矢板に穴が開き，その穴から裏込め土砂の流出が起こる。その結果，矢板背面に空洞が発生する。このような空洞は，上部に重機などの荷重が作用した場合に，陥没を生じて，上部構造物の崩壊を招く。また，鋼管杭式の構造物（図 4）では，平均干潮面直下付近の集中腐食による激しい腐食が生じ，穴の発生により鋼管杭の座屈が生じ，その結果，上部工の陥没が生じる。

2.3　飛沫帯

飛沫帯は海水飛沫を絶えず受ける部位であり，海水および酸素の供給が多く，さらに波の衝撃による鋼材表面の錆層の剥離も生じることから，最も激しい腐食環境となる。防食工を適用した場合でも，船や流木の衝突などにより損傷が生じ，想定外の腐食を生じる場合もあるため注意が必要である。この環境の腐食速度は最も速く，0.3 mm/y 程度となる。

2.4　海上大気

桟橋や鋼矢板構造物のような係船岸壁においては，上部工などによって覆われていることが多いため，一般的には，鋼材が直接海上大気にさらされることはまれである。海上大気での腐食は，飛来する塩分粒子の量に影響を受けるが，その腐食速度は 0.1 mm/y 程度以下となる場合が多い。

2.5 内港，外港，河口での腐食の違い

　海洋環境においては，比較的波の影響の小さい「内港」，外洋の影響を強く受ける「外港」，河川水の影響を受ける「河口」によっても腐食の傾向が異なる。それぞれの腐食速度を調査した事例を**表3**に示す。この結果から，海水汚染が考えられる内港では，外港の2倍程度の腐食速度となることが見受けられる。また，河口付近の腐食速度は，一般の河川領域の腐食速度よりも早くなり，海水にさらされる環境に近い腐食速度となる点に注意が必要である。

表3　内港，外港，河口での腐食速度（mm/y）[3]

水　深	内港施設		外港施設		河口施設	
	平　均	最　大	平　均	最　大	平　均	最　大
M. L. W. L.	0.223	0.716	0.123	0.526	0.127	0.455
L. W. L.	0.201	0.666	0.113	0.363	0.124	0.382
L. W. L. − 1 m	0.152	0.547	0.142	0.426	0.090	0.326
L. W. L. − 2 m	0.152	0.511	0.090	0.198	0.099	0.254
L. W. L. − 3 m	0.140	0.310	0.103	0.249	0.122	0.190

文　献

1) M. Brian（著），松井義人，一国雅巳（訳）：一般地球化学，岩波書店（1970）.

2) 阿部正美：海洋鋼構造物の腐食と防食対策，日本防錆技術協会（2002）.

3) （一社）鋼管杭・鋼矢板技術協会：防食ハンドブック，2-13（2023）.

第2章　腐食現象

第5節　迷走電流腐食

ISO/TC156/WG10／電食防止研究委員会　梶山　文夫

1. 迷走電流腐食の定義

　ISO 8044：2020によると，迷走電流腐食（stray-current corrosion）は次のように定義されている。「impressed current corrosion caused by current flowing through paths other than the intended circuits」[1)]。ここで，「impressed current corrosion」とは，外部の電流源の活動によってもたらされた電気化学的腐食を指す。電気化学的腐食であるので，迷走電流腐食を被る金属構造物には，アノードとカソードが存在することになる。

2. 迷走電流腐食の最初の発生とメカニズム

　迷走電流の最初の発生は，直流電気鉄道の営業運転開始と密接な関係がある[2)]。直流電気鉄道は，牽引力が大きく速度制御が容易な直流電動機を直接駆動できることから，交流電気鉄道より早く発展・実用化された。直流電気鉄道が実用化されたのは，1881年にシーメンス・ハルスケ社がベルリンとリヒターフェルデ間の2.5 kmに直流150 V，15 km/hの速度で一般旅客の輸送を路面電車で開始したのが世界で最初である[3)]。その後，1883年にドイツ，イギリス，フランスにおいて，多くの都市間をつなぐ直流駆動の路面電車の導入または営業を開始した[2)]。1895年にアメリカは路面電車の営業運転を開始した。同年，日本は京都市で最初の路面電車の運行を開始した。地中インフラの直流迷走電流腐食は，ほぼ1900年から発生したと見なされる。

　路面電車の営業運転開始前に埋設された水道管，通信・電力の鉛被ケーブル，ガス管のインフラの整備が経済発展と共に進んだ。当時の水道管は，継手が電気的に導通状態である裸の鋳鉄管が主流であった。鉛が用いられたのは，鉛が押出しの容易性，種々の温度におけるたわみ性，疲労亀裂に対する抵抗性を有するためである。地中インフラは，土壌などの電解質と直接接触し，水平方向にかなりの距離にわたって電気的に導通していたと考えられる。路面電車は，架空単線式の直流電気鉄道である。

　架空単線式直流電気鉄道は，レールを帰線として車輪から変電所までのレールを直流電流が流れ，変電所に戻る。この直流電流によって電圧降下が発生する。そのため，電圧降下内において帰線レールの対地電位が異なり，レールの接地抵抗があるとレールからの漏れ電流が発生する。漏れ電流は，帰線レール近傍に埋設金属構造物があると，その金属構造物に流入し，この電流を吸い上げる働きをする変電所と金属/大地界面があると，その地点から漏れ電流が流出して腐食が発生することになる。電圧降下は，迷走電流腐食の発生源ということができる。レールの種類

が50 Nの場合，ボンドなどを含む単線1 kmの抵抗は0.020 Ω/kmとかなり低いが，レールを流れて変電所に戻る電流Iは1000～3000 Aと大きい。いまIを1000 A，Rを0.020 Ω/kmとすると，レールにおける電圧降下Vは，V = IR = 1000 × 0.020 = 20 V/kmとなる。すなわち，1 kmあたり20 Vとなり，電車位置と変電所の距離Lを3 kmとすると，この間の電圧降下は20 × 3 = 60 Vとなる。この電圧降下こそが地中パイプラインの直流電食発生源である。

図1は，架線単線式直流電気鉄道のレール漏れ電流のパイプラインの迷走電流腐食と，レール対地電位・管対地電位との関係を示したものである。管対地電位は，照合電極（土壌中では通常，飽和硫酸銅電極が用いられる）からのリード線を直流電圧計のマイナス端子に，パイプからのリード線をプラス端子に結線したときの直流電圧計の表示値である。パイプラインの直流迷走電流腐食の兆候は，直流電気鉄道通過時の管対地電位の変動によって把握することが可能である。夜間の直流電気鉄道が運行していない時間帯において，管対地電位の時間変動がなければパイプラインの直流迷走電流腐食リスクは直流電気鉄道システムによるものと判定される。

図1が示すように，パイプラインの腐食は直流電気鉄道のレールから発生したレール漏れ電流がパイプラインに流入しなければ発生しないのである。パイプラインの腐食は，他の電気システムからのレール漏れ電流の電気的干渉を受けている。中性点は，レールおよびパイプラインの電位がゼロとなる点で，大地への電流の流出入はない。

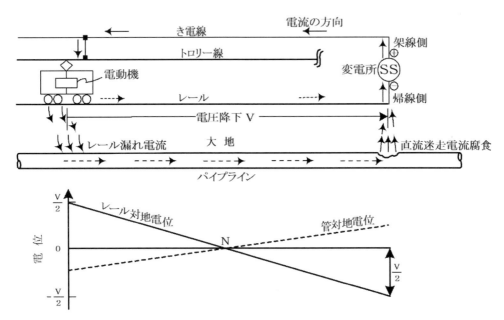

図1 架空単線式直流電気鉄道のレール漏れ電流によるパイプラインの直流迷走電流腐食とレール対地電位・管対地電位（Nは中性点）

第2章　腐食現象

3. 迷走電流腐食の分類

　迷走電流腐食は，まず大きく迷走電流が直流の直流迷走電流腐食と，迷走電流が交流の交流迷走電流腐食に分類される。さらに迷走電流腐食は発生原因の観点から，次のように細分類される。

3.1　直流迷走電流腐食

3.1.1　直流電気鉄道のレール漏れ電流

　直流電気鉄道車両の通過時に発生する直流迷走電流腐食リスクである。詳しくは図1を参照して欲しい。

3.1.2　直流電流によって発生する地中電位勾配

　図2は，外部電源アノード近傍に埋設されたパイプラインが直流干渉を受けている状況を示したものである。外部電源アノードからは，カソード防食対象のパイプラインに直流電流の防食電流が流れるが，外部電源アノード近傍の他のパイプラインがアノードから流れる電流によって生成する地中電位勾配の中にあると，アノードからの電流は外部電源アノード近傍の他のパイプラインにも流れ，アノードから離れた地点で電流が土壌に流出する直流迷走電流腐食リスクが発生する。

3.2　交流迷走電流腐食

3.2.1　高圧交流送電線からの電磁誘導

　日本においては，送電線路に用いられる電圧である7000 Vを超える特別高圧の電磁誘導の影

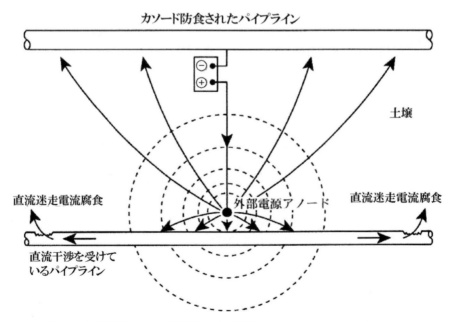

図2　外部電源アノード近傍の直流干渉を受けているパイプライン

響が大きい。

3.2.2　交流電気鉄道からの電磁誘導

日本においては，25000 V で電力が供給される新幹線の走行による電磁誘導の影響が大きい。

4. 土壌埋設パイプラインが受ける電気的干渉によって発生する直流・交流迷走電流腐食リスク

図3は，近年の地中インフラであるパイプランが受ける電気的干渉によって発生する直流・交流迷走電流腐食リスクを体系的に示したものである[4]。土壌埋設パイプラインは，地中においては他のカソード防食されたパイプラインの防食電流による直流干渉リスクが，地上においては高圧交流送電線と交流電気鉄道による交流干渉リスクが，回生ブレーキおよび電力貯蔵装置の導入拡大により直流迷走電流腐食リスクが高くなっているといえる。

図4は，踏切を走行する泳動中車両が力行中車両に回生電力を供給することによって発生する踏切真下のパイプラインの直流電流迷走電流腐食リスクの発生状況を示したものである。

図5は，踏切を走行する力行中車両が制動中車両から回生電力が供給されることによって発生する踏切真下のパイプラインの過分極リスクの発生状況を示したものである。

パイプラインのコーティングに欠陥がある場合，過分極は高降伏強度鋼の水素脆性リスクや，

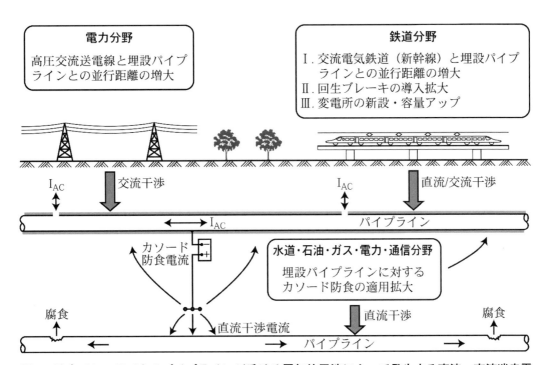

図3　地中インフラであるパイプラインが受ける電気的干渉によって発生する直流・交流迷走電流腐食リスク[4]

第2章 腐食現象

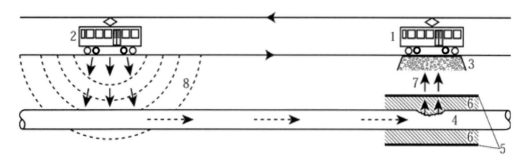

図4 踏切を走行する制動中車両が力行中車両に回生電力を供給することによって発生する踏切真下のパイプラインの直流迷走電流腐食リスク
1：直流回生ブレーキ車両，2：力行車両，3：踏切，4：パイプライン，5：ケーシングパイプ，6：電解質，7：腐食電流/過分極電流，8：等電位面

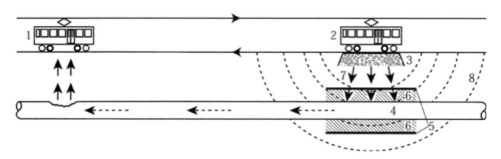

図5 踏切を走行する力行中車両が制動中車両から回生電力が供給されることによって発生する踏切真下のパイプラインの過分極
1：直流回生ブレーキ車両，2：力行車両，3：踏切，4：パイプライン，5：ケーシングパイプ，6：電解質，7：腐食電流/過分極電流，8：等電位面

高pH応力腐食割れリスクを高くしたりする。力行中車両位置または制動中車両位置のレールから発生するレール漏れ電流によって生じる地中電位勾配をパイプラインが通過することにより，踏切真下のパイプラインに腐食リスクと過分極リスクが誘起されることになる。この現象を踏切のレール側から見ると，パイプラインに腐食リスクがある場合，レール対地電位はマイナスに，パイプラインに過分極リスクがある場合，レール対地電位はプラスになり，回生ブレーキ車両の走行と共にレール対地電位は，極性を反転しながら大きな変動を示す。図4と図5の半円状，実際には半球状の点線は，レール漏れ電流によって生じる等電位面である。なお，踏切真下のパイプラインは荷重を緩和するため，ケーシングの中に埋設される。パイプラインとケーシングとの間には，パイプラインに防食電流を供給するため，モルタルなどの電解質が充填される。

電気設備に関する技術基準を定める省令第一章第一節第一条の十九において，「「電気貯蔵装置」とは，電力を貯蔵する電気機械器具をいう。」と定義されている[5]。定義十九は，2008年4月の改正で追加された。ここでは，電力貯蔵装置として，列車の制御時に発生する回生電力を架空電車線から充電することにより貯蔵する装置を対象とする。貯蔵した回生電力を力行列車に架空電車線より放電する。充電と放電は，電力貯蔵装置内の二次電池により行われる。

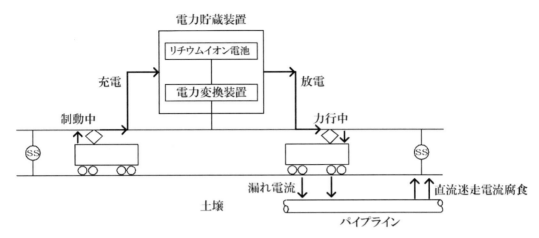

図6　直流式電気鉄道の電力貯蔵装置

　図6は，直流式電気鉄道の電力貯蔵装置を示したものである。図6では，二次電池としてリチウムイオン電池としている。車両が制動中に発生する回生電力は，他の車両など回生電力を消費する負荷がない場合は活用できない。また，近くに力行車両がないと回生電力を有効に利用できない。このような場合，回生電力を力行エネルギーとして利用できるまで貯蔵しておくのである。以上により，電力の有効利用，省エネルギーが達成される。ただし，放電中，力行中車両から漏れ電流が発生し，近傍のパイプラインに直流迷走電流腐食リスクが発生し得ることを忘れてはならない。

5. 迷走電流腐食の防止基準

5.1　直流迷走電流腐食の防止基準

　直流迷走電流腐食の発生がレール漏れ電流であり，直流電気鉄道システムの電圧降下が腐食の駆動力であったため，1900年の初頭，各国で電圧降下が規定された。たとえば，スペインでは，1900年3月23日の法令により，「軌道内に生じる全電圧降下を7V以下とすること」という規定が設けられた[6]。

　その後，直流干渉を受ける金属構造物の直流迷走電流腐食の防止基準が策定された。カソード防食されている埋設または浸漬された鋼または鋳鉄は，ISO 15589-1のカソード防食基準に合格しなければならない[7]。

　表1は，ISO 21857：2021が策定したカソード防食されていない埋設または浸漬された鋼または鋳鉄に対し許容できるアノード電位シフト ΔE_a を示したものである[8]。

第2章　腐食現象

表1　ISO 21857：2021 が策定したカソード防食されていない埋設または浸漬された鋼または鋳鉄に対し許容できるアノード電位シフトΔE_a [8]

電解質の抵抗率 （Ω・m）	最大アノード電位シフト ΔE_a （mV） IR-ドロップを含む	最大アノード電位シフト $\Delta E_{a,\,IR\text{-}free}$ （mV） IR-ドロップを除く
≥ 200	300	20
15〜200	$1.5\,\mathrm{mV}(\Omega\cdot\mathrm{m})^{-1}\cdot\rho$ [a]	20
< 15	20	20

a　ρ in Ω・m

　表1が示すように，腐食性が高いと見なされる電解質の抵抗率が 15 Ω・m より低い場合，鋼または鋳鉄の最大アノード電位シフトは，20 mV であることに注目すべきである。

5.2　交流迷走電流腐食防止基準

　交流迷走電流腐食防止基準は，コーティング欠陥を模擬したクーポンを用いた計測結果が ISO 18086：2019[9] に合格しなければならない。

文　献

1) ISO 8044：Corrosion of metals and alloys – Vocabulary（2020）.

2) B. McCollum and G. H. Ahlborn：Technologic Papers of the Bureau of Standards,（28）（1916）.

3) Ruhrgas AG Kompetenz–Center Korrosionsschutz（Hrsg.）：Korrosionsschutz erdverlegter Rohrleitungen, 11（2001）.

4) 梶山文夫：高度文明社会とインフラ管理の落とし穴，表面技術，**64**（3），165（2013）.

5) 電気設備技術基準研究会（編）：電気設備技術基準・解釈早わかり 2021 年版，オーム社（2021）.

6) 電食防止研究委員会（編）：絵とき電蝕防止操典，電気書院（1948）.

7) ISO 15589-1：Petroleum, petrochemical and natural gas industries – Cathodic protection of pipeline systems – Part 1: On-land pipelines（2015）.

8) ISO 21857：Petroleum, petrochemical and natural gas industries – Prevention of corrosion on pipeline systems influenced by stray currents（2021）.

9) ISO 18086：Corrosion of metals and alloys – Determination of AC corrosion – Protection criteria（2019）.

第 2 章　腐食現象

第 6 節　応力腐食割れ（SCC）

静岡大学　藤井　朋之

1. はじめに

　機械構造物の長期信頼性は，繰り返し負荷に起因する疲労と環境と材料の相互作用である腐食の観点から確保されることが多い。しかしながら，マイルドな環境中にある部材に多少の引張応力が作用していると，疲労や腐食が生じない条件であったとしても部材に損傷が生じ，やがて破壊に至ることがある。これは応力と腐食の共同作業による破壊であり，応力腐食割れ（Stress Corrosion Cracking：SCC）や腐食疲労（Corrosion Fatigue：CF）が原因である。SCC は静的負荷と腐食の重畳作用，CF は繰り返し負荷と腐食の重畳作用の結果として生じる。SCC と CF は共に，微小き裂の発生とそれに続くき裂の成長を経て大き裂が形成するという過程を経るが，それぞれ腐食および疲労の延長として研究および評価されることが多いようである（つまり，SCC は電気化学や材料工学，CF は材料工学や機械工学の専門家によって研究されることが多い）。本稿では SCC の特徴とその挙動，試験方法，寿命評価について概略する。

2. SCC の特徴と分類

　SCC は，材料，環境，応力（静的）の三因子が"ある条件"のときに応力と腐食の共同作用によりき裂が発生・進展し，やがて破壊に至る現象である。SCC には，次のような特徴がある。
・合金で生じることが多い。純金属では生じないが，微量の不純物を含むと生じることがある
・全面腐食が生じる環境では生じにくい
・腐食が生じない環境で引張応力（外部からの荷重や残留応力による）により生じる。SCC を生じる引張応力は，環境と材料の組み合わせ（き裂発生・進展機構）に依存し，降伏応力以下でも生じる場合もあれば，降伏応力以上で生じる場合もある
・圧縮応力では生じない
　SCC は，き裂発生・進展の機構に基づいて活性経路溶解（Active Path Corrosion：APC）型 SCC（APC-SCC），変色皮膜破壊（Tarnish Rupture：TR）型 SCC（TR-SCC）および水素脆化（Hydrogen Embrittlement：HE）に分類される。
・APC-SCC：局部的なアノード溶解（局部腐食）が応力により加速される現象である。たとえば，塩化物中におけるステンレス鋼に生じる
・TR-SCC：材料表面に生じた厚い不動態皮膜が応力の作用により脆性的に破壊する現象である。たとえば，アンモニア中における銅合金に生じる

第2章　腐食現象

・HE：カソードで発生した水素が水素原子として材料内部に拡散し生じる現象である。たとえ
　　　ば，電気めっき後に適切なベーキング処理を施していない高強度鋼に生じる

一般的には，APC-SCC が(狭義の)SCC と呼ばれている。また，き裂が発生・進展する位置(微視組織)によっても分類されており，き裂経路が粒内である場合の粒内型 SCC(Transgranular SCC：TGSCC)，粒界である場合の粒界型 SCC(Intergranular SCC：IGSCC)がある。なお，特定の環境や場所で生じることが多いことから，使用環境などを用いて呼ばれることも多い。たとえば，以下のような名称が使われるようである。

・外面応力腐食割れ(External SCC：ESCC)[1]
　　：使用中の容器や配管などの外表面から発生・進展する SCC
・湿潤大気応力腐食割れ(Atmospheric SCC：ASCC)[2]
　　：湿潤大気環境下で使用中の容器や配管などに発生・進展する SCC
・塩化物応力腐食割れ(Chloride SCC：CSCC)[3]
　　：塩化物イオンが存在する環境で使用中の容器や配管などに発生・進展する SCC
・硫化物応力腐食割れ(Sulfide SCC：SSCC もしくは Sulfide Stress Cracking：SSC)[4]
　　：硫化水素を含む環境で使用中の容器や配管などに発生・進展する SCC
・照射誘起応力腐食割れ(Irradiation-assisted SCC：IASCC)[5]
　　：軽水炉内で中性子線やガンマ線の照射による化学組成/微細組織の変化に起因する SCC

以上のような分類をせずに，応力と腐食の共同作用による破壊を環境助長割れ(Environmentally Assisted Cracking：EAC)と呼ぶこともある。

　表1は，SCC が生じる材料と環境の組み合わせである。HE は，水素が発生し材料中に拡散すれば生じることから，材料と環境の間に特定の条件はないようである[6]。

表1　SCC が生じる材料と環境の組み合わせ[7]

材　料	環　境
炭素鋼・低合金鋼	アルカリ，硝酸塩，シアン，高温純水，高温炭酸水，炭酸塩など
フェライト系ステンレス鋼	塩化物・硫化物を含む環境など
オーステナイト系ステンレス鋼	塩化物を含む環境(海水含む)，高温高圧水，ポリチオン酸水溶液など
ニッケル基合金	高温高圧水，ポリチオン酸水溶液など
アルミニウム合金	湿潤空気，塩化物を含む環境(海水含む)など
銅合金	アンモニア，淡水，湿潤空気など

3. SCC 挙動とその評価

　図1は，腐食環境で引張負荷(引張残留応力を含む)が作用した材料の平滑表面の変化を示したものであり，一般的な SCC の挙動である[8][9]。材料が引張を受けたまま腐食環境にさらされると，I)潜伏期間(誘導過程)の後に，II)平滑表面に孔食ピットが発生・成長する。腐食ピットは

第6節　応力腐食割れ（SCC）

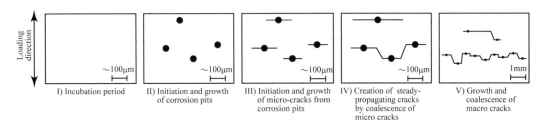

図1　平滑表面におけるSCC挙動の模式図

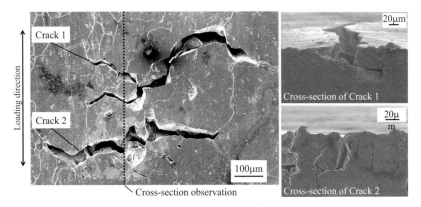

図2　高温水中のSUS304に生じたIGSCC

切欠きであることから，その底では応力集中により高い応力が作用する。その後，III)腐食ピットを起点として微小き裂が生じる。IV)複数の微小き裂の合体によりき裂がある程度長くなると定常進展が始まり，V)大き裂へと成長する。なお，腐食ピットが生じない条件（たとえば，塩化物イオンを含まない環境でのオーステナイト系ステンレス鋼など）では，腐食ピットの形成を経ることなくき裂が発生する。つまり，I)潜伏期間の後に，III)微小き裂が生じ，き裂の合体・進展を経て大き裂が形成する。図2には高温水中のオーステナイト系ステンレス鋼SUS304に生じたIGSCCを示す。粒界に沿って，複数のき裂が生じていることがわかる[10]。

SCC挙動は，き裂発生と進展が主要なプロセスであることからそれぞれ分けて評価されており，その機構が解明されつつある。

3.1　き裂発生

平滑表面におけるき裂発生は微視的な現象であることから，電気化学，材料学/結晶学，力学の多岐にわたる評価が行われている。SCCは加速化された局部腐食であることから，き裂発生時には腐食電流/腐食電位の揺らぎが生じる（電気化学ノイズ）[11]。そのため，電気化学ノイズを解析することにより，き裂発生の素過程やその規模を推定することができる。図3に，腐食環境下にあるオーステナイト系ステンレス鋼の典型的な電流ノイズ波形（模式図）を示す[12]。この条件では，局部電流が緩やかに上昇した後に急激に減少し消滅する波形（SR型）と局部電流が急激に上昇した後に緩やかに減少し消滅する波形（RR型）が測定される。SR型は皮膜破壊により生じ

— 51 —

第2章　腐食現象

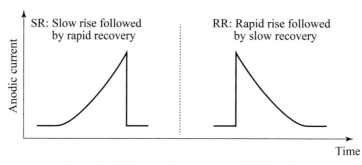

図3　腐食環境中の電流ノイズの典型的な波形

た新生面が局部的に定速度で溶解(腐食ピットやき裂の発生)し，その後，急激に再不働態化する現象を示す。一方，RR型は皮膜破壊により新生面に大規模な溶解(き裂発生・進展)が生じた後，再不働態化する現象を示す。高温水中のオーステナイト系ステンレス鋼SUS316におけるIGSCCではRR型に分類される電流ノイズが観測されており，皮膜破壊により新生面が形成され，その新生面から材料内部に向かって素地が溶解した後に，皮膜の再形成による再不働態化が生じたと理解されている[13]。

　TGSCCとIGSCCはそれぞれ粒内と粒界に生じるSCCであることから，き裂発生位置に関する検討も多くされている。図4に塩水中のアルミニウム合金A6061に生じたTGSCC[14]，図5にテトラチオン酸溶液中のオーステナイト系ステンレス鋼SUS304に生じたIGSCC[15]を示す。A6061には，AlFeSiとMi_2Siの析出物があり，塩水環境ではそれらを起点として腐食ピットが形成され，き裂は鋭い(応力集中係数が高い)腐食ピットに選択的に生じると報告されている。SUS304では，特定の粒界に選択的にき裂が生じているようである。粒界のIGSCC感受性に関する報告は多数あり，小傾角粒界や低指数対応粒界(たとえば，$\Sigma 3$や$\Sigma 5$)ではIGSCCは生じにくいようである。これは，粒界は原子配列が不規則であることから不安定であるが，原子配置の周期性を有する対応粒界は，比較的安定であるためと考えられている。GertsmanらはIGSCC

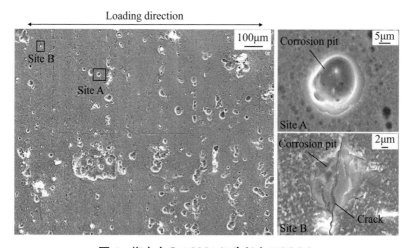

図4　塩水中のA6061に生じたTGSCC

― 52 ―

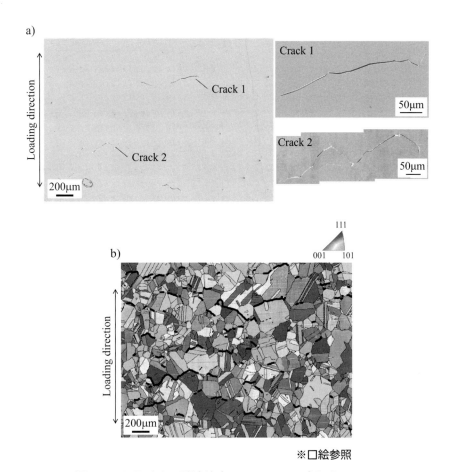

図5 テトラチオン酸溶液中のSUS304に生じたIGSCC
a)走査型電子顕微鏡(SEM)による観察結果, b)電子線後方散乱回折(EBSD)
装置によるIPFマップ(実線でき裂が生じた粒界を示している)

感受性は粒界エネルギーを用いて評価可能であり，IGSCC抵抗性を発現する粒界エネルギーの限界値の存在を指摘している[16]。近年，粒界腐食感受性を粒界エネルギーにより評価できることが報告されており[17,18]，IGSCCへの応用が期待される。TGSCCおよびIGSCC共に，き裂発生に関する微視組織的な検討が精力的に行われており，耐SCC材の開発が進められている。

SCCは引張応力の作用下でのみ生じることから，巨視的にはSCCによる破断の下限界応力 σ_{th}（もしくは σ_{SCC}）が存在することが知られている(**図6**)[19]。近年，IGSCCについては1つの粒界に生じるき裂に関する力学的検討が進められている。Westら[20]，Stratulatら[21]，Fujiiら[22-24]，Zhangら[25]は実験的もしくは数値解析的に粒界に作用する応力もしくは粒界のひずみとき裂発生の関係を検討している。**図7**は，SUS304におけるき裂発生割合(割れ粒界/全粒界)と粒界における垂直ひずみの関係のヒストグラムである[22]。粒界における垂直ひずみが増加するほど，き裂発生する割合が増加するようである。他の報告でも，粒界の力学条件が厳しくなるほどき裂発生が顕著になる傾向があることが示されている。現時点では，単一き裂の発生の下限界応力 σ_{th} については結論が付いていない。一方，TGSCCや孔食を伴うSCCについては，微視的な力学条件

第2章　腐食現象

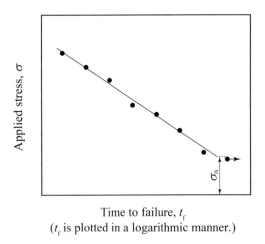

図6　負荷応力と破断時間の関係（模式図）

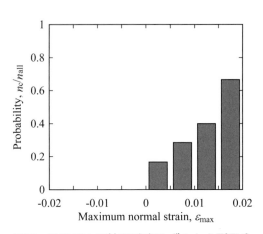

図7　SUS304の粒界垂直ひずみとき裂発生の関係

の検討はほとんどないようである。

3.2　き裂進展

き裂進展は，き裂の力学である破壊力学を用いた評価がなされている。これは，後述する寿命評価にも関係している。SCCによるき裂進展は，疲労き裂の進展特性を表現するParis則[26]と同様の形式である式(1)を基本として定式化されることが多い。つまり，

$$\frac{da}{dt} = C(K)^m \tag{1}$$

ここで，da/dt はき裂進展速度，K は線形破壊力学パラメータである応力拡大係数，C と m は材料と環境に依存した定数である。図8(a)に塩水中のアルミニウム合金A7075のき裂進展特性を示す[27]。き裂が進展しない応力拡大係数（下限界応力拡大係数，K_{ISCC}）が存在し，K_{ISCC} 以上では応力拡大係数の増加と共にき裂進展が高速となり，破壊靭性 K_{IC} において不安定き裂進展により即時破壊している。一般的なき裂進展特性を図8(b)に示す。き裂進展特性は三領域に分けられており，応力拡大係数の低下と共にき裂進展が減速し K_{ISCC} に至る領域（第一領域），応力拡大係数にかかわらずき裂進展速度が一定となる領域（第二領域），応力拡大係数の増加と共にき裂進展が加速し破壊靭性 K_{IC} で不安定破壊に至る領域（第三領域）がある。第二領域が現れる理由は，材料と環境の組み合わせやき裂の進展経路などに基づいて考察されており，き裂進展を律速する腐食速度に上限があること，き裂の分岐により実際のき裂先端の応力拡大係数は負荷した応力拡大係数よりも小さいこと，塑性変形の影響などが考えられている。なお，応力拡大係数は小規模降伏（Small Scale Yielding：SSY）でのみ有効であることから，SSY条件を逸脱する場合[28]や塑性変形場にき裂が進展する場合[29]には，非線形破壊力学パラメータである J 積分 J により評価できることが報告されている。最も単純な式形式としては，式(1)の応力拡大係数 K を J 積分 J で置き換えることで，次式のように表現される。

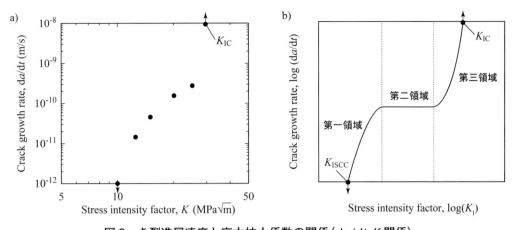

図8 き裂進展速度と応力拡大係数の関係（da/dt-K 関係）
a）塩水中の A7075 のき裂進展特性，b）一般的なき裂進展特性の模式図

$$\frac{da}{dt} = C'(J)^{m'} \tag{2}$$

ここで，C' と m' は材料と環境に依存した定数である。

以上のように，き裂発生と進展は別々に評価されることが多いが，実際には連続した現象である。Parkins は，平滑表面における SCC の全過程（潜伏期間，微小き裂発生，微小き裂合体と進展，定常き裂進展，大き裂の形成，不安定破壊）は4つの段階に分かれることを指摘しており，図9のようにき裂進展速度の変化として模式的に表現している[30]。なお，3.1 で示したき裂発生は Stage 1～3（の一部）に関する評価，ここで示したき裂進展は Stage 4 に関する評価である。

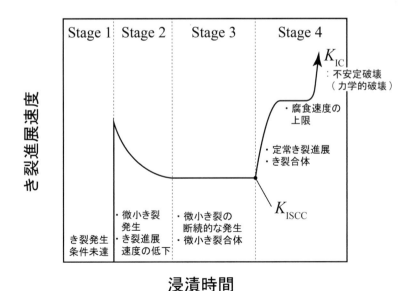

図9 き裂発生から合体・進展，破壊に至る SCC の全過程

第2章　腐食現象

4. 試験方法

3. で示したように，SCC はき裂発生と進展に分けて評価されることが多いため，それぞれで使用する試験片の形状や負荷履歴が異なる。そこで，き裂発生試験およびき裂進展試験に分けて説明する。

4.1　き裂発生試験

き裂発生挙動の評価のためには，巨視的には一様な応力分布を有する試験片がふさわしい。そのため，き裂発生試験には平滑材が用いられる。引張試験片もしくは曲げ試験片（図10）に，定ひずみ，定荷重もしくは低ひずみ速度引張（Slow Strain Rate Technique：SSRT）（図11）を負荷し，その状態で実環境もしくは環境試験機に設置し，き裂発生挙動の評価する。なお，高力ボルトのように応力集中部に生じる SCC を評価する際には，切欠き付き試験片を使うこともある。

定ひずみは，試験片をボルト・ナットなどの治具を用いて固定することで実現できる。そのため，ひずみを与えたまま，容易に実環境や環境試験機に設置できる。定ひずみ試験はき裂発生の有無や SCC 感受性の評価などに利用されるが，き裂の発生や高温環境ではクリープにより時間経過と共に応力が低下するため，注意が必要である（図11左）。

定荷重は，負荷治具に取り付けられた圧縮もしくは引張ばねやコンピュータを用いたフィードバック制御を用いる必要があるため，定荷重試験は前述の定ひずみ試験よりも困難である。しか

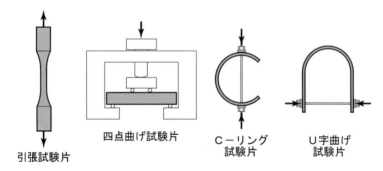

図10　き裂発生を評価するために使用する試験片の種類（ハッチング部が試験片）

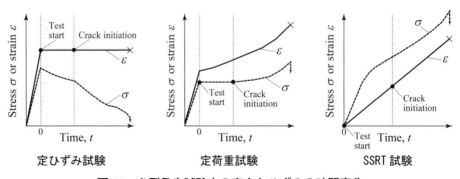

図11　き裂発生試験中の応力とひずみの時間変化

しながら，き裂発生の下限界応力 σ_{th} や後述する寿命(破断時間と応力の関係)の定量的な評価を行うことが可能であることから多用される。なお，定荷重に保持すると試験初期の応力は一定に保持されるものの，き裂発生・進展すると正味断面が減少することから応力(真応力)は増加するため注意が必要である(図11 中央)。

定ひずみ試験や定荷重試験ではき裂発生までに非常に長い時間がかかるため，加速試験法としてSSRT試験が行われている。SSRT試験は，非常にゆっくりとしたひずみ速度(たとえば，10^{-5} 1/s)で引張応力を増加させ続けることからSCCが生じやすい利点がある(図11 右)。

4.2 き裂進展試験

き裂進展の評価は，前述のように破壊力学を用いるため，予き裂を有する試験片である破壊力学試験片を用いることが一般的である。**図12** は，しばしば使用される小型引張(Compact Tension：CT)試験片，四点曲げ試験片，WOL(Wedge Opening Loaded)試験片を示している。腐食環境中で応力拡大係数 K を制御することで，き裂進展特性(da/dt-K 関係)や下限界応力拡大係数 K_{ISCC} が求められる。試験中のき裂長さは，試験片の側面観察，電位差法もしくはコンプライアンスの変化に基づく方法などにより推定できる。また，応力拡大係数の計算式は『応力拡大係数ハンドブック』[31]などに記載されているが，破壊力学試験片ではない試験片を使用した場合には，数値解析などによりあらかじめ応力拡大係数を算出しなければならない。なお，応力拡大係数はSSY状態においてのみ有効であることから，平面ひずみ破壊靭性 K_{IC} を評価する際に利用されるSSY条件[32]を用いて，その有効性の評価がなされている。SSY条件を逸脱する場合には，前述のようにJ積分を用いて評価することができる。しかしながら，J積分は材料の応力－ひずみ関係に依存するため，その算出は応力拡大係数ほど簡単ではない。疲労き裂であれば，応力とひずみのヒステリシスループを用いたJ積分範囲の簡便評価法は提案されているものの[33]，SCCのように塑性変形場にき裂が発生・進展するような場合のJ積分を実験的に求めることができる簡便評価法はほとんどない。よって，き裂進展を評価するためのJ積分は，弾塑性有限要素解析などの数値解析手法により求める必要があるだろう。

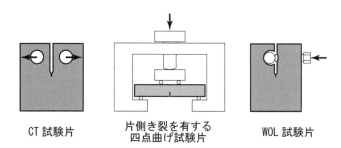

図12　き裂進展を評価するために使用する破壊力学試験片
　　　（ハッチング部が試験片）

5. 寿命評価

SCC 寿命の評価は，機器の設計と使用の段階でそれぞれ必要となる。機器の設計段階では，負荷応力と破断時間の関係が必要となる。そのため，実機を模擬した環境中で模擬材に種々の引張応力を負荷することで，負荷応力と破断時間の関係(図6)を求めておく。そして，使用中に作用すると想定される負荷応力に基づいて，部材の SCC 寿命が評価される。一般的には，下限界応力 σ_{th} を基準応力とし安全率を考慮することで許容応力 σ_{aw} を設定し，部材に作用する応力が許容応力 σ_{aw} 以下になるように設計される。

機器の使用段階では，非破壊検査手法を用いて検出されたき裂に対して，"あるき裂長さ"に成長するまでの期間の評価が行われる。よって，この段階ではき裂進展特性が必要となる。そのため，実機を模擬した環境中でき裂を有する模擬材に対してき裂進展試験を行い，き裂進展特性を求めておく。そして，材料の破壊靭性 K_{IC} などに基づいて許容き裂長さ a_{aw} を設定し，き裂進展特性に基づいて許容き裂長さ a_{aw} に到達するまでの時間(余寿命)を評価している。なお，定期検査が行われる場合には，発見されたき裂について，き裂進展特性に基づいて次回検査時のき裂長さを推定する。推定き裂長さが許容き裂長さ a_{aw} を超えていれば，き裂の補修もしくは部材の交換が行われる。一方，推定き裂長さが許容き裂長さ a_{aw} を超えていなければ，次の検査までは健全な状態が保たれると考え，補修も交換も行わず，そのまま使い続けることになる。

このような SCC 寿命の評価手法は，疲労寿命の評価手法(設計段階：S-N 関係に基づいた寿命評価，使用段階：非破壊検査による疲労き裂の検出と疲労き裂進展特性(da/dN-K 関係)に基づく余寿命評価)と同等である[34]。

文　献

1) 中原正大，高橋克：防食技術，**35**(8), 467(1986).
2) 中山元，榊原洋平：材料と環境，**62**(3), 117(2013).
3) 小若正倫：防食技術，**26**(5), 257(1977).
4) 宇都善満：防蝕技術，**19**(3), 117(1970).
5) 塚田隆：材料と環境，**52**(2), 66(2003).
6) たとえば，中山武典：溶接学会誌，**75**(2), 137(2006).
7) 駒井謙治郎：材料，**33**(367), 501(1984).
8) M. Elboujdaini：*Procedia Struct. Integrity*, **42**, 1033(2022).
9) K. Wu et al.：*Mater. Trans.*, **60**(10), 2151(2019).
10) T. Fujii et al.：*Corros. Sci.*, **97**, 139(2015).
11) 井上博之，中村彰夫：日本海水学会誌，**65**(2), 64(2011).
12) 井上博之，山川宏二：電気化学および工業物理化学，**64**(8), 879(1996).
13) 渡辺豊ほか：材料と環境，**45**(11), 667(1996).
14) T. Fujii et al.：*J. Alloys Compd.*, **938**, 168583(2023).
15) T. Fujii et al.：*Mater. Sci. Eng. A*, **751**, 160(2019).
16) V. Y. Gertsman and S. M. Bruemmer：*Acta Mater.*, **49**, 1589(2001).
17) T. Fujii et al.：*Corros. Sci.*, **195**, 109946(2022).
18) T. Fujii et al.：*Corros. Sci.*, **230**, 111896(2024).
19) 小若正倫，山中和夫：日本金属学会誌，**44**(7), 800(1980).
20) E.A. West and G.S. Was：*J. Nucl. Mater.*, **408**, 142(2011).
21) A. Stratulat et al.：*Corros. Sci.*, **85**, 428(2014).
22) T. Fujii et al.：*Mater. Sci. Eng., A*, **756**, 518(2019).
23) T. Fujii et al.：*Mater. Sci. Eng., A*, **773**, 138858(2020).
24) T. Fujii et al.：*Forces Mech.*, **3**, 100013(2021).
25) Z. Zhang et al.：*Mater. Sci. Eng., A*, **765**, 138277(2019).
26) P. Parisa and F. Erdogan：*J. Basic Eng.*, **85**(4), 528(1963).
27) T. Fujii et al.：*Eng. Fract. Mech.*, **292**, 109657(2023).
28) 川久保隆，菱田護：防食技術，**31**(1), 19(1982).

29) T. Fujii et al. : *J. Solid Mech. Mater. Eng.*, **7**(3), 341 (2013).

30) R. N. Parkins : *Proc. Inter. Symp. Plant Aging and Life Prediction of Corrodible Structures*, NACE International, 1(1997).

31) 村上敬宜(編) : 応力拡大係数ハンドブック Vol.1&Vol.2 電子版, 日本材料学会(2014).

32) 木内晃 : 圧力技術, **59**(3), 140(2021).

33) N. E. Dowling and J.A. Begley : ASTM STP, **590**, 82 (1976).

34) 日本材料学会疲労部門委員会 : 初心者のための疲労設計法 第6版, 日本材料学会(2016).

第2章　腐食現象

第7節　水素脆化

佐賀大学　武富　紳也　　京都先端科学大学　松本　龍介

1. はじめに

　金属が腐食・防食環境にさらされるとカソード反応によって水素が生成する場合がある。水素は最も小さな原子であり金属中の格子間にも容易に侵入して動き回ることができるだけでなく，固溶した水素によって"水素脆化(Hydrogen embrittlement：HE)"と呼ばれる問題が生じる。近年，脱炭素社会に向けた取り組みの1つとして水素利用が期待されていることもあり，水素利用技術や関連した水素脆化に関する書籍[1]なども出版され社会的に注目を集めている。よく知られた水素脆化の特徴の1つが延性の低下であり，巨視的な絞りや破断ひずみの低下として観察され，それゆえ"脆化"と呼ばれる。特に高強度鋼では水素脆化に敏感になり，この場合には特別に"遅れ破壊"と呼ばれ区別されることもある。いずれにしても，材料全体で見たときの水素の固溶量は典型的なBCC鉄で数ppm程度でしかなく極めて低い濃度であることと，易動度が高く直接観察が困難な水素によって生じる水素脆化は，古くから知られているにもかかわらず依然として新しい問題になっている[2)-4)]。

　水素脆化に至るプロセスの概念図を図1に示す。水素脆化は大別して，(i)環境から水素が金属表面に吸着/侵入するプロセス，(ii)金属中に侵入した水素が拡散/輸送されるプロセス，(iii)金

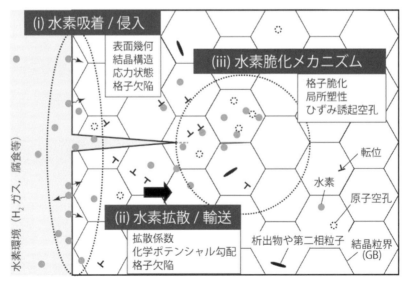

図1　水素脆化プロセスの概念図

属中の格子欠陥と相互作用を生じて水素脆化メカニズムが生じるプロセスの3つに分けて考えられる。本稿では水素脆化の全体像の概説を心がけ，それぞれのプロセスについて解説する。詳細については，水素脆化に関する専門書[2)3)]やレビュー論文[4)]に詳しい。

2. 水素の吸着と侵入

2.1 表面吸着[2)-5)]

　水素脆化を起こす水素は多くの場合，金属表面から侵入する。金属表面への水素吸着量を考える前に，始めにバルク中の平衡水素量について考える。金属は微視的に見ると周期的な原子構造を持っているため，結晶構造中の格子間水素占有サイトも離散的に存在する。無ひずみ状態の結晶中では，BCC構造では四面体位置(Tetrahedral-site：T-site)，FCC構造では八面体位置(Octahedral-site：O-site)が安定だとされる。金属バルク中の単位体積あたりの水素占有サイト数をN_L，格子間の固溶水素原子数をN_{abs}とすれば，バルク中の水素占有率θ_Lは，$\theta_L = N_{abs}/N_L$と表せる。金属バルク中の固溶水素原子1つあたりの化学ポテンシャルは次式で表される。

$$\mu_L = \mu_L^0 + k_B T \ln\left(\frac{\theta_L}{1-\theta_L}\right) \tag{1}$$

さらに，水素ガス環境における水素分子の化学ポテンシャルは，

$$\mu_g = \mu_g^0 + k_B T \ln\left(\frac{p}{p_0}\right) \tag{2}$$

となる。ここで，μ_L^0は固溶水素原子の参照化学ポテンシャル，μ_g^0は水素ガス分子の参照化学ポテンシャル，pは水素ガス圧力，p_0は参照圧力，k_Bはボルツマン定数，Tは絶対温度である。気相(水素ガス中の水素原子)と固相(バルク中の水素原子)の化学ポテンシャルが等しいことが熱力学的平衡条件となるため，

$$\frac{1}{2}\mu_g = \mu_L \tag{3}$$

に式(1), (2)を代入すると，

$$\frac{\theta_L}{1-\theta_L} = \sqrt{\frac{p}{p_0}} \exp\left(\frac{\mu_g^0/2 - \mu_L^0}{k_B T}\right) \tag{4}$$

の関係が得られる。$\theta_L \ll 1$の場合には左辺をθ_Lと見なすことができるため，金属中の水素占有率(または水素濃度)は水素ガス圧力の平方根に比例する。この関係はSieverts(ジーベルツ)則と呼ばれている。ただし，この関係は理想気体の近似が成り立つ低圧水素ガスで成立する式で，分子同士の相互作用が無視できない高圧水素ガスでは圧力pをフガシティfに置き換えて考えることになり，圧力に依存した格子間水素量の増加は高圧になるほど(おおよそ数十MPa程度以上)理想気体から乖離することになる。

　同様の考え方で，金属表面の単位面積あたりの水素吸着可能サイト数をN_S，吸着水素原子数をN_{ad}とすれば，表面の水素占有率θ_Sは，$\theta_S = N_{ad}/N_S$と表せ，表面吸着水素原子1つあたりの化学ポテンシャルは，

第2章 腐食現象

$$\mu_S = \mu_S^0 + k_B T \ln\left(\frac{\theta_S}{1-\theta_S}\right) \tag{5}$$

と表される。ここで，μ_S^0 は表面水素原子の参照化学ポテンシャルである。先ほどと同様，水素ガス環境と表面水素の熱力学的平衡状態を考えると，

$$\frac{\theta_S}{1-\theta_S} = \sqrt{\frac{p}{p_0}} \exp\left(\frac{\mu_g^0/2 - \mu_S^0}{k_B T}\right) \tag{6}$$

が導かれる。次に液相と表面の平衡状態を考える。液相における水素原子の化学ポテンシャル μ_{liq} はモル分率を x とすると，低濃度ならば，

$$\mu_{liq} = \mu° + k_B T \ln x \tag{7}$$

と表される。濃度が高い実在溶液を考えた場合には活量 a を用いて，

$$\mu_{liq} = \mu° + k_B T \ln a \tag{8}$$

となる。ここで $\mu°$ は，$a=1$ のときの化学ポテンシャルである。液相と固相中の水素原子の化学ポテンシャルが等しい条件（$\mu_{liq} = \mu_S$）と式(5)，(7)より，

$$\frac{\theta_S}{1-\theta_S} = x \exp\left(\frac{\mu° - \mu_S^0}{k_B T}\right) \tag{9}$$

が導かれる。つまり式(4)のSieverts則と同様に考えるならば $\theta_S \ll 1$ の場合には溶液中のモル分率に比例して吸着水素量が増加することになる。なお，液相からの電気化学反応による水素吸着については，専門書[2)-4)]などを参考にしていただきたい。

2.2 表面からの侵入[2)3)]

金属表面に吸着した水素は，水素原子として固相中に離散的に存在する占有サイト間のエネルギー障壁を越えながら侵入していく。このときのポテンシャルエネルギーの模式図を図2(a)に示す。表面サイトをS，表面直下1層目をS1，2層目をS2とすると，それぞれの占有サイトか

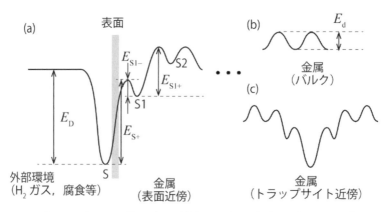

図2 表面・バルク・格子欠陥近傍における水素位置によるポテンシャルエネルギー変化の模式図

— 62 —

ら右向き（金属内部方向）と左向き（表面方向）へのエネルギー障壁が存在することになる。表面サイト S から右向きのエネルギー障壁を E_{S+}，左向きを E_D，S1 サイトから右向きを E_{S1+}，左向きを E_{S1-} とすると，それぞれの位置からの流束は以下のように表される。

$$f_{S+} = \nu_S \exp\left(\frac{-E_{S+}}{k_B T}\right) \theta_S N_S$$

$$f_{S-} = \nu_S \exp\left(\frac{-E_D}{k_B T}\right) \theta_S N_S$$

$$f_{S1+} = \nu_{S1} \exp\left(\frac{-E_{S1+}}{k_B T}\right) \theta_{S1} N_{S1}$$

$$\quad (10)$$

$$f_{S1-} = \nu_{S1} \exp\left(\frac{-E_{S1-}}{k_B T}\right) \theta_{S1} N_{S1}$$

$$f_{S2+} = \nu_{S2} \exp\left(\frac{-E_{S2+}}{k_B T}\right) \theta_{S2} N_{S2}$$

$$f_{S2-} = \nu_{S2} \exp\left(\frac{-E_{S2-}}{k_B T}\right) \theta_{S2} N_{S2}$$

ここで，ν_S, θ_S, N_S はサイト S における水素原子の振動数，占有率，表面積あたりのサイト数を表す。したがって，S〜S1 間の流束 f_{S_S1} と S1〜S2 間の流束 f_{S1_S2} は，

$$f_{S\_S1} = f_{S+} - f_{S1-}$$
$$f_{S1\_S2} = f_{S1+} - f_{S2-} \quad (11)$$

で表されることになり，S1 サイトにおける水素濃度の時間変化は，

$$N_{S1}\left(\frac{d\theta_{S1}}{dt}\right) = f_{S\_S1} - f_{S1\_S2} = f_{S+} - f_{S1-} - f_{S1+} + f_{S2-} \quad (12)$$

で求めることができる。水素侵入深さが表面から数格子層になると表面の影響は小さくなっていき，最終的には図 2(b) に示すようにエネルギー障壁は拡散のエネルギー障壁 E_d となってバルク中の拡散と同等になる。また，結晶中に格子欠陥などが存在して水素のトラップサイトとして働く場合には図 2(c) のように局所的に拡散障壁が大きく乱れることになる。その他にも，水素吸着・侵入プロセスでは表面の結晶方位によって表面近傍の水素占有エネルギー分布が変化するし，表面粗さの影響も受ける。さらには残留応力などの応力状態や格子ひずみの影響，格子欠陥の存在なども影響する。また，水素特有の問題として量子効果も挙げられる。特に低温での水素侵入プロセスではトンネル拡散などの量子効果が無視できなくなる。

3. 水素の拡散と輸送

3.1 拡散の微視的描像[2)4)]

　表面の影響が無視できるほど金属の内部に侵入した個々の水素原子は図 2(b) に示したような，拡散の活性化エネルギー障壁 E_d を乗り越えるジャンプをランダムに繰り返し，全体として見た

第2章　腐食現象

ときに多数の水素原子について加算した結果が拡散現象となる。このような微視的描像の基で，水素の拡散係数は次式で表される。

$$D = \frac{1}{6} Z s^2 \nu_0 \exp\left(-\frac{E_d}{k_B T}\right) \tag{13}$$

右辺の 1/6 は三次元空間での振動における特定の方向への振動の分率であり，Z はジャンプ先のサイト数，s は一度のジャンプ距離，ν_0 は格子間における水素原子の振動数であり，式(13)より拡散係数は温度と活性化エネルギーの関数になることがわかり，アレニウスプロットにて整理される。

3.2　水素拡散方程式[2)-4)]

微視的には **3.1** のような水素原子個々のジャンプで理解される拡散係数であるが，巨視的には熱伝導に倣って Fick によって定式化された拡散理論の中で，溶質の流束と濃度勾配を結び付ける比例定数として定められる。溶質の流束(**J**)を表す式は，

$$\mathbf{J} = -D\nabla c \tag{14}$$

ここで，c は溶質濃度を示し，この式が Fick の第一法則と呼ばれる。また，拡散方程式と呼ばれる第二法則は第一法則と質量保存則から導かれ，

$$\frac{\partial c}{\partial t} = -\nabla \cdot \mathbf{J} = D\nabla^2 c \tag{15}$$

で表される。水素拡散を考える場合には単純な濃度勾配のみでなく，化学ポテンシャル勾配として応力勾配も影響するため，静水圧応力の影響を考慮した次式がよく用いられる。

$$\frac{\partial c}{\partial t} = -\nabla \cdot \left(-D\nabla c + \frac{D}{RT} c V_H \nabla \sigma_H\right) \tag{16}$$

ここで，V_H は格子間水素の部分モル体積，$\nabla \sigma_H$ は静水圧応力勾配である。たとえば，き裂先端での水素拡散を考えると，式(16)の右辺第二項は静水圧応力が高い弾塑性境界への水素凝集項として作用する。この式を数値的に解くことで，応力場の影響を考慮した水素濃度分布の時間変化を求めることができる。ただし，ここでは基本的に図2(b)のような格子間水素の拡散を考えていることになる。実際の格子中には格子欠陥などの水素トラップサイトが存在しているため，図2(c)のようなトラップサイトへの水素の出入りを伴った拡散が生じているはずである。McNabb と Foster[6)]は，トラップサイトへの水素の捕獲と脱離確率を使って，トラップ水素を考慮に入れた全水素濃度を表現した。さらに Oriani は格子間サイトとトラップサイト間の平衡を仮定することで問題を単純化し[7)]，それを基に Sofronis と McMeeking[8)]はトラップ状態も含めて数値的に解を得ることに成功した。その後もさまざまな研究者によって水素拡散解析が進められている[4)]。

3.3　格子欠陥による輸送

3.2 では，格子欠陥のトラップサイトとしての効果を取り扱ったが，線欠陥である転位芯や面

欠陥である結晶粒界は溶質原子の高速拡散路としても知られる[9]。しかしながら，BCC 鉄の水素拡散では格子欠陥近傍の自由体積の大きな領域では水素トラップの効果が大きく働く[2]ことで拡散の活性化エネルギーはほとんど減少せず，水素は欠陥内部では移動し難くなる。量子拡散であるトンネル効果を考慮しても，格子欠陥内部ではサイト間距離が広がっているため拡散距離に依存するトンネル効果は大きくならない。一方で量子効果は考慮されていないものの，西村らの分子動力学解析によると FCC 構造の Pd では低温では刃状転位の転位線方向拡散係数が高くなることが報告されている[10]。

　もう 1 つの水素輸送メカニズムは，転位にトラップされた水素が転位と共に移動する方法である。大きな弾性ひずみ場を持つ刃状転位に溶質原子である水素がトラップされたまま移動する，いわゆるコットレル効果による輸送機構発現の有無については，水素存在下での転位の可動性に大きく依存することになる。4.2 の HELP メカニズムで詳述するが，水素原子は転位芯に強く吸着されると，現実的な水素濃度環境では可動性が著しく低下することが示唆されている。

4. 水素脆化メカニズム

4.1　HEDE（格子脆化・表面エネルギー低下説）

　水素脆化メカニズムはこれまで数多く提案されてきたが，最も古くから提案されたものの 1 つが，固溶水素によって結晶格子の原子間結合力が低下するとした格子脆化説である[11)-14)]。Hydrogen Enhanced DE-cohesion の頭文字から HEDE と呼ばれることもあり，水素なし材と比べて低い負荷応力で脆性的に金属が破壊することになるため，延性の低下や水素による脆化といった現象をイメージしやすく広く受け入れられている。また理論的，解析的にもさまざまな金属で HEDE が生じ得ることが報告されている。しかしながら，HEDE を生じるためには極端に高い格子間水素濃度や，非現実的なほど高い応力が必要になることが HEDE への懐疑的意見として残っている。また，Petch は同時期に結合エネルギーに着目し，表面エネルギー低下説[15]を提案している。力とエネルギーの違いはあるものの水素によって結晶格子が脆化するというコンセプトは同じであり，HEDE に含めて議論されることも多い。また，バルク中の格子だけでなく，界面や格子欠陥などの不均一場における格子脆化も HEDE の一部として考えるケースも増えてきている。

4.2　HELP（局所塑性説）

　もう 1 つの代表的な水素脆化メカニズムが，固溶水素によって局所的に塑性変形が助長される，Hydrogen Enhanced Localized Plasticity（HELP）である。水素脆化では巨視的には脆化挙動を示すが，水素が存在している局所領域では塑性変形が助長されると考え，格子欠陥である転位と水素の影響を考えた点が重要である。この HELP メカニズム発現の基本要因に対する解釈は多岐にわたるが，基本となった仮説は転位の可動性が上昇すること[16]であり，水素によるパイエルス障壁（活性化エネルギー）などの低下や転位に作用する弾性応力場が水素によって低下する応力遮蔽効果が着目されている。水素による活性化エネルギーと活性化体積の減少を考えると，転

第2章　腐食現象

位の運動速度が増加することが報告されている[16]ものの，弾性応力場の遮蔽効果は線形弾性論に基づいて検討されているため，転位芯の影響を考慮できていない点や原子数比でも H/M > 0.01 と非常に高濃度の水素を仮定しなければ十分な遮蔽効果が期待できていない[16]。一方で BCC 鉄の電子・原子シミュレーションによると，現実的に想定される水素濃度条件下では転位の可動性が低下することが報告されている[17)18]。さらに固溶水素濃度が極めて低い条件では転位の可動性が上昇する可能性も示唆されており[19)20]，水素濃度に依存して転位の易動度が変化する可能性が指摘されている。また，HELP の発現要因には転位の生成促進も考慮する必要がある。Tabata と Birnbaum は TEM その場観察によって，鉄薄膜のき裂先端から水素によって転位射出の助長が生じ，き裂進展が活性化することを報告している[21]。また，Robertson は TEM その場観察を実施し，さまざまな金属において水素導入/放出によって転位間距離が可逆的に減少/増加すること[22]を報告しており，HELP 説の有力な根拠となっている。自由表面からの転位射出促進機構は液体金属脆化との類似性から Lynch[23]によって AIDE（Adsorption-Induced Dislocation Emission）メカニズムとして提案されているが，Lynch 自身によって HELP 説との相違点が解説されている[24]。一方 HELP 説では粒内の Frank-Read 源からの転位放出促進も含んで考えられる。その他，水素存在下での転位の挙動については，交差すべりの減少によるすべり変形の平面性向上なども指摘されている。しかしながら，これら転位の挙動は水素脆化の前駆反応として重要であるが，破壊そのものには直結していない点にも注意が必要である。

4.3　HESIV（塑性誘起空孔説）

南雲は，塑性ひずみによって生じる空孔が水素と相互作用することで生じる空孔密度の増加とその凝集が水素脆化の本質であるという水素助長ひずみ誘起空孔理論，HESIV（Hydrogen-Enhanced Strain-Induced Vacancy）[25)-27]を提案している。高井らは焼き戻しマルテンサイト鋼に水素チャージ有無と塑性ひずみ有無で条件分けした3つの試験片を準備し，独自開発した低温 TDS（Thermal desorption spectroscopy）を用いてトレーサー水素濃度を測定した[28]。その結果，塑性ひずみ負荷によって水素トラップサイトが生成され，水素が存在するとトラップサイト生成が促進されることを報告している。さらに水素の有無によって転位に相当するトラップサイト水素量にはあまり変化がなく，空孔に対応するトラップサイト水素量は水素存在下の塑性ひずみ負荷によって有意に増加することが確認された。この実験事実は HESIV の確かな裏付けとなっており，現在，現実的な水素脆化メカニズムとして最も注目を集めている。しかしながら，形成した空孔が凝集してナノボイドを形成するプロセスや，破壊に至るプロセスについてはさらなる検討が必要である。

4.4　Defactant コンセプト

液体における界面活性剤（Surfactant）と同様に，水素には固体内の欠陥を安定化する欠陥活性剤（Defect acting agent：Defactant）としての役割があるとのコンセプトが Kirchheim によって提案されている[29)-31]。つまり水素は，さまざまな種類の格子欠陥の形成エネルギーを低下させるというコンセプトである。すなわち表面エネルギー低下の観点からは HEDE，転位生成促進と

— 66 —

いう観点からは HELP，空孔生成促進という観点からは HESIV との類似性が存在することになるが，水素が及ぼす広範な影響を一括りにしているため必然的に漠然とした点も残るコンセプトになっている。他の脆化メカニズムとの重複性については現在も議論が続いている。

4.5 HE メカニズムのシナジー効果

　2000 年代初頭までは，前述のように個別に提案されてきた水素脆化メカニズムを各自の実験結果を基に各研究者が個別に支持する傾向が強かったが，近年ではその傾向が変化している。Novak[32] は"水素脆化メカニズムのシナジー効果"という用語を用い，さらに Djukic[33] は膨大な先行研究を整理し前述の水素脆化メカニズムの相乗効果についてまとめた。いずれにしても，水素脆化は金属と環境そして力学条件のさまざまな組み合わせ条件下で生じる現象であるため，水素脆化メカニズムの全体像を理解するためには，支配的な水素脆化メカニズムとその相乗効果の発現条件，それぞれの水素脆化メカニズムの閾値を含めた正確なマッピングが必要になってくる。そのためには，各種金属ごとの水素脆化機構の解明とその水素濃度，力学条件依存性を調べる必要がある。

5. 水素脆化のまとめと課題

　環境のいかんにかかわらず，微量であっても水素が金属中に固溶することで生じる水素脆化現象は，構造材料の信頼性確保のために避けて通れない課題である。100 年を超えて継続的に研究が続けられてきた水素脆化であるが，近年の実験技術の進歩（たとえば L-TDS，SEM，SEM-EBSD，ECC，TEM など）や，電子・原子シミュレーションの進歩（MD, DFT など）の助けを借りて急激な進展を遂げている。著者らの研究グループでは電子・原子シミュレーションを中心とした数値計算を実施し，特に BCC 鉄の水素トラップ状態から格子欠陥の動力学と相互作用，破壊モデリングまでさまざまな結果を報告している[34]。興味がある方はぜひご一読いただきたい。

　しかしながら依然として未解明部分が多く残る水素脆化問題に対して，工学的観点からは脆化メカニズムのマッピングと特定，それに基づいた定量的予測モデル構築や寿命評価など数多くの課題が残っている。

文　献

1) たとえば，市川貴之（監修）：水素利用技術集成，エヌ・ティー・エス，**6**，111（2024）．

2) 深井有ほか：水素と金属　次世代への材料学，内田老鶴圃（1998）．

3) 南雲道彦：水素脆性の基礎　水素の振るまいと脆化機構，内田老鶴圃（2008）．

4) H. Yu, A. Diaz, X. Lu, B. Sun, Y. Ding, M. Koyama, J. He, X. Zhou, A. Oudriss, X. Feaugas and Z. Zhang: *Chem. Rev.*, **124**(10), 6271(2024).

5) 山口正剛，都留智仁，海老原健一，板倉充洋：軽金属，**68**(11)，588(2018)．

6) A. McNabb and P. K. Foster: *Trans Metall. Soc. AIME*, **227**, 618(1963).

7) R. A. Oriani: *Acta Metall.*, **18**, 147(1970).

8) P. Sofronis and R. M. McMeeking: *J. of the Mech. and Phys. of Solids*, **37**, 317(1989).

9) P. G. シュウモン（著），笛木和雄，北澤宏一（訳）：固体内の拡散，コロナ社（1976）．

10) 西村憲治，三宅晃司：材料，**65**(2)，148(2016)．

11) R. P. Frohmberg, W. J. Barnett and A. R. Troiano:

第 2 章　腐食現象

Trans. ASM, **47**, 892（1955）.

12) R. A. Oriani and H. Josephic: *Acta Metall.*, **22**, 1065（1974）.

13) R. A. Oriani and H. Josephic: *Acta Metall.*, **25**, 979（1974）.

14) W. W. Gerberich and Y. T. Chen: *Metall. Trans. A*, **6A**, 271（1975）.

15) N. J. Petch: *Phil. Mag.*, **1**, 331（1956）.

16) H. K. Birnbaum and P. Sofronis: *Mater. Sci. and Engng.*, **A176**, 191（1994）.

17) R. Matsumoto, S. Oyinbo, M. Vijendran and S. Taketomi: *ISIJ Int.*, **62**, 2402（2022）.

18) M. Itakura, H. Kaburaki, M. Yamaguchi and T. Okita: *Acta Mater.*, **61**, 6857（2013）.

19) S. Taketomi, R. Matsumoto and S. Hagihara: *ISIJ Int.*, **57**, 2058（2017）.

20) S. Taketomi, T. Taniguchi, H. Yamamoto, S. Hagihara, S. Tsurekawa and R. Matsumoto: *ISIJ Int.*, **64**, 714（2024）.

21) T. Tabata and H. K. Birnbaum: *Scr. Metall.*, **18**, 231（1984）.

22) I. M. Robertson: *Engng. Fract. Mech.*, **68**, 671（2001）.

23) S. P. Lynch: *Acta Metall.*, **36**, 2639（1988）.

24) S. Lynch: *Corrosion Reviews*, **37**, 377（2019）.

25) M. Nagumo: *Mater. Sci. Tech.*, **20**, 940（2004）.

26) M. Nagumo, M. Nakamura and K. Takai: *Metall. Mater. Trans. A*, **32A**, 339（2001）.

27) K. Takai, H. Shoda, H. Suzuki and M. Nagumo: *Acta Materialia*, **56**, 5158（2008）.

28) K. Saito, T. Hirade and K. Takai: *Metall. Mater. Trans. A*, **50**, 5091（2019）.

29) R. Kirchheim: *Acta Mater.*, **55**, 5129（2007）.

30) R. Kirchheim: *Acta Mater.*, **55**, 5139（2007）.

31) R. Kirchheim: *Scr. Mater.*, **62**, 67（2010）.

32) P. Novak, R. Yuan, B. P. Somerday, P. Sofronis and R. O. Ritchie: *J. Mech. Phys. Sol.*, **58**, 206（2010）.

33) M. B. Djukic, G. M. Bakic, V. S. Zeravcic, A. Sedmak and B. Rajicic: *Engng Fract. Mech.*, **216**, 106528（2019）.

34) S. Taketomi and R. Matsumoto: Handbook of Mechanics of Materials, Springer, 283（2019）.

第2章 腐食現象

第8節　腐食疲労

福岡大学　江原　隆一郎

1. 腐食疲労現象

　腐食性環境中で繰り返し応力を受けると金属材料の疲労強度が著しく低下する現象を腐食疲労と称する。Haighによる銅合金の腐食疲労に関する論文[1]以来すでに100年が過ぎ去った。その後，多くの貴重な研究成果が得られているが，機械・構造物の腐食疲労損傷は依然として跡を絶たない。これは，使用条件の過酷化，環境条件の多様化および高強度材料の使用に起因している。

　図1[2]に鉄鋼材料の腐食疲労に関するS-N（応力-繰り返し数）曲線を示す。大気中における鉄鋼材料のS-N曲線には疲労限度が表れる。しかし，腐食環境中においては繰り返し数が10^7回を超えてもS-N曲線に折れ点が生じず，繰り返し数と共に腐食疲労強度は低下し続ける。このように腐食疲労においては疲労限度が表れないために時間強さの推定が非常に難しい。現状では腐食疲労における時間強さの理論的な推定は不可能である。したがって，腐食疲労強度を考慮した各機種の設計に必要な時間強さは実験で得られたS-N曲線の短時間強さを外挿して求めざるを得ない。ところが同図中Ⅱに示すように，長時間腐食疲労試験の結果，得られたS-N曲線に折れ点が認められる現象が見いだされ，外挿法の精度も問題とされている。したがって，可能な限り長時間腐食疲労試験を実施し，得られた長時間データを基に腐食疲労強度を考慮した機械・構造物の設計を行う方法が最も確実といわれている。

　腐食疲労強度は環境，応力および構造材料の3因子の影響を複雑かつ顕著に受ける。たとえば，船舶バラストタンク部材や海洋構造物の円管継手においては環境が海水，材料が塗装や電気防食を施工しなければ比較的腐食しやすい炭素鋼や高張力鋼，繰り返し速度が低速度の波浪といった3因子の組み合わせによる腐食疲労損傷が問題になる。また，蒸気タービン動翼のように，環境が見かけはマイルドな蒸気であるがボイラ水の管理が悪いとキャリオーバしたCl$^-$などの不純物がプロファイルや翼根などの不連続部に局部的に濃縮することにより生成する強腐食環境，材料が比較的腐食しづらいマルテンサイト系ステンレス鋼，繰り返し速度が共振による高速といった組み合わせによる腐食疲労が問題になることがある。このように，腐食疲労は実機・構造物の環境，構成材料および運転・稼

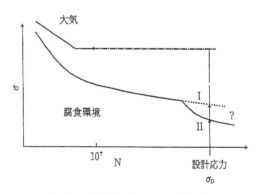

図1　腐食疲労のS-N曲線[2]

働状況に深く係る損傷であることを特徴とする。したがって，腐食疲労強度に及ぼす3因子の影響の程度はケースバイケースで異なる。環境因子としては大気などの気相，各種の水溶液および工業ガス，サワー原油，溶融塩，液体金属などの極限環境など多様である。気相では酸素，水蒸気，水素などの影響が重要である。水溶液では不純物とその濃度，溶存酸素濃度，温度，pH，相対湿度，乾湿繰り返しなどが特に重要である。力学的因子としては形状係数，繰り返し速度，平均応力，応力形式，応力履歴，応力波形および試験時間などがある。材料因子としては化学組成，ミクロ組織，非金属介在物，熱処理，溶接熱影響部などが挙げられる。

2. 腐食疲労試験方法

腐食疲労試験は腐食疲労寿命試験と腐食疲労き裂進展試験に大別される。腐食疲労寿命試験は実機環境下で実体に作用する応力を稼動時間に相当する期間負荷する方法が理想とされている。主として繰り返し応力と破断繰り返し数で表されるS-N曲線を用いて腐食疲労強度が評価される。一方，腐食疲労き裂進展試験においては中央あるいは片側切欠付き平板試験片あるいはCT試験片などを用いた軸荷重疲労試験が一般的である。その結果得られる腐食疲労き裂進展速度と応力拡大係数との関係から破壊力学的評価がなされている。

3. 腐食疲労機構と特徴

3.1 大気環境

大気中の酸素および湿度は構造材料の疲労強度を多かれ少なかれ低下させる。そのため，真空や不活性環境に比較し，大気もまた腐食環境といえる。ただし，水溶液環境などの過酷な環境ほどは疲労強度を低下させないので通常は腐食環境として取り扱われていない。大気環境下における構造材料の疲労き裂発生機構は次のように説明されている[3]。構造材料の表面に繰り返し応力が作用すると材料表面には入込みができる（図2）。入込みの表面に生じる層状の酸化物が転位運動の障害になり，大きな転位の集積が生じ，そこに微小なき裂が発生する。さらに，半サイクルの間に集積した転位はらせん成分の上昇によって別の面に移り，自由表面に向かって前進する。しかし，入込みに沿って酸化物の層が存在するために，新しい面でも集積が起こり元の面に向かって引き返す。元の面のフランクリード源は逆符号の転位を生じるので図3に示すように転位が消滅し，空孔が生じて微小き裂発生の原因となる。また，上述の過程において同時的に酸素が材料の内部に連れ込まれ内部酸化が生じることもある。このようにして発生した

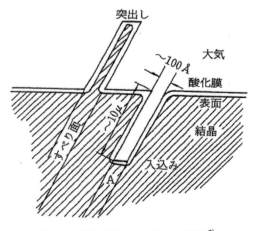

図2　突き出しと入込みの断図[3]

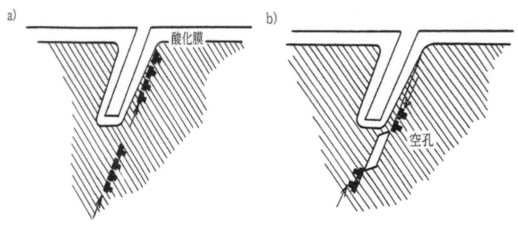

図3 転位の運動と酸化による入込みの成長[3]

微小き裂はき裂先端での酸化と転位の集積との共同作用により進展を続ける。
　疲労き裂進展に及ぼす酸素の影響に関しては，
・引張り応力作用時に疲労き裂面に生じた酸化物の層が圧縮時にき裂面の再溶着を妨げる[4]
・酸素の化学吸着による疲労き裂先端の表面エネルギーの低下[5]
などの機構が提唱されている。

　さらに，高強度鋼の疲労き裂進展に関しては，図4にその脆化機構を示すように，き裂先端に物理吸着したH_2が解離して水素原子が化学吸着し，鋼中に拡散したHがFeと脆化反応を起こす機構が提唱されている[6]。しかしながら，疲労き裂先端における塑性域と水素脆化域との定量的な関係はまだ明確にされていない。一方ΔK_{th}あるいはΔK_{th}近傍の低疲労き裂進展速度は疲労き裂内に生じた酸化物による"くさび効果"[7]に支配されることがよく知られている。

　前述のように，大気中の疲労き裂伝播速度が酸素や水蒸気を含まない環境中に比して，引張時に疲労き裂面に生じた酸化物の層が圧縮時にき裂面の再溶着を妨げあるいはき裂先端の表面エネルギーの低下などといった理由で加速される結果，
・大気中に比し，酸素および水蒸気を含まない環境中ではより多くの塑性変形を伴いながら疲労き裂は進展する。
・大気中においては明瞭なストライエーションが観察されるが酸素および水蒸気を含まない環境中ではストライエーションが観察されることが少なく，すべり線状模様が観察されることが多い。

　図5に7075-T6アルミニウム合金の大気および真空中における疲労破面の相違を示す[8]。また，水素の影響を受けて疲労き裂進展速度が加速される結果，高強度鋼の破面には粒界破面，へき開破面および擬へき開破面が支配的に現れ，疲労き裂先端の塑性域が旧オーステナイト粒径に達した時に水素による疲労き裂進展速度が最も加速され，粒界破面率が最大になる[9]。

第2章　腐食現象

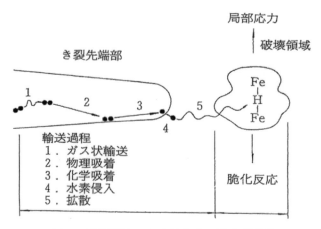

図4　外部環境による鉄合金の脆化機構[6]

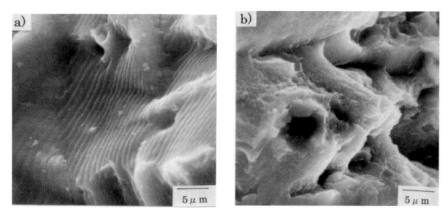

図5　7075-T6 Al合金の疲労破面[9]
最大応力 275.8 MPa, a) 大気 5.51×10^6 で破断, b) 真空 1.1031×10^7 で破断

3.2　水溶液環境

　水溶液環境中における腐食疲労き裂発生機構に関しては、(1)腐食ピット底での応力集中、(2)塑性変形域がアノードになって生じる電気化学的なアタック、(3)保護皮膜の破断部分が受ける電気化学的なアタック、(4)吸着による表面エネルギーの低下などの諸説が提唱されており[10]、実際にはこれらのいくつかが絡み合って腐食疲労き裂が発生するものと考えられている。(1)～(3)は模式的に図6[11]のように説明できる。腐食ピットは塑性変形が生じやすい所、あるいは介在物や析出物が存在する場所がアノードになり、その他の健全な場所がカソードになり電気化学的効果により発生したり(図6(a))、繰り返し応力によりすべりが生じた場所(図6(b))や保護皮膜が破壊した場所(図6(c))がアノードになり溶けるために発生すると考えられる。発生した腐食ピットの底では応力集中や腐食環境の濃縮などが原因で腐食疲労き裂が発生するものと考えられる。多くの研究では腐食疲労き裂は腐食ピットから発生する確率が高いことが各種鋼材について報告され、また、腐食ピットからき裂が発生し、破損に至った実機損傷例も多い[12]。
　また、図7に示すように発生する腐食ピットは繰り返し応力にかかわらず深さ 10 μm 程度の

— 72 —

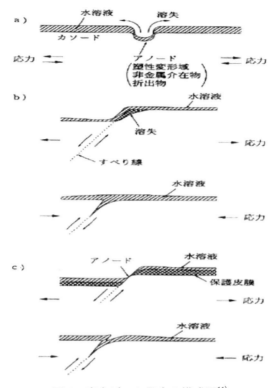

図6 腐食ピット発生の模式図[11]
a)電気化学的効果，b)すべり階段の溶解，c)保護被膜の破壊

ものが最も多く，き裂を伴った腐食ピットは20〜30 μm程度のものが多い。さらに，腐食ピットは介在物を伴って発生するものが多い[13]。このように，腐食疲労強度低下の主因は腐食ピットからの腐食疲労き裂の発生であり，腐食ピットの発生時期に関する検討が腐食疲労寿命・余寿命の予測上重要と見なされる。図8は3% NaCl水溶液(318 K)中における12Crステンレス鋼の腐食疲労過程における腐食ピットの最大深さとN/N_fとの関係を示したものである[14]。同図より同鋼の腐食疲労寿命の大半は腐食ピットの成長と腐食ピットからの微小き裂の発生および伝播裂の発生および進展過程に支配されることが明らかである。

一方，腐食疲労き裂進展機構は破壊力学の導入により整えられつつある。たとえば，高強度材料に関しては図9に示すように，3つの型に分類されている[15]。すなわち，A型はAl合金−水環境，B型は鉄鋼−水素環境に多く，C型はほとんどの合金−環境の組み合わせ下で認められる。$K > K_{ISCC}$のき裂進展はWeiとLandesにより提案された線形加算の仮説[16]，

$$(da/dN)_{CF} = (da/dN)_{SCC} + (da/dN)_F$$

  $(da/dN)_{CF}$：腐食疲労き裂の進展速度
  $(da/dN)_{SCC}$：応力腐食割れのき裂進展速度
  $(da/dN)_F$：疲労き裂の進展速度

第2章　腐食現象

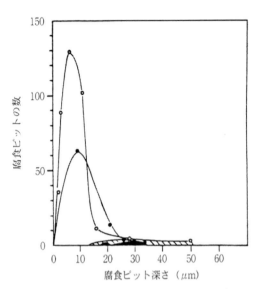
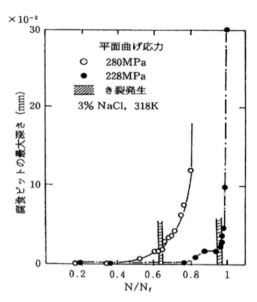

図7　50D鋼の腐食ピットの分布図[13]
○最大応力 400 MN/m², 2×10⁵ cycles, pH = 7
●最大応力 300 MN/mm², 4×10⁵ cycles, pH = 10, R = 0.1，斜線あるいは黒で塗りつぶした部分はき裂を伴った腐食ピット

図8　腐食ピット深さとN/N$_f$の関係[14]

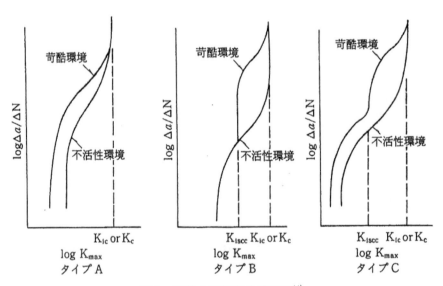

図9　疲労き裂伝播曲線の型[11]

でよく知られている。一方，K＜K$_{ISCC}$のき裂進展特性に関してはda/dNが繰り返し速度の影響を受ける。くさび効果[7]は水溶液中における疲労き裂進展過程において認められ，SCCとの共存効果と共にK＜K$_{ISCC}$における重要な特性の1つになっている。また，短い腐食疲労き裂からのき裂進展に関しても比較的多くの研究がなされている。長いき裂に比し，短いき裂における腐食

疲労き裂進展速度の加速が大きいのはき裂先端の環境の相違[17]や腐食生成物によるくさび効果[7]の相違に起因することが大きいと考えられる。腐食ピットの発生，成長，短い腐食疲労き裂の発生，成長機構の解明および定量的評価は構造材料の腐食疲労挙動の解明のみならず寿命予測手法および耐食材料開発に直結するもの[18]で今後のなお一層の研究が期待される。

以上のことから，水溶液中の腐食疲労はおおむね下記のように特徴付けられる[19]。
・起点部に腐食ピットが観察されることが多い。
・起点部近傍に複数個の微小き裂が発生するので破面には複数個の疲労破面が形成されることが多い。
・き裂先端の鈍化，き裂の分岐が観察されることが多い。
・マクロ破面は平坦，平滑な場合が多い。
・ミクロ破面にはストライエーション，脆性ストライエーション，粒界，2次き裂が観察されることが多い。

図10および**図11**に腐食疲労損傷を生じた13Crステンレス鋼製実機タービン動翼に観察された腐食ピットを伴った微小き裂および粒界破面を示す[20]。

 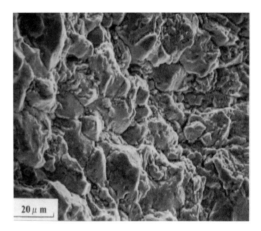

図10 実機タービン動翼に生じた微小な腐食ピットを伴った腐食疲労き裂[20]

図11 実機タービン動翼に生じた粒界破面[20]

3.3 極限環境下の腐食疲労機構と特徴

各種の工業ガス，溶融塩，サワー原油などの極限環境中における腐食疲労機構も基本的には水溶液中における腐食疲労機構と同様である。溶融塩中においても溶融塩中に含まれるCl^-の影響を受けて腐食疲労き裂は腐食ピットから発生し，進展する[20]。湿ったH_2S，SO_2，CO_2ガス環境中においても腐食疲労き裂は腐食ピットから発生する[21]。湿り空気中の工業ガス環境中ではたとえばH_2Sガス中では，

$$Fe + H_2S \rightarrow FeS + H_2 \tag{1}$$

第2章 腐食現象

$$H_2S + H_2O + Fe + 3/2O_2 \rightarrow FeSO_4 + 2H_2 \tag{2}$$

などの反応が生じ鋼材の表面に腐食ピットが発生する。一方，疲労き裂進展部の破面形態は鋼種と水素との反応により異なる。

サワー原油中においては図12に示すように比較的 ΔK の高い領域ではサワー原油中に含まれる H_2S, H_2O が鋼材と反応して生成した H_2 が解離して原子状水素となり疲労き裂先端の塑性域に侵入し，集積し，塑性域が水素脆化域となり疲労き裂進展速度が加速されるものと考えられる。したがって，疲労寿命に及ぼすサワー原油の影響は高応力領域ほど顕著で応力が低下するほど小さくなる傾向にある[22]。サワー原油中では疲労き裂伝播速度の加速域では脆性ストライエーションが支配的に観察される[23]。図13にサワー原油中における HT50（TMCP）鋼腐食疲労破面の脆性ストライエーションと破面上の形成させた方位性ピットを示す。方位性ピットの形状から破面はへき開面 (100) であり，腐食疲労き裂がへき開面上を脆性ストライエーションを伴いながら進展することが明らかである。また。脆性ストライエーションの間隔は ΔK が大になるほど広くなっている。しかも，1サイクルあたりの脆性ストライエーションの間隔 $S(m/cycle)$ と ΔK との関係は $da/dN \sim \Delta K$ 曲線とほぼ1：1の対応を示す（図14）[24]。

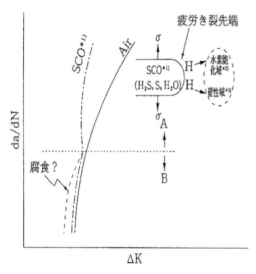

図12 サワー原油中における腐食疲労き裂進展機構の模式図[22]

図13 脆性ストライエーションを伴ったへき開ファセット上の方位性ピット[23]

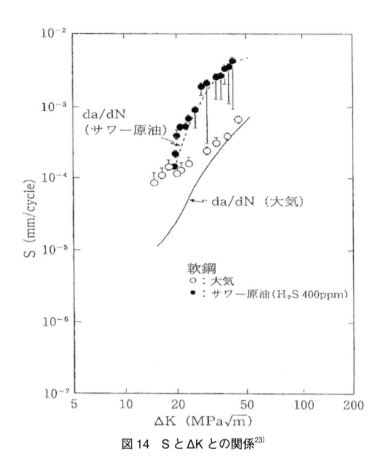

図14 S と ΔK との関係[23]

4. 腐食疲労強度改善

腐食疲労は応力腐食割れとは異なり，いかなる材料と環境との組み合わせ下でも必ず生じるので確実な防止はかなり困難である。構造変更による応力低減が最も確実な防止策ではあるが，実際の機械・構造物に関しては多くの制約があり容易ではない。

4.1 材質変更

海水環境中においては高張力鋼の腐食疲労強度は軟鋼と変わらず腐労強度の改善は期待できない[25)26)]。材質変更による腐食疲労強度の改善例としては抄紙機環境中におけるマルテンサイト系ステンレス鋼よりも腐食疲労強度の高いオーステナイト・フェライト二相ステンレス鋼[27)28)]などがある。

4.2 電気防食

SM41，SMM50 および HT80 切欠き試験片の人工海水中における疲労寿命は－1 V 以上の過防食電位を与えると疲労寿命が減少するが，0.8～－1.0 V の防食電位を与えることにより3鋼材の腐食疲労寿命が改善される[25)]。海洋構造物などにおいては古くから陰極防食法が適用されてい

第 2 章　腐食現象

る。海洋構造物や海底パイプラインの陰極防食に際しては海域により適用状況が異なる[29)30)]。海洋構造物用鋼材の腐食疲労強度は時間と共に低下し，各構造部の設計に必要な長時間強さを実験により求めることは困難である。そのため，設計応力は構造部ごとに定められた設計曲線を参考に決定されている。海洋構造物においては Al, Zn などの流電陽極が使用されている。

4.3　環境改善

　ディーゼル機関燃焼室回りの冷却面はガス圧，熱応力などの外力が作用する過酷な腐食環境にさらされている。そのため，ガス圧応力低減，局部応力が発生しない設計的配慮がなされている。環境面からは水冷壁面の腐食やき裂発生防止のために冷却水に腐食抑制剤が添加されている[31)]。腐食抑制剤としてはクロム酸系インヒビターに代わり公害防止の観点から亜硝酸塩系インヒビターが多用されている。実機においては流速が遅くかつ局部的なよどみが存在するので実験的に求めた防食限界量よりも過剰な量のインヒビターを要するようである[32)]。

4.4　皮　膜

　構造材料の腐食疲労強度改善のために Zn などの金属めっき，合成樹脂，溶射皮膜などの非金属皮膜が適用されている。船舶バラストタンクは海水環境にさらされておりタールエポキシ塗装による防食が不可欠である。海洋構造物 TLP(Tension Leg Platform) 用 Ni-Cr-Mo 鋼に関し ASTM 人工海水中における Al 溶射皮膜(150〜220 µm)を施した TLE(Tension Leg Element, σ_B = 900 MPa)および Riser(σ_B = 740 MPa)用丸棒平滑試験片の腐食疲労試験(0.17 Hz)結果，低応力域において溶射被膜試験片の腐食疲労強度が Al 陽極による陰極防食試験片よりも腐食疲労強度が改善されている[33)]。海水中における Riser 用鋼 X80(σ_B = 710 MPa)の丸棒平滑試験片の回転曲げ腐食疲労試験(0.5, 2 Hz)においても Al-Zn 溶射被膜(500 ± 30 µm)により腐食疲労寿命が改善されている。改善の主因は腐食疲労き裂の発生が遅延したためである[34)]。溶射被膜は空気圧縮機のクランクシャフトや蒸気タービン翼にも適用されている。凝縮蒸気環境中における WC 皮膜(0.12 mm)を施したタービン翼の曲げ疲労試験においては皮膜試験片の疲労強度は母材の疲労強度と同等との結果が得られている[35)]。また，ヘリコプターリテンションボルト用 4340 鋼(σ_B = 1338 MPa)の平滑試験片の 3.5% NaCl 水溶液中における回転曲げ腐食疲労(50 Hz)強度は WC プラズマ溶射(皮膜厚さ 82.6〜101.6 µm)後固体潤滑剤(8.9 µm)および有機シーラー(5.1 µm)を施すことにより WC プラズマ溶射皮膜(皮膜厚さ 82.6〜101.6 µm)後固体潤滑剤(8.9 µm)を施した大気中疲労強度と同等に改善できるとの試験結果が報告されている[36)]。

文　献

1) H.J.Haigh: *J.inst. Metals*, **18**, 55(1917).

2) 江原隆一郎：フラクトグラフィ：破面と破壊情報解析，丸善，179(2000).

3) F.E.Fujita: Fracture of Solids, John Wiley and Sons, **657**(1963).

4) N.J.Wadsworth and J.Hutchings: *Phil.Mag.*, **3**, 1154

(1958).

5) 遠藤吉郎，駒井謙治郎，古川修：機械学会論文集，**32**，1800(1966).

6) D.P.Williams Ⅲ, P.S.Pao and R.P.Wei: Environment-Sensitive Fracture of Engineering Materials, **3** (1977).

7) 遠藤吉郎, 駒井謙治郎, 大西一男：材料, **17**, 160 (1968).

8) R.Ebara and A.J.McEvily: *Key Engineering Materials*, **452-453**, 13 (2011).

9) 江原隆一郎：鉄鋼材料の環境疲れ, 西山記念技術講座, **84-85**, 173 (1982).

10) D.J.Duquette: Corrosion Fatigue, Chemistry, Mechanics and Microstructure, NACE2, **12**, 12 (1972).

11) 江原隆一郎：構造材料の腐食, 環境脆性評価(6)-腐食疲労の特徴と機構 -, クレーン, **43**, 26 (2005).

12) 江原隆一郎：腐食防食85, **B-30**, 221 (1985).

13) J.Congleton, I.H.Craig, R.A.Olieh and R.N.Parkins: Corrosion Fatigue：Mechanics, Metallurgy, Electrochemistry and Engineering, ASTM STP801, 367 (1983).

14) 江原隆一郎, 山田保, 小林達正, 川野始：日本機械学会関西支部第63期講演概要集, 19 (1988).

15) A.J.McEvily and R.P.Wei: Corrosion Fatigue, Chemistry, Mechanics and Microstructure, NACE2, 381 (1972).

16) R.P.Wei and J.D. Landes: Mater. Res. Stand., **9**, 7 (1969).

17) A.Saxena, W.K.Wilson, L.D.Roth and P.K.Liaw: *International Journal of Fracture*, **28**, 69 (1985).

18) 大内博文：*Zairyo-to-Kankyo*, **42**, 245 (1993).

19) 江原隆一郎：材料, **47**, 874 (1998).

20) R.Ebara, T.Kai, M.Mihara, H.Kino, K.Katayama and K.Shiota: Corrosion Fatigue of Steam Turbine Blade Materials, Pergamon Press 4-150 (1983).

21) 江原隆一郎, 中本英雄, 山田義和, 山田保：材料, **38**, 1390 (1989).

22) 江原隆一郎, 山田義和, 重村貞人, 井上健：三菱重工技報, **20**, 506 (1983).

23) 江原隆一郎, 山田義和, 伏見彬, 阪井大輔, 渡辺栄一, 矢島浩：日本造船学会論文集, 173, 337 (1993).

24) 江原隆一郎, 山田義和, 阪井大輔, 伏見彬, 矢島浩：材料, **43**, 580 (1994).

25) 石黒隆義, 轟理市, 関口進：鉄と鋼, 65, A197 (1979).

26) 平川賢爾, 北浦幾嗣：鉄と鋼, **66**, A73 (1980).

27) J.A.Moskovitz and R.M.Pelloux: Corrosion Fatigue Technology, ASTM STP642, 133 (1978).

28) C.B.Dahl and C.W.Reinger: Stainless Steel Suction Roll Performance Design and Materials, NACE2, 105 (1977).

29) S.Eliassen and O.Steensland: *Journal of Metals*, **29**, 12 (1977).

30) F.E.Rizzo, R.E.Wilson and D.P.Baur: *Journal of Metals*, **29**, 19 (1977).

31) 山本成, 植田健二：*Zairyo-to-Kankyo*, **42**, 694 (1993).

32) 大井利継：日本舶用機関学会誌, **11**, 265 (1976).

33) M.W.Joosten, M.M.Salama and R.Myers: Materials Performance, **23**, 22 (1984).

34) Z.Han, X.Huang and Z.Yang: Materials, **12**, 1520 (2019).

35) I.J.Cummings and R.L.Brown: Proc.of the 8th International Thermal Spraying Conf., 407 (1976).

36) M.Levy and J.L.Morrossi: Corrosion Fatigue Technology, ASTM STP642, 300 (1978).

第2章　腐食現象

第9節　高温腐食

長岡技術科学大学　南口　誠　　長岡技術科学大学　郭　妍伶

1. はじめに

　内燃機関や焼却炉，熱処理炉，化学プラントなど，高温を利用する装置や機械は多くある。その中では，高温における腐食反応が起きる。酸素との反応は高温酸化，それ以外は高温腐食と呼ばれ，部材を徐々に劣化させる。水溶液腐食では，不動態化すると腐食の進行が実質的に止まるが，高温では酸化物中の拡散が速くなるため，高温での酸化や腐食は進行する。高温酸化/腐食の考え方は水溶液腐食とはかなり異なるといえる。

　実社会で最も使用されている金属は鉄鋼材料である。そのため，ここでも鉄鋼材料を中心に議論していきたい。純鉄や炭素鋼をそのまま高温で使用すると，その表面に酸化鉄から成る膜が生じる。このように，金属の表面に高温酸化で生じる酸化物の皮膜を，酸化皮膜，あるいは酸化物皮膜と呼ぶ。このとき，酸化皮膜の成長が遅く，金属材料の減肉が遅く，守られた状態になるときは，酸化皮膜に保護性があるという。ここでは，この保護性酸化皮膜の成長に関する諸現象を中心に解説していく。

2. 金属の高温酸化

　金属の高温酸化が初めて理論的に取り扱われるようになったのは，1920年代にTammann，およびPillingとBedworthが放物線速度則を提案し，その実験的な実証を行ってからとなる。その後，Wagner[1]が放物線速度定数（k_p）の内容を酸化皮膜中の物質輸送という観点から解析し，金属の高温酸化の理論的基礎を確立した。「金属の高温酸化」とは，高温において金属表面と気相中の酸素が反応することで，金属の表面に酸化物の皮膜を生成し，それが成長する現象である。実用金属材料の場合，表面に安定な保護性皮膜を形成させ，それを維持することが防食法の基本になる。実環境において安定な皮膜が維持されるかどうかは，熱力学的および速度論的な検討に加え，機械的な要因や運転履歴など，さまざまな因子を考慮する必要がある。

　本稿では，高温腐食防食の基本となる材料基材の因子と，実際の防食法としてしばしば利用されるコーティングについて述べ，さらに環境因子の制御について述べる。

3. 酸化皮膜の生成と成長機構

3.1 酸化皮膜の生成

高温酸化における皮膜形成過程は，以下のように説明される。
- 雰囲気から金属表面に酸素分子が吸着する。
- 酸素分子は酸素原子に解離する。
- 酸素が金属に固溶する。
- 酸化物が核形成する。
- 核が成長し，連続した皮膜になる。

酸化の極初期において，皮膜中の電子の移動が速過程となる。

3.2 保護性酸化皮膜の生成

金属材料の保護性皮膜として利用される主な酸化物は，Cr_2O_3，Al_2O_3，SiO_2の3種類である。これらの酸化物はいずれも熱力学的に安定で，融点は高く，その中での拡散係数は小さく，耐熱合金はこれらの酸化皮膜が形成されるように合金設計されている。最も一般的な耐熱合金であるステンレス鋼は，一定量以上のCrが添加されており，腐食によって連続的に表面上に形成されたCr_2O_3が防食効果を果たしている。Al_2O_3はガスタービン材料など900℃以上で，SiO_2はさらに高温域である1400℃以上での耐食性皮膜として利用される。したがって，これらの保護性皮膜を材料表面に均一に形成することで，腐食速度を低減する，すなわち防食することが可能となる。

このような保護性酸化皮膜が生成する過程/条件について，Wagner[2]は金属イオンの外方拡散によって酸化皮膜が成長する場合に保護性酸化皮膜が安定的に保持されるための必要条件を理論的に導いた。この理論を用いて，例としてFe-Cr合金を取ると図1のように考えられる。基本的に，合金内部から外方へ拡散してくるCrの量(J_{Cr})と，雰囲気から合金内部へ拡散していく酸素の量(J'_O)の比により，生成する酸化皮膜が異なるということである。

Cr_2O_3が連続皮膜として形成され，かつ維持されるためには，基本的には，合金/Cr_2O_3皮膜の界面に合金内部から供給されるCr量(流束)(J_{Cr})が，Cr_2O_3皮膜中を通して外方に拡散していくCr量(J'_{Cr})よりも大きい($J_{Cr} > J'_{Cr}$)必要がある。これは図1の(a)の状態である。J_{Cr}が最も大きくなる条件は，合金中のCr濃度勾配が最大になったとき，すなわち，合金/Cr_2O_3皮膜界面のCr濃度が0になったときである。この条件下でのJ_{Cr}とJ'_{Cr}との比較から，保護性Cr_2O_3皮膜が安定に存在する第一の条件として，合金の高温酸化では，保護性の酸化皮膜が表面に均一に生成されることが挙げられ，

$$N_{Cr}^0 > \left(\frac{\pi^{\frac{1}{2}}}{16Z_{Cr}C}\right)\left(\frac{k_p}{D}\right)^{\frac{1}{2}} \tag{1}$$

が導き出される。ここで，N_{Cr}^0は合金のバルクにおけるCrのモル分率，16は酸素の原子量，Z_{Cr}は酸化物中のCrの価数，Cは単位体積あたりのCrの物質量(モル)，k_pは放物線速度定数，Dは合金中のCrの相互拡散係数を示す。したがって，k_pが小さく(酸化皮膜の成長速度が遅い)，Dが大きい(合金中からCrが酸化皮膜に供給されやすい)ときには，Cr_2O_3皮膜を維持できる。

逆に J'_{Cr} が J_{Cr} より大きくなった場合（図1(b)）は，合金/Cr_2O_3 皮膜界面での Cr 供給が不足し，Cr 以外の元素（Fe-Cr 鋼の場合は Fe）が酸化してしまうため，Cr_2O_3 皮膜の保護性が失われる。なお，完全に $J_O > J_{Cr}$ の状態であれば，合金の内部で Cr の酸化が起き得る。図1(c)のように，合金中で酸化物粒子が形成する場合は内部酸化と呼ばれている。逆に酸化皮膜が形成する場合を外部酸化と呼ぶ。

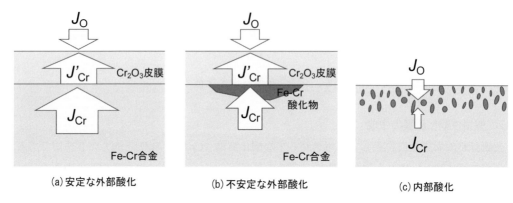

(a) 安定な外部酸化　　(b) 不安定な外部酸化　　(c) 内部酸化

図1　金属の高温酸化（文献3）を参考に加筆）

一般的に，固体中の拡散に比べてガス中の拡散ははるかに速いため，ガス中の拡散が律速段階になるのはまれなケースである。もし酸化反応がガス中の拡散や反応によって支配される場合，酸化皮膜厚さ（x）は時間（t）に比例し，式(2)で表される。

$$x = k_l \cdot t \tag{2}$$

式(1)を直線則といい，k_l を直線速度定数と呼ぶ。本式が適用されるのは，腐食の初期段階で酸化皮膜の成長が不十分で固体中の拡散が問題とならない場合などである。このような場合，腐食反応を抑制する機構が働かず，実用に適さない腐食損傷を招く場合が多い。

一方，皮膜中の物質移動が律速段階になる場合，皮膜が厚くなるほど物質の移動に時間がかかるため，酸化皮膜の成長速度は皮膜厚さ（x）に反比例する。

$$x^2 = k_p \cdot t \tag{3}$$

ここで，k_p は放物線速度定数と呼ばれ，金属の高温酸化において重要な値の1つである。酸化皮膜の成長速度（＝腐食速度）は時間が経つにつれて遅くなり，腐食が進みにくくなることがわかる。この皮膜は物質移動に対する障壁として作用し，保護皮膜として腐食を抑制する。言い換えると，高温腐食を防ぐためには，いかに放物線則を維持できる保護的な皮膜を形成させるかが鍵になる。なお，合金の高温酸化を評価する場合，酸化皮膜厚さの測定は顕微鏡観察などの必要性があり，直感的ではあるものの，実用的にはやや面倒である。そのため，皮膜厚さではなく，高温腐食後の質量変化で放物線速度定数を示す場合もある。文献などを参考にする場合，単位をよく確認することが肝心である。

なお，放物線則では，酸化物中の拡散が酸化皮膜の成長を律速するので，酸化物中の拡散をどう捉えるかが非常に重要になる。酸化物は，高温において半導体的特性を示す。そのため，たとえば，酸素イオンの空孔($V_O^{··}$)を生みやすい酸化物であれば，

$$O_O^X = 1/2 O_2 + V_O^{··} + 2e^- \tag{4}$$

あるいは，金属イオンの空孔(ここではM^{2+}イオンとすると，$V_M^{''}$)，

$$1/2 O_2 = O_O^X + V_M^{''} + 2h^+ \tag{5}$$

のようになる。ここで，h^+は正孔を示す。上記の式(4)の欠陥が主体的であれば，酸素イオンを介して酸素イオンが酸素皮膜表面から皮膜/合金界面に拡散する。また，式(5)が主となる場合であれば，皮膜/合金界面から金属イオンが皮膜表面に拡散することで酸化皮膜が成長する。酸化物中をイオンが拡散するので，電荷を中性に保つため，電子(e^-)ないし正孔(h^+)がイオンの拡散に合わせて拡散する。この模式図を図2に示す。ここでは，紙面の関係で詳細は紹介できないが，高温酸化中の酸化皮膜の成長は，腐食雰囲気の酸素分圧に影響されることが容易に想像できる。すなわち，酸化物中の放物線速度定数には酸素分圧依存性があることになる。このような酸化物の中の欠陥を扱う学問は欠陥化学と呼ばれ，いくつかわかりやすい書籍[4)-6)]や解説記事[7)]があるので，そちらを参考にされたい。

放物線速度定数は酸化皮膜中の拡散係数を含んでいるため，アレニウス型の温度依存性を示す。すなわち，

$$k_p = A' \exp(-Q/RT) \tag{6}$$

ここで，A'は定数，Qは見かけの活性化エネルギー，Rはガス定数，Tは絶対温度を示す。図3は，いくつかの代表的な合金の放物線速度定数を示す。

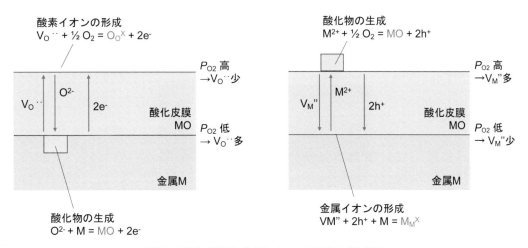

図2 酸化皮膜の成長における拡散の模式図

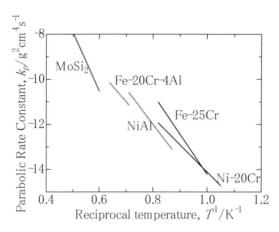

図3 各種合金の高温酸化における放物線速度定数の温度依存性
文献8)-12)で報告されたk_pの値を基に作成した

4. 鉄鋼の高温酸化

4.1 鉄酸化物

　上述のように，機械部材に使用される金属材料の最も代表的な材料が鉄鋼材料であり，高温でも利用される。しかし，自然界では鉄は鉄鉱石として存在することからもわかるように，酸化鉄が安定な状態である。鋼の上に生成する酸化皮膜はヘマタイト（Fe_2O_3），マグネタイト（Fe_3O_4），ウスタイト（FeO）の三つの酸化物で構成される。純Feの上に多層皮膜が形成される模式図を図4に示す。570℃以上でのFeの酸化では外側から順にFe_2O_3層，Fe_3O_4層，FeO層が形成される。これは酸化物の金属との平衡酸素分圧（解離圧）の順になっている。この理由はFeOは570℃以下では不安定であるためである。この鉄の酸化物の中では，FeOの拡散が最も速く，FeO_4やFe_2O_3は成長が遅い。そのため，鉄の酸化皮膜において，FeOが全体の95％を占めるといわれている。

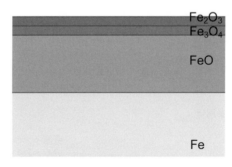

図4 570℃以上で酸化したFe上の酸化皮膜の微細構造に関する模式図

4.2 Fe-Cr合金の酸化構造

Fe-Cr合金は，SCr材(クロム鋼)やSCM材(クロムモリブデン鋼)，SUS材(ステンレス鋼)やSUH材(耐熱鋼)といった高温下で利用される機械構造用鋼材の最も一般的なベース組成である。そこで，ここでは，Fe-Cr合金の酸化挙動を解説する。

Fe-Cr合金が高温の酸化雰囲気中にさらされると，腐食が進行し酸化皮膜が形成される。酸化初期を除いて定常状態のときの皮膜の構造は単層から多層と種々ある。その例[7]を図5に示す。

(1) 腐食初期において，Cr_2O_3とFe酸化物の両方が形成される。合金/Fe酸化物界面(図中の(A)点)，合金/Cr_2O_3界面(図中の(B)点)の酸素分圧はそれぞれの平衡酸素分圧に等しくなる。

(2) Fe-Cr酸化物の成長はCr_2O_3に比べて速く，やがてCr_2O_3の粒子を覆ってしまう。一方，Fe酸化物に比べCr_2O_3はその平衡酸素分圧が低い。すなわち，Fe酸化物の内側で金属Feが安定な領域でもCrは酸化物が平衡相となる。合金表面近傍では固溶した酸素によってCrが合金内部で酸化物を形成する。

(3) この内部酸化層が成長して連続層となると，合金/Cr_2O_3界面の酸素分圧はCr_2O_3の解離圧まで低下し，以後の内部酸化は抑制される。加えて，最外層のFe-Cr酸化物も成長しなくなる。この状態が，Cr_2O_3皮膜が保護性酸化皮膜になった状態となる。

ここで注意していただきたいのは，2.で述べた放物線則は，Cr_2O_3皮膜が連続層になって保護性が発揮されてからの理論体系である。あくまで連続的になった酸化皮膜の成長にかかわるもので，図5における(1)や(2)については放物線則が適用できない。しかし，酸化皮膜の形状や結晶粒径，不純物レベルに大きな影響を及ぼすため，酸化初期は放物線速度定数に影響を与える場合がある。

２元合金は合金の組成により皮膜構造が変わる。Crを添加することで皮膜厚さが薄くなると

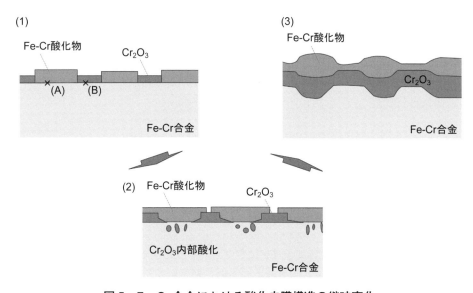

図5 Fe-Cr合金における酸化皮膜構造の継時変化

第2章　腐食現象

共に皮膜形態が変化し，$FeCr_2O_4$ などの複合酸化物が形成され，Cr 含有量の増加によって $FeCr_2O_4$，層が厚くなりそして次第に FeO 層が消失する。さらに Cr を増やし 18% を超えると Cr_2O_3 を含む層状皮膜が形成され，さらに 20% を超えると Cr_2O_3 の単独層となり腐食速度も大幅に抑制される。

4.3　鉄鋼材料の高温酸化における合金元素の影響

　鉄鋼材料には，Cr 以外の元素も合金化される。場合によっては，鉄鋼材料の製造プロセスの中で止むを得ずに合金化される不純物もある。これらの合金元素は酸化皮膜の特性に大きく影響する。酸化皮膜が生成する際の合金元素の影響を考える際に，酸化皮膜生成時に合金元素がどのように分布するかを考える必要がある。まず，それぞれの元素が酸素(O)とどのように反応するかを理解することは重要である。酸素との親和性が高い元素は，酸化物として存在しやすいのに対し，酸素との親和性が低い元素は，金属状態やたとえば硫化物のような酸化物以外の形で存在する傾向がある。具体的には以下のようになる。
・酸素との親和性が高い元素
：鉄(Fe)，炭素(C)，シリコン(Si)，マンガン(Mn)，リン(P)，クロム(Cr)，アルミニウム(Al)などは，酸素と強く反応し，酸化物を形成する。
・酸素との親和性が低い元素
：硫黄(S)，ニッケル(Ni)などは，酸化物として存在することが少なく，主に金属状態や酸化物以外の形で存在する。

4.3.1　Al

　Al は Fe-Cr 合金の耐酸化性を著しく改善するが，Cr や Al 濃度によって，形成される酸化皮膜の種類や内部酸化層の形態が変化するため酸化速度や酸化皮膜の耐剥離性が変化してその効果は複雑である。池ら[13]によると，Fe-14Cr 合金を 900〜1200℃，1 気圧の酸素中で 24 時間保持した場合の酸化増量は，Al の添加量によって異なる挙動を示す。たとえば，Al 添加量が 0.3% のときには酸化増量が最小となり，その後添加量が増加するにつれて酸化増量も増加し，最大値に達する。さらに，Al の添加量が 2.0% 以上になると酸化増量は再び減少する。

4.3.2　Si

　Si は Fe より酸化されやすい元素であり，酸化皮膜/鋼界面にファイアライト(Fe_2SiO_4)として存在する。ファイアライトはウスタイトとの間で 1170℃において共晶を起こすため，この共晶温度以上では Fe-Si-O の液相が形成され，その後，酸化皮膜との密着性が高くなる。

4.3.3　Ni

　Ni は Fe より酸化されにくい元素で γ-Fe に全率固溶する元素であるため，オーステナイト系ステンレス鋼には欠かせない，オーステナイト安定元素である。Ni を含む鋼材においては，酸化皮膜/鋼界面の鋼内部に濃化して分布し，酸化皮膜/鋼界面の凹凸を形成させる。Ni の含有量

— 86 —

が多い場合には酸化皮膜の密着性が高くなる場合がある。

4.3.4　C

Cは鉄鋼材料にとって非常に重要な元素であり，機械的特性や熱処理特性に大きな影響を与える。高温酸化において，Cは酸化皮膜を形成せず，COやCO_2として揮発するが，合金と酸化皮膜の界面に存在し，酸化反応に関与してさまざまな影響を及ぼすと考えられる。

4.3.5　S

Sは，多くの場合，原料である鉄鉱石などから不純物として混入する。機械的特性や熱処理性に悪影響を及ぼすため，Sの除去は鉄鋼プロセスでは極めて重要である。しかし，完全に除去できるわけではない。高温酸化においては，合金/酸化皮膜界面に存在し，その界面エネルギーを低下させるといわれている。また，その界面の密着性を低下させるといわれており，酸化皮膜が剥離しやすくなり，結果的に鉄鋼材料の高温耐酸化性を著しく劣化するといわれている。

4.4　酸化皮膜の剥離・割れ

耐熱合金の等温酸化過程で緻密な酸化皮膜が形成されるとき，酸化時間の経過と共に酸化皮膜は厚さを増し，皮膜内に応力が発生することはよく知られている。この応力は一般に成長応力と呼ばれ，圧縮応力である。

皮膜中に発生した応力が酸化物の破断応力を超えると，皮膜が破壊，剥離を生ずることがある。このようなことが起こると，雰囲気の酸素が合金表面に直接触れることになるので，皮膜は保護性を失う。

一方，熱サイクル下，加熱・冷却を受ける試料では，特に高温で酸化後の冷却に際しての熱収縮が原因で，酸化物と合金の熱膨張係数の違いから生じる熱応力によって起こる。**表1**に代表的な金属と酸化物の線熱膨張率を示す。皮膜中に発生した応力がその破断強度を越えると皮膜が割れ，下地との密着力を超えると部分的に浮き上がったりする。このとき，上述のように合金中にCやSが多く含有していると，酸化皮膜と合金の界面に偏析し，酸化皮膜の密着性を著しく低下させたり，酸化皮膜の機械的強度を低下させたりして，高温耐酸化性を劣化させる場合がある。したがって，激しい熱サイクルが加わる場合には，単なる酸化速度だけではなく，酸化皮膜の耐剥離性も重要である。

一般に，機械構造用に使用される鋼がBCC構造なので，Al変態以上の高温での使用ではa/γ変態による変形による酸化皮膜の剥離が起きやすい。しかし，FCCであるオーステナイト系ステンレス鋼は線熱膨張係数が16×10^{-6} K^{-1}と大きく，熱膨張率差による熱応力が発生しやすい状況にある。材料選択が非常に難しいことに注意していただきたい。

4.5　雰囲気の影響

高温酸化といっても，純粋な酸素と高温で反応することはほとんどない。大気であっても，酸素以外にN_2やCO_2，H_2Oが含まれており，場合によってはそれらが影響することもある。ま

第2章　腐食現象

た，化石燃料を燃焼させる雰囲気では，炎症生成物である CO_2 や CO，H_2O が増加し，O_2 が減少する。H_2O は特に酸化挙動を大きく変えることが知られている[3)14)15)]。大気中では優れた耐酸化性を示す Fe-Cr 合金が水蒸気化では全く保護性を示さなくなることがある。こういった高温酸化は水蒸気酸化と呼ばれ，現在でも多くの研究者によって検討が進められている重要な研究課題である。著者らは，酸化皮膜の機械的特性が水蒸気によって劣化することが水蒸気酸化の原因ではないと検討を行っている。

　また，腐食雰囲気として，塩素 Cl_2 や二酸化硫黄 SO_2 などが優勢な場合，酸化物ではなく，塩化物や硫化物が腐食生成物として形成する。塩化物や硫化物は融点が低いものが多く，場合によっては固相の皮膜を形成しない。加えて，蒸気圧も高く，皮膜が生成と同時に揮発する場合もある。また，拡散が速いものが多いので，保護性を発揮することができない。高温腐食が起きる環境は，構造部材にとって極めて過酷な状態になる。

　一方，燃焼炉などでは，燃料などに含まれる S や Cl が酸素と反応したり，そのまま燃焼ガスに混じったりして，酸化挙動に悪影響を及ぼすことがある。場合によっては燃焼灰が溶解したものが付着し，腐食を加速させることもある。

5. 高温酸化対策

5.1　溶　射

　4. で述べたように，鉄鋼材料の高温耐酸化性を改善するには，Cr や Al，Si といった合金元素を加えて保護性酸化皮膜である Cr_2O_3 や Al_2O_3，SiO_2 を形成させることが肝心である。しかし，機械的特性や加工性，コストの問題から，それらの添加元素を多量に加えることが難しいことが多い。特に Al や Si は鉄鋼材料の塑性変形能を低下させてしまうため，加工性の観点からも機械的特性の観点からも，多量の合金化はできない。

　そこで，高温酸化を防止するために，表面にコーティングを施す場合がある。セラミックスは，酸化物のものもあるので，これ以上酸化しないことから，防食コーティングとして期待されるが，一般に緻密なコーティングを得ることが難しく，また，鉄鋼材料や Ni 基超合金と熱膨張率が異なるために，温度履歴で簡単に剥離したり，割れたりしてしまう。そのため，防食コーティングとしてセラミックスを施工することはあまり利用されない。

　一般には，Cr や Al，Si を多く含む耐食性が高い合金を鉄鋼材料などの表面にコーティングすることが多い。工業的に大面積に施工するとなると，最も有力な方法は溶射である。一般に，溶射とは，施工する金属を高温にして溶解して被施工材に対して吹き付けることで成膜する方法である。粉末を溶解する方法によりいくつか分類することが可能である。**図6** は一般的な溶射方法の分類を示す。防食合金をコーティングする場合，火炎で合金粉末を溶解して成膜する方法が一般的であろう。熱源にガスを使ったフレーム溶射が最も一般的といえよう。

　溶射で施工した防食合金膜は，一般に緻密ではなく，組織も均質ではない。そのため，緻密な合金が有する耐食性を発揮できない場合もある。また，高温で利用する際，母材と防食合金膜の間で相互拡散が起きることにも留意しなくてならない。溶射皮膜は厚くすることも可能であるの

— 88 —

で，溶射皮膜への母材の拡散が悪影響を及ぼすことは少ないが，母材へ防食合金の成分が拡散することで機械的特性に悪影響を及ぼすこともあり得る。

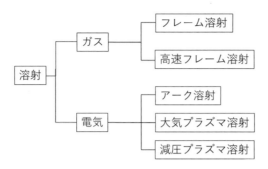

図6　代表的な溶射法の分類（文献7）を参考に図式化）

5.2　パックセメンテーション

　母材表面に緻密な防食皮膜を施工したいという要望は決して少なくない。その場合，溶射ではなく，パックセメンテーションという方法が使用される場合がある。これは，NaClやNH$_4$Clといった活性化剤を用いて，化学的に母材表面にCrやAl，Siを合金化する手法である。図7は，パックセメンテーションの模式図を示す。ここでは，NaClを活性化剤としてNi表面のAl合金化を行う場合を示している。この場合，Alの活量が高いと，母材表面にAlとの金属間化合物が形成する。これが望ましくない場合は，Al分として，FeAlなどを用いてAlの活量を下げることも行われる。図8は著者の研究室で行われたInconel 718合金に(a)Al粉末を用いてパックセメンテーションをした場合，(b)Ni$_2$Al$_3$粉末で実施した場合を示している。処理条件は1000℃，12時間である。Al粉末の場合は表面にNi$_2$Al$_3$層が厚く形成しているが，ボイドも多数観察される。一方，Ni$_2$Al$_3$粉末で行った場合が，Al活量が下がっているので，NiAl層のみが形成している。合金中のCrが相関係に伴い，NiAl層直下に濃化していることも拡大したSEM像のために認められる。合金化層の機械的特性が重要な場合にはこういう手法も有効となる。パックセメンテー

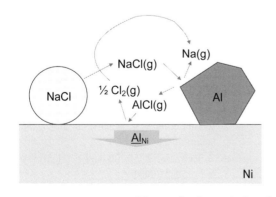

図7　パックセメンテーションの模式図

第 2 章　腐食現象

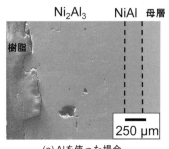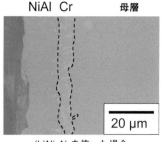

(a) Alを使った場合　　　(b)Ni₂Al₃を使った場合

図 8　パックセメンテーションにより表面のアルミ合金化を施した Inconel718 の断面組織

ションは，単に母材をパック粉末に埋めて熱処理するだけで表面に合金化層を施工することができる。簡便で低コストな手法である。また，Cr_2O_3 皮膜や Al_2O_3 皮膜の耐酸化性改善に有益な Y や Hf などを合金化層に同時にドーピングすることも可能である。また，緻密な合金化層の厚膜化も容易であるため，工業的に優れた方法といえる。

しかしながら，溶射と同様，高温で利用する際，母材と合金化膜の間で相互拡散が起きることにも留意しなくてならない。また，パック粉末が合金化層に巻き込まれることもあり，プロセス設計に注意が必要である。

パックセメンテーションにおける化学反応を利用して，$AlCl_3$ や $SiCl_4$ を気相として供給することでより精密な表面合金化は可能である。これは，化学的蒸気堆積（CVD）法と呼ばれる方法である。単に母材をパック粉末に埋めて熱処理するだけのパックセメンテーションに比べて特別な装置が必要で，危険なガスの管理が必要となるなどの手間がかかる。

 6．おわりに

高温酸化を主体に合金の高温腐食を解説した。たとえば，機械工学を学んだ方や金属でも水溶液腐食しか学ばれなかった方を想定して，極めて入門的な内容のものとした。この分野に明るい技術者の方にはやや物足りなさも感じたかもしれないが，いくつか優れた著書や解説があるので，さらなる勉強を希望される方はそちらを参考にされたい。

文　献

1) C. Wagner : *Z. Phys. Chem.*, **21**, 25(1933).
2) C. Wagner : *J. Electrochem.*, **99**, 369(1952).
3) 新居和嘉：住友金属，**49**, 4(1997).
4) N.Birks, G.H.Meie, 西田恵三, 成田敏夫(共訳)：金属の高温酸化入門, 丸善(1988).
5) 齋藤安俊：金属の高温酸化，内田老鶴圃(1986).
6) 谷口滋次，黒川一哉：高温酸化の基礎と応用：超高温先進材料の開発に向けて，内田老鶴圃(2006).
7) 野口学, 八鍬浩：エバラ時報，**252**, 31(2016).
8) X. J. Zhang, Z. G. Zhang and Y. Niu : *High Temp. Mater. And Proc.*, **24**, 359(2005).
9) K. Yanagihara, T. Maruyama and K. Nagata : *Intermetall.*, **3**, 243(1995).
10) G. Calvarin, R. Molins and A. M. Huntz : *Oxid. Met.*, **53**, 25(2000).
11) 天野忠昭, 矢島聖使, 齋藤安俊：日本金属学会誌,

41, 1074(1977).

12) T. Brylewski, J. Dabek and K. Przybylski：*J. Therm. Anal. Calor.*, **77**, 207(2004).

13) 池偉夫, 岡部広文, 辻栄治：日本金属学会, **42**, 509(1978).

14) 上田光敏, 丸山俊夫：材料と環境, **54**, 175(2005).

15) 八鍬浩, 野口学：エバラ時報, **256**, 31(2018).

第3章

腐食試験

第3章　腐食試験

第1節　屋外腐食試験の概要と試験データの活用

国立研究開発法人物質・材料研究機構　片山　英樹

1. はじめに

　インフラ構造物に使用される多くの材料は大気環境にさらされており，気温や相対湿度，降雨，日射などの影響を大きく受けている。したがって，これらの材料を使用・選定する際には，事前に適切な腐食試験によって材料の長期耐食性の調査が行われる。また，さらなる長寿命化やライフサイクルコスト低減のため，高耐食性材料の新規開発においてもその性能評価のために腐食試験が実施される。これらに対応する代表的な腐食試験として，腐食促進試験や大気暴露試験が挙げられる。腐食促進試験は腐食を加速させることができるため，短時間で結果を得ることができる大きなメリットがあるが，試験条件によっては実環境での腐食挙動や腐食形態と異なることが指摘されている[1]。一方，大気暴露試験は自然環境で腐食試験を行うため，結果を得るまでに非常に時間はかかるものの，腐食挙動は実態と対応しており，信頼性の高い腐食試験法として従来から用いられている。大気暴露試験では，試験を行った場所での材料の経時的な劣化情報を得ることができ，近年ではこれらのデータを用いて，種々の研究が進められている。

　本稿では，日本産業規格（Japanese Industrial Standards：JIS）で規定されている大気暴露試験について概説すると共に，大気暴露試験で得られるデータの活用例について紹介する。

2. 大気暴露試験

2.1　試験方法

　JIS Z 2381「大気暴露試験方法通則」[2]に規定されている大気暴露試験方法には，直接暴露試験，遮蔽暴露試験，ガラス越し暴露試験，ブラックボックス暴露試験があり，以下ではそれぞれについて概説すると共に同時に実施する主な評価項目についても説明する。

2.1.1　直接暴露試験

　直接暴露試験は最も一般的に行われている暴露試験で，南面向き・一定の角度に設定された架台に試験片が取り付けられている。直接暴露試験の一例を図1に示す。この例では，45°に傾斜させた暴露架台に試験片が取り付けられている。この試験は，設置された試験片が日照，降雨，風などの大気環境因子の影響を直接的に受ける方法である。海浜地域では，さらに海からの飛来塩分の影響も受ける。

第1節　屋外腐食試験の概要と試験データの活用

図1　直接暴露試験

2.1.2　遮蔽暴露試験

　遮蔽暴露試験は**図2**に示すように，遮蔽構造物の下に設置した暴露架台に試験片を取り付け，降雨や日光の直接の影響を避けた状態で行う腐食試験である。図2では試験片は水平に取り付けられているが，直接暴露試験のように角度をつけて設置する場合もある。遮蔽構造物は南北方向に風が抜ける構造となっており，海浜地域のような海から飛来する海塩粒子の影響がある地域では，試験片表面に海塩が蓄積し，非常に厳しい腐食環境となる。

図2　遮蔽暴露試験

2.1.3　ガラス越し暴露試験

　図3に示すガラス越し暴露試験では，上面を板ガラスで覆った試験箱内に試験片を取り付け

第3章　腐食試験

て腐食試験を行う。そのため，遮蔽暴露試験と同様に試験片は雨，雪，風などの直接的な影響を受けない。遮蔽暴露試験との大きな違いは，上面が板ガラスであるために太陽光の影響を受ける点である。紫外線や温度の影響を受ける試験片の化学的・物理的性質，性能変化を調査する場合に有効な試験方法といえる。

写真提供：（一財）日本ウエザリングテストセンター
図3　ガラス越し暴露試験

2.1.4　ブラックボックス暴露試験

ブラックボックス暴露試験では，**図4**に示すように全ての面の内側と外側を黒色に処理した底のある金属製試験箱の上面に試験片を取り付けて腐食試験を行う。この試験は，金属試験箱の蓄熱効果に伴う温度上昇による試験片の化学的性質や物理的性質，性能への影響を調査する場合に用いられる方法で，太陽光によって高温になる建物の屋根，自動車などに使用される材料や製

写真提供：（一財）日本ウエザリングテストセンター
図4　ブラックボックス暴露試験

品の性能評価に有効とされている。

2.2 評価項目

所定の期間，大気暴露試験を行った試験片については，JIS Z 2383「大気環境の腐食性を評価するための標準金属試験片及びその腐食度の測定方法」[3]に従って各種評価を行う。以下では，代表的な項目について示す。

2.2.1 外観観察

所定の期間，大気暴露試験を行った後に採取された試験片について，デジタルカメラなどにより外観観察を行う。試験片が両面とも大気暴露環境にさらされている場合には，対空面(表)および対地面(裏)に分けて観察する。図5に大気暴露試験後の試験片の外観観察結果の一例を示す[4]。これは(一財)日本ウエザリングテストセンター(以下，JWTC)・銚子試験場で10年間大気暴露試験を行った炭素鋼(SM490A)の外観写真である。(a)が直接暴露試験，(b)が遮蔽暴露試験の結果であり，2.1で述べたように海浜地域では海からの海塩粒子の影響を大きく受けるため，遮蔽暴露試験での炭素鋼の腐食が大きいことがわかる。

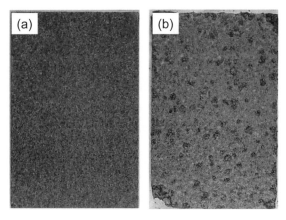

図5 JWTC銚子試験場で10年間大気暴露試験を
行った炭素鋼(SM490A)の外観写真
(a)直接暴露試験，(b)遮蔽暴露試験

2.2.2 質量測定

大気暴露試験前後での試験片について，1 mgの単位で質量測定を行い，その質量差から暴露試験期間での腐食量を測定する。試験片の個体差の影響を減らすため，一般的に質量測定は複数枚の試験片の平均値を取る。大気暴露試験後の試験片の質量測定は，JIS Z 2383[3]およびISO 8407[5]に記載の方法で腐食生成物の除去処理を行った後に実施する。腐食度 r_{corr} を算出する場合は，大気暴露試験前後での試験片の質量差(腐食量)から，以下の式に従う。

$$r_{corr}(\mathrm{mm/y}) = D_\mathrm{m}/(A\cdot\rho\cdot t)\cdot 10$$

ここで，D_m：腐食量(mg)，A：試験片の表面積(cm^2)，ρ：試験片の材料密度(g/cm^3)，t：暴露期間(year)である。

2.2.3 断面観察

大気暴露試験片に対し，さらに詳細解析を行う場合，サンプリングした試験片を用いて断面観察などを行う。代表的な解析としては，金属の場合，金属顕微鏡による断面観察やラマン分光による腐食生成物の分析，電子プローブマイクロアナライザー（Electron Probe Micro Analyzer：EPMA）による断面の元素分布測定などが実施される。

2.2.4 気象因子および環境汚染因子の測定

大気暴露試験は，数年間実施するのが通例であり，また，大気腐食は屋外の多くの気象因子の影響を受けるため，各暴露試験場所での気象因子(気温，相対湿度，日射量，降雨(雪)量など)および環境汚染因子の調査も行う。環境汚染因子としては，JIS Z 2382[6]「大気環境の腐食性を評価するための環境汚染因子の測定」に従って大気中の二酸化硫黄および海塩粒子量の測定が実施される。

3. 大気暴露試験データの活用

3.1 耐食性評価

大気暴露試験は一般に数年以上行うため，試験環境における試験片の腐食量の経時的なデータを得ることができる。したがって，時間に対する腐食量のグラフから暴露した材料の長期耐食性評価を行うことが可能である。また，同時期に同じ環境下で数種類の材料の暴露試験を開始することにより，それぞれの材料の耐食性の比較や添加した合金元素の効果などの情報も得ることができる。図6にJWTC・宮古島試験場で電解鉄(Fe)をベースにNiを1, 3, 5 wt%添加した

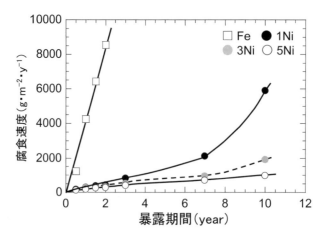

図6 JWTC・宮古島試験場におけるFe-Ni合金の暴露試験結果

Fe-Ni 合金の直接暴露試験の結果[7]を示す。Ni 添加により腐食量は大きく抑制され，その効果は Ni 添加量に比例して増大している。また，図7に同じ試験場で同時期に開始した Fe-3 wt% Cr，Fe-5 wt% Cr，Fe-3 wt% Ni，Fe-5 wt% Ni の直接暴露試験の結果を示す。Fe-Cr 合金に比べて，Fe-Ni 合金の耐食性の方が高いことを示しており，宮古島の直接暴露環境では耐食性を向上させる元素として Ni の方が適していることを示唆している。

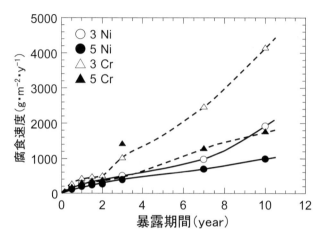

図7 JWTC・宮古島試験場における Fe-3 wt% Cr，Fe-5 wt% Cr，Fe-3 wt% Ni，Fe-5 wt% Ni の暴露試験結果

3.2 腐食量予測

　大気腐食挙動と環境因子との関係は古くから研究されており，大気暴露試験で得られた腐食量データと環境データから大気腐食レベルや腐食速度を予測する技術の提案がされている。たとえば，ISO9225[8]では ISO9223[9]で規定された環境因子（温度，相対湿度，濡れ時間，付着塩分量，SO_x）を基に大気腐食性を推定する腐食予測式（Dose Response Function：DRF）が提案されている。ただし，この腐食予測式は太平洋地域よりも欧州地域での暴露試験データを多く反映しているため，海塩粒子の影響が強く，SO_2 の影響が比較的低い日本を含むアジア地域や豪州では合わないことが指摘されている[10]。

　紀平ら[11]は，堀川ら[12]の経験式を基に提案された腐食予測式のパラメータに対し，濡れ時間（Time of Wetnes：TOW）×飛来海塩量×化学反応におけるアレニウスの温度効果の掛け算に，濡れ時間に対する風による乾燥効果，硫黄酸化物の高飛来塩分環境での抑制効果を導入して定式化し，耐候性鋼橋梁の内桁の腐食量の予測モデル式を提案している。

　また，鹿毛ら[13]も，2種類のニッケル系高耐候性鋼について全国で3～5年間覆い付き暴露試験を行った結果および温度，湿度，塩分量を調節した実験室での再現腐食試験の結果から，堀川ら[12]の経験式をベースとした腐食量予測式を作成している。

3.3 機械学習を活用した腐食量予測

　大気腐食は種々の環境因子の影響を受けながら進行する現象であるため，環境データから腐食を予測することができれば，腐食劣化の程度や速度を低コストかつ簡便に予測することが可能となる。しかしながら，大気腐食速度に対する各環境因子の影響は非常に複雑で環境データから単純に腐食速度を表現することが難しい。このような場合，アルゴリズムが公開されて使いやすくなってきた機械学習の利用が有用であることが知られている。機械学習を活用する場合，環境データと腐食量を関連付けて予測モデルを構築する必要があるが，大気暴露試験は，一般的に年単位で試験片をサンプリングするため，腐食量データも環境データも年平均のデータとなる。環境データを年平均にした場合，地域による差が小さくなり特徴が出にくくなるため，年平均の環境データから構築した腐食予測モデルの精度は十分でないと考えられる。したがって，より精度を高めるには短い時間間隔での腐食量データと環境データが必要となるが，腐食量は錆を除去した後の試験片重量から求めるため，暴露試験時間が短すぎると場所によっては腐食量が少なく，錆の除去方法や除去状況に腐食量が大きく左右される可能性が出てくる。そこで，大気暴露試験を1ヵ月間として，得られる腐食量のデータと環境データに機械学習を適用して，環境データから腐食環境を予測するモデルを提案する。

3.3.1 腐食予測モデルの構築

　腐食量データには，炭素鋼を全国6ヵ所で月ごとに1年間暴露試験を行った結果を用い[14]，環境データは，それぞれの地域の気象台の気温，降水量，日照，風向・風速，相対湿度などの11種類の月別気象データおよび暴露試験と同時に測定した飛来海塩量，SO_2濃度を用いた。図8に月ごとの腐食量のグラフを示す。腐食量は地域や季節によって大きく変動し，夏期に腐食量が大きい傾向が見られる。また，沖縄県の西原町と宮古島市では，2013年10月と2014年7月に非

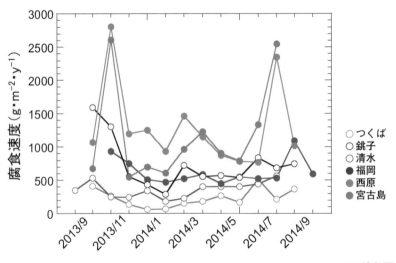

※口絵参照

図8　国内6ヵ所で月ごとの暴露試験を行った時の各地域での月別腐食量

常に大きい腐食速度を示しているが，これは台風の影響によるものである。台風時は海水が巻き上げられ，塩を多く含んだ雨や風の影響が広範囲に広がる。

　機械学習には，飛来海塩量のデータが欠損した1データを除く71データを用い，そのうち63データを訓練データ，残りの8データをテストデータとした。機械学習のモデルには，線形モデルのLasso，決定木モデルのDecision Tree，アンサンブルモデルのRandom Forest, Gradient Boostingを用いた。訓練データを用いてそれぞれの学習モデルで腐食予測モデルを構築し，その後，テストデータで構築した腐食予測モデルの検証を行った。その結果，本研究でのデータセットに対してはアンサンブルモデルのRandom Forestが最も適した機械学習モデルであると判断した[15]。Random Forestによる予測残差プロットを図9に示す。このプロットは，横軸に観測値（目的変数），縦軸に推定値をプロットしたものであり，観測値と推定値の相関が非常に高いことがわかる。

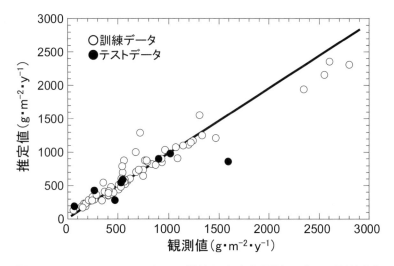

図9　Random Forestによって構築した腐食予測モデルの予測残差プロット

3.3.2　腐食予測モデルの検証

　構築した腐食予測モデルを検証するため，実際の屋外環境で炭素鋼の大気暴露試験を1ヵ月間行った。検証は，大気暴露試験を行った場所での環境データの1ヵ月平均値を用いて，腐食予測モデルにより予測した腐食量と実際の大気暴露試験による腐食量とを比較することにより行った。

　大気暴露試験は，千葉県銚子市内の3つの橋梁（銚子大橋，西水道橋，50147-1号橋）で行った。試験片は図10に示すように，降雨の影響を受ける橋梁のウェブに3枚ずつ設置した。暴露試験後に全て回収し，腐食生成物を除去後，重量測定を行った。暴露試験で得られた腐食量は，50147-1号橋，銚子大橋，西水道橋の順に高くなっており，これは，同期間でドライガーゼ法により測定した飛来海塩量の順番とよく対応していた。

　腐食予測モデルで用いた環境データについて，飛来海塩量はドライガーゼにより得られた値を

第3章 腐食試験

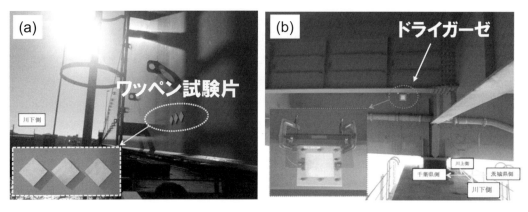

図10 千葉県銚子市内の橋梁での暴露試験状況

用いた。しかしながら，気温や相対湿度などのそれ以外の環境データについては，それぞれの橋梁での測定が難しかったため，（国研）農業・食品産業技術総合研究機構が提供しているメッシュ農業気象データシステム[16]のデータを用いた。これは，国内約1500ヵ所の気象観測地点での気象データを基に，標高の違いなどを考慮して気象データを空間補間できるシステムで，これにより，およそ1km四方のエリアを基準地域メッシュとして，緯度と経度から全国の所定の地点の環境データを得ることができる。得られる環境要素としては，日平均気温，日積算降水量，日照時間などをはじめとして13種類あり，気象観測地点で観測されない日平均相対湿度などの情報も含まれている。大気暴露試験を行った期間の環境データを用いて，腐食予測モデルから作成した銚子市の腐食予測マップを図11に示す。暴露試験を行った3つの橋梁があるエリアの環境データから予測した腐食量と実際の橋梁での暴露試験による腐食量とを比較した結果，飛来海塩

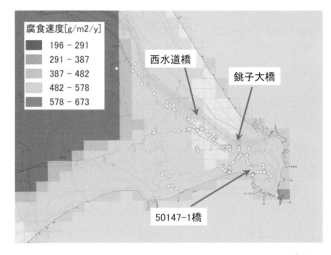

※口絵参照

図11 2018年1月10日から2018年2月9日までの環境データを用いて作成した銚子市の腐食予測マップ

量の影響の大きい50147-1号橋や銚子大橋では観測値と推定値とが比較的近い値を示した。しかしながら，内陸部の西水道橋では推定値の方が倍以上の値となっており，今回構築した腐食モデルでは過大評価してしまうことがわかった[15]。内陸での観測値と推定値との差が大きくなった要因としては，腐食予測モデルの構築に用いた腐食データの暴露試験場所が海浜地域に偏っている点，機械学習に用いたデータ数が少ない点などが挙げられる。この点については，腐食予測モデルの精度を上げるために必要な課題である。

4. おわりに

　本稿では，JISで規定されている大気暴露試験方法について概説すると共に，大気暴露試験で得られるデータを活用した研究例を紹介した。

　大気暴露試験は材料の劣化試験を行う上で，非常に確実で，適切に評価すれば信頼性の高いデータを得ることができる。しかしながら，結果を得るまでに試験時間を要するため，大量のデータを収集することは容易ではない。最近では，スパースモデリングやベイズモデリングといった少量のデータでも機械学習の適用を可能とする手法が出てきており，大気暴露試験データの活用に対して新たな展開が期待される。

文　献

1) 梶山浩志ほか：Zairyo-To-Kankyo, **55**(8), 356 (2006).
2) JIS Z 2381：大気暴露試験方法通則(2017).
3) JIS Z 2383：大気環境の腐食性を評価するための標準金属試験片及びその腐食度の測定方法(1998).
4) 物質・材料研究機構：腐食データシート, No.3 C (2014).
5) ISO 8407：Corrosion of metals and alloys - Removal of corrosion products from corrosion test specimens (2021).
6) JIS Z 2382：大気環境の腐食性を評価するための環境汚染因子の測定(1998).
7) 物質・材料研究機構：腐食データシート, No.1 C (2010).
8) ISO 9225：Corrosion of metals and alloys - Corrosivity of atmospheres - Measurement of environmental parameters affecting corrosivity of atmospheres(2012).
9) ISO 9223：Corrosion of metals and alloys - Corrosivity of atmospheres - Classification, determination and estimation(2012).
10) 須賀茂雄：表面技術, **62**(1), 30(2011).
11) 紀平寛ほか：土木学会論文集, **780**(I-70), 71(2005).
12) 堀川一男ほか：防蝕技術, **16**(4), 153(1967).
13) 鹿毛勇ほか：Zairyo-To-Kankyo, **55**(4), 152(2006).
14) 篠原正：防錆管理, **61**(7), 245(2017).
15) 松波成行ほか：土木学会論文集A1(構造・地震工学), **75**(2), 141(2019).
16) 大野宏之ほか：生物と気象, **16**, 71(2016).

第3章　腐食試験

第2節　腐食試験の概要と腐食評価技術

パナソニックホールディングス株式会社　深見　謙次　　パナソニックホールディングス株式会社　高野　宏明

1. はじめに

　企業は顧客に安心・安全かつ満足できる製品を提供するために，自社が開発した製品の品質評価に尽力し品質を確保している。品質評価は，製品が要求品質を満たしているかを判断するための重要なプロセスであり，開発製品や構成部材に対し，使用性，機能性，信頼性，安全性などのさまざまな側面からアプローチしながら，製品が目標寿命まで適切に機能するかなどを評価し，問題点があれば改善を進め，モノづくり源流へのフィードバックを通じて品質向上に努めている。

　品質評価の内容は，製品の使われ方や設置環境によって評価項目や評価水準が異なる。特に，屋外に設置される製品やさまざまな環境下を移動するモビリティや，そしてそれらに搭載される各種部材は，紫外線，温度，風雨や湿気，腐食性物質などさまざまな環境ストレスにさらされることから，これらストレスを加味した品質評価が必要とされる。腐食性物質が関与すると，製品の構成部材が腐食し，大きな品質問題を引き起こす可能性が懸念される。たとえば，金属腐食は製品の美観に悪影響を及ぼし，さらに進行すれば強度低下を引き起こす。また，金属配線や電子部品，接点部品では，断線故障や電気抵抗の増加による発熱・発煙・発火など，安全上の問題へと発展するリスクも想定される。

　このような腐食による品質問題は，製品の性能や，信頼性，安全性に大きな影響を与えるため，製品設計・開発段階ではさまざまな腐食要因を考慮し，適切な部材選定や防食法を検討するなど，あらかじめ対策しておくことが必要である。また開発製品が腐食に対する一定の品質を確保できているか「耐腐食性」を評価するため，腐食因子ごとの評価項目と評価水準を設定し，信頼性試験を通じて検証していく必要がある。

　実際に，腐食に対する信頼性試験を進めるにあたっては，ISO，IEC，JISなどに定められた腐食試験規格を活用することが一般的であり，公的試験規格は業界標準として認められ，製品品質を客観的に評価でき，顧客への試験結果の提示が必要とされる。これら試験規格は重要な役割を果たし，製品・材料の耐腐食性の比較評価，実環境を模擬した品質評価を行うための貴重なツールとなっている。

　本稿では腐食に関する品質評価手法を紹介する。2.では腐食試験の概要，3.では不具合発生時にも活用できる腐食評価技術の一例を示す。

第2節　腐食試験の概要と腐食評価技術

2. 腐食試験の概要

2.1　腐食について

2.1.1　腐食の分類と腐食の起こり得る環境

　JIS による腐食の定義によれば，「金属がそれをとり囲む環境物質によって，化学的又は電気化学的に侵食されるか若しくは材質的に劣化する現象」とされ，金属表面に腐食性物質が付着したり，水分や高温高湿などの使用環境の影響を受けることで酸化還元反応が引き起こされ金属が溶解したり，錆などの腐食生成物を生じる現象を腐食という。腐食の分類は，大きく乾食と湿食に分類される。乾食は水分が介在せず，高温の気体と反応して起こる腐食のことを指し，湿食は水分が介在する腐食のことを指す。

　乾食による腐食は，高温の酸素などの反応性ガスとの接触により引き起こされる高温腐食があり，金属表面に酸化物や窒化物が生成される。乾食は，数百度以上の高温環境では促進されるが，民生用製品が設置される屋内環境では反応速度が遅いため大きな問題となることは少ない。

　湿食による腐食は，金属表面が比較的均一に腐食する全面腐食と，局所的に腐食が発生する局部腐食に分けられる。局部腐食は腐食メカニズムの違いにより，孔食，隙間腐食，異種金属接触腐食などさまざまな形態が存在する。いずれも金属と電解質を含んだ水分が接触することが引き金となり，金属溶解や腐食生成物を発生することとなる。

　これらは身の周りの環境でも起こり得る現象であり，代表的な腐食としては「塩害」と「硫化腐食」がよく見られる。

2.1.2　塩害：腐食発生源とその再現

　塩害は，海水のしぶきや，海風などに含まれる海塩粒子などが飛来し，金属材料に付着することで発生する腐食現象を指す。海浜地域に設置される製品は，この海水由来の塩分が付着しやすく，付着した塩分は天候などの外部環境の影響により，温度が高くなると乾燥し濃縮され，湿度が高くなると吸湿し潮解する。また腐食速度は金属表面に形成される水膜の厚さに依存するといわれている（**図1**）[1]。

　水膜の薄い乾いた状態では，腐食反応に必要な水分が供給されないため腐食速度は遅い（渇き大気腐食Ⅰ）が，湿度が高くなるにつれて金属表面に水膜が形成されて腐食は促進される（湿り大気腐食Ⅱ）。さらに，水膜の厚さが増加した場合（濡れ大気腐食Ⅲ）や，海水中に浸漬されたような場合（浸漬腐食Ⅳ）は，酸素供給量が乏しくなり，腐食速度は低下する。金属材料種により水膜の厚さの影響は異なるが，炭素鋼の場合は，水膜の厚さは 1 µm 程度が最も腐食速度が高いと報告されている。たとえば，海中の金属性構造物における腐食は水面との境界部が著しく腐食する（**図2**）。これは，潮汐や波しぶきの他，天候などの影響を受け，塩分の乾燥と潮解が繰り返し起こり，水面との境界部にある金属表面は水膜が形成されやすく，酸素が供給されやすいため腐食が促進される。塩害に対する品質評価においては，このような腐食現象を理解し腐食サイクルを模擬・再現できる試験環境を作り出す必要がある。

— 105 —

第3章 腐食試験

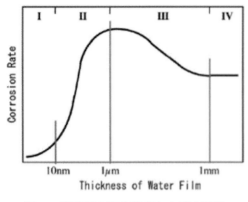

図1 炭素鋼の腐食速度と水膜の関係

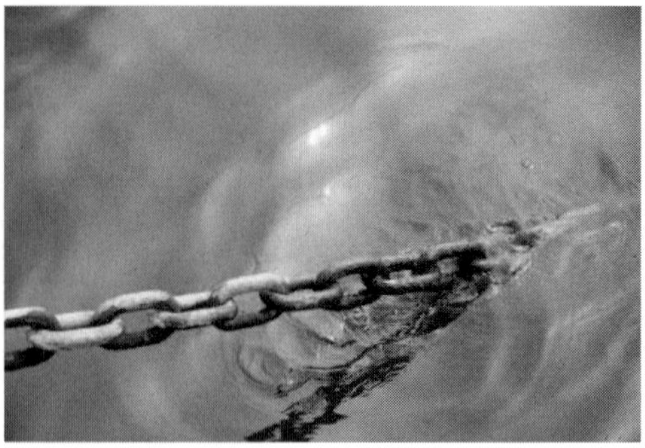

図2 水面との境界部での腐食

※口絵参照

2.1.3 硫化腐食：腐食発生源とその再現

　硫化腐食は，大気や土壌に存在する硫黄化合物が金属材料に付着することで起こる腐食現象を指し，大気環境中に存在する代表的な硫黄系ガスとして，二酸化硫黄と硫化水素がある。二酸化硫黄は排気ガスに含まれるように硫黄分を含む化石燃料を燃焼することで生じ，硫化水素は硫黄泉に分類される温泉地や，化学工場や製紙工場，埋立地や水田土壌など硫酸塩を含む物質などが分解されることから生じる。このような立地に設置される製品に関しては，硫黄系ガスによる腐食に注意しなければならない。

　屋外で湿度が高い環境にさらされると，金属表面に酸素や水分が吸着しやすくなり，金属のイオン化が起こりやすく腐食反応が促進される。特に，銀，銅・銅合金，ニッケルなどの金属は電子部品や接点部品などに広く用いられる材料であり，硫黄系ガスによって腐食されやすい性質を持ち，断線故障や電気抵抗を増加させる可能性が高い。銀製品が硫化腐食すると黒く変色することが知られており（**図3**），たとえば，照明用 LED パッケージに用いられる銀製の反射板が硫化すると照度が低下するなどの不具合を引き起こす。

　その他，加硫されているゴム製品，硫黄系添加剤を含む潤滑剤の他，段ボールなどの紙製品にも硫黄成分が残留していることがある。これらの物質が加熱されることで硫黄成分が揮発し，アウトガスとして生じる場合がある。密閉された製品内部にて腐食が生じた場合や，梱包箱を開梱した際に腐食が見つかった場合は，これら硫黄系アウトガスが要因となっている可能性がある。これら硫黄系ガスの特徴を**表1**に示す。硫化腐食に対する品質評価においても，適切なガス種を選択し，製品の設置環境を考慮した上で，腐食試験環境を模擬的に作り出す必要がある。

※口絵参照

図3 銀の黒化

第2節　腐食試験の概要と腐食評価技術

表1　主な硫黄系ガスの特徴

主な硫黄系ガス	主な発生源	特に腐食されやすい金属	特　徴
二酸化硫黄 SO_2	火力発電所，石油化学工場，製鉄所，自動車などの排気ガスなど	ニッケル，銅，銅合金など	単体では強い腐食性はない 低湿度では腐食しにくい 水分や酸素と反応して硫酸を生成 $SO_2 + O_2 \rightarrow SO_3 + O$ $SO_3 + H_2O \rightarrow H_2SO_4$
硫化水素 H_2S	火山性温泉地域，化学工場，製紙工場，排水処理施設，水田土壌など 梱包材，紙材，潤滑油などのアウトガス	銀，銅，銅合金など	腐食性が強く，水によく溶ける 低湿度環境でも腐食が促進する 水分と反応して硫酸を生成 $H_2S + 2H_2O \rightarrow H2SO_4 + 2H_2$
硫化カルボニル COS 二硫化炭素 CS_2	梱包材，紙材，潤滑油などのアウトガス	直接的には金属腐食に関与せず	水分・湿度，周辺環境の影響を受け，腐食性の強い硫化水素に変化する可能性がある
八硫黄(遊離硫黄) S_8	加硫ゴムなどのアウトガス	銀，銅，銅合金など	腐食性が強い 湿度に依存せず，温度により腐食が促進する

2.2　腐食試験について

2.2.1　塩害に対する信頼性試験

　塩害に対する品質評価として，一般的に広く知られている信頼性試験は塩水噴霧試験であり，この試験方法は JIS Z2371 にて定められている。「中性塩水噴霧試験」「酢酸酸性塩水噴霧試験」「キャス試験」の３つの試験方法があり(**表2**)，これらは腐食源として使用する塩溶液と一部の条件が異なる。中性塩水噴霧試験は最も一般的な試験であり，電気・電子製品に対する塩水噴霧試験方法である IEC 60068-2-11 においても，塩溶液として中性塩水が規定されている。酢酸酸性塩水噴霧試験は酸性雨を模擬した試験で，中性塩水に酢酸を混ぜ，pH を低下させることで腐食を促進させる効果があるが，国内ではあまり使用されていない。一方，キャス試験は酢酸塩水に高い還元性を持つ塩化銅(Ⅱ)を加えた塩溶液を使用し，反応性を高めている。これらは塩溶液を連続的に噴霧して腐食を促進させることを目的とした試験方法であり，耐食性の優劣比較や，品質管理を行う用途にて主に活用される。

　実環境中における腐食サイクルに類似した環境を再現するには，「塩水噴霧」「乾燥」「湿潤」「外気導入」を組み合わせた塩水噴霧サイクル試験(複合サイクル試験)が主流になっている(**表3**)。この複合サイクル試験の代表的な試験規格として IEC60068-2-52 があり，試験方法1～8 が定められている。それぞれ異なる条件下で腐食試験を実施するための手順が示されているが，試験方法7 が最も汎用性が高い。

　一方，塩害に対する製品の品質を担保するにあたり，規格試験を継続し，腐食発生レベルを見

— 107 —

第3章　腐食試験

表2　塩水噴霧試験規格例

試験方法	特　徴	主な評価対象	塩溶液	試験条件	試験時間
中性塩水噴霧試験 （JISZ2371 IEC60068-2-11）	最も一般的な耐食性試験	一般的な金属材料，めっき・塗装などの表面処理を施した金属材料，電気・電子製品	溶液：5%塩水 pH：6.5～7.2	連続噴霧 35 ± 2℃	製品規格または下記推奨試験時間 推奨：2, 6, 24, 48, 96, 168, 240, 480, 720, 1000 時間 IEC60068-2-11（中性塩水）推奨：16, 24, 48, 96, 168, 336, 672 時間
酢酸酸性塩水噴霧試験 （JISZ2371）	腐食性の強い環境で使用される場合の耐食性試験	一般的な金属材料，めっき・塗装などの表面処理を施した金属材料	溶液：5%塩水＋酢酸 pH：3.1～3.3		
キャス試験 （JISZ2371）	耐食性に優れる金属材料の腐食促進試験	アルミ合金，ニッケル・クロム系のめっき製品など	溶液：5%塩水＋酢酸＋塩化銅（Ⅱ） pH：3.1～3.3	連続噴霧 50 ± 2℃	

表3　塩水噴霧サイクル試験規格例

試験方法	主な評価対象	塩溶液	試験条件	推奨サイクル
方法1	海上，海岸で使用する製品 海上・海岸環境で大半を使用する製品 電気・電子製品 （例：船上レーダー，デッキ上の装置など）	中性塩水	①塩水噴霧：35 ± 2℃，2 時間 ② 湿 潤：40 ± 2℃，93 ± 3% RH，166 時間	①②を1サイクルとして計4サイクル
方法2	海上，海岸で使用する製品 時折，海上環境で使用するが通常は容器などによって保護されている製品 電気・電子製品 （例：ブリッジ，制御室で用いる装置など）		①塩水噴霧：35 ± 2℃，2 時間 ② 湿 潤：40 ± 2℃，93 ± 3% RH，22 時間	①②を1サイクルとして計3サイクル
方法3 方法4 方法5 方法6	塩分を含む大気と，乾燥した大気が頻繁に切り換わるような環境にさらされる製品 電気・電子製品 （例：自動車，自動車用部品など）		①塩水噴霧：35 ± 2℃，2 時間 ② 湿 潤：40 ± 2℃，93 ± 3% RH，22 時間 ③標準大気：23 ± 2℃，50 ± 5% RH，72 時間 （①②を4回繰り返した後に③を実施する。上記を1サイクルとして繰り返す）	試験方法3： 1サイクル 試験方法4： 2サイクル 試験方法5： 4サイクル 試験方法6： 8サイクル
方法7	塩分を含む大気と，乾燥した大気が頻繁に切り換わるような環境にさらされる製品 電気・電子製品 （例：自動車，自動車用部品，金属，めっき，コーティングなど一般的な材料）		①塩水噴霧：35 ± 2℃，2 時間 ② 乾 燥：60 ± 2℃，≦30% RH，4 時間 ③ 湿 潤：50 ± 2℃，≧95% RH，2 時間 （①～③を1サイクルとして繰り返す）	3，6，12，30，45，60，90，150，180 サイクル
方法8		酸性塩水		

— 108 —

第2節　腐食試験の概要と腐食評価技術

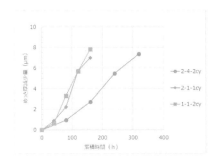

※口絵参照

図4　複合サイクル試験のWET率と溶融亜鉛めっき鋼板の腐食速度の関係

極めるための実力評価を行う場合があるが，試験期間の長期化により製品開発が遅れてしまうというリスクがある。そのため加速試験条件を確立し，短期間で腐食レベルを見極めることが期待されており，実際に試みた事例を以下に示す。

たとえば，試験方法7をベースとし，WET率（1サイクルに要する時間の内，供試品が濡れた状態となる時間比率）を高めることで試験時間を短縮することができる。これは，前述した腐食速度と水膜の厚さの関係より，腐食速度が大きくなることから加速することが可能となる。溶融亜鉛めっき鋼板を用いてWET率75％と50％にて複合サイクル試験を行ったところ（図4），前者の方がめっき減少速度が大きく，腐食は2倍程度の加速性を有する結果となった。

開発製品の品質評価では，顧客への試験結果の提示の必要性や納得性において，公的試験規格や，もしくは業界特有のユーザ規格を用いることを求められることが多いが，このような加速試験条件は，開発構想段階における材料選定時のスクリーニング技術として活用できる。今回は溶融亜鉛めっき鋼板を材料に，WET率に着目した加速試験の事例を挙げたが，他パラメータを含めたさらなる加速試験条件の検討を試みたい。

2.2.2　硫化腐食に対する信頼性試験

硫黄系ガスに対する品質評価では，硫化水素，二酸化硫黄による単ガス試験の他，それらに二酸化窒素や塩素を加えた混合ガス腐食試験が一般的に用いられる。これらの腐食性ガスを用いた試験には，さまざまな試験規格が存在し，その中でも代表的なものとして，IEC60068-2-42，IEC60068-2-43，IEC60068-2-60が挙げられる（表4）。

IEC60068-2-42（二酸化硫黄）およびIEC60068-2-43（硫化水素）は，接点および接続部の腐食評価を行うための加速試験方法として定められている。特に，電子機器に搭載される接点部品は，端子金属が露出している場合が多く，腐食性ガスの影響を受けやすい。金属腐食による性能劣化を接触抵抗測定にて定量化できることから，電子機器の品質評価，部品・材料の優劣比較や，品質管理を行う用途で多くの企業に活用されている。

IEC60068-2-60（混合ガス）は，製品が設置される実環境によっては，複数種のガスが混在し得る可能性があるため，2種類以上の腐食性ガスを組み合わせた4種の混合ガス試験方法が定められている。これらの試験はガス濃度が希薄であるものの，より実環境を模擬しており混合ガスの

第3章　腐食試験

相互作用により腐食を促進させることを意図している。

　他の混合ガス腐食試験の代表例として，JEITA ED4912-B には，LED パッケージの硫化腐食試験が定められている。これは，LED パッケージ内部に用いられる銀および銀合金の硫化腐食による光束低下を評価するための加速試験方法である。この試験は硫化水素および二酸化窒素を用いた混合ガス腐食試験となっており，IEC60068-2-60 とは異なる。IEC60068-2-60 の試験方法3をベースとし，硫化水素と二酸化窒素のガス比を1：2に維持したまま，ガス濃度を20倍とした加速条件となっている。試験方法3には塩素ガスが含まれているが，試験槽内に残留し塩素化合物を完全に完全に除去できない課題があるため，この規格では塩素ガスは除外された。また，とある LED パッケージの混合ガス腐食試験によると，試験方法3での腐食分析結果，塩化銀の生成は少なく主に硫化銀が生成されることから塩素ガスは除外した，と報告されている[2]。

表4　ガス腐食試験規格例

試験方法		主な評価対象	試験条件		試験時間
二酸化硫黄試験 （IEC60068-2-42）		電子部品類，接点，接続部品（スイッチ，コネクタ，ソケット，端子めっきなど）	SO_2：25 ± 5 ppm	25 ± 2℃，75 ± 5% RH	製品規格または下記推奨時間 推奨：4，10，21 日間
硫化水素試験 （IEC60068-2-43）			H_2S：10〜15 ppm	40 ± 2℃，80 ± 5% RH	
混合ガス流腐食試験 （IEC60068-2-60）	方法1	電気・電子製品類，接点，接続部品，電子部品類（スイッチ，コネクタ，ソケット，端子めっきなど）	① H_2S：100 ± 20 ppb ② SO_2：500 ± 100 ppb	25 ± 1℃，75 ± 3% RH 40 ± 1℃，80 ± 3% RH	推奨：4，7，10，14，21 日間
	方法2		① H_2S：10 ± 5 ppb ② NO_2：200 ± 50 ppb ③ Cl_2：10 ± 5 ppb	30 ± 1℃，70 ± 3% RH 40 ± 1℃，80 ± 3% RH	
	方法3		① H_2S：100 ± 20 ppb ② NO_2：200 ± 50 ppb ③ Cl_2：20 ± 5 ppb	30 ± 1℃，75 ± 3% RH 40 ± 1℃，80 ± 3% RH	
	方法4		① H_2S：10 ± 5 ppb ② NO_2：200 ± 20 ppb ③ Cl_2：10 ± 5 ppb ④ SO_2：200 ± 20 ppb	25 ± 1℃，75 ± 3% RH 40 ± 1℃，80 ± 3% RH	
LED 混合ガス腐食試験 （JEITA ED4912-B）		LED パッケージ	① H_2S：2 ppm ② NO_2：4 ppm	40 ± 2℃，75 ± 5% RH	製品規格による

　2.2.1 にて示した複合サイクル試験での WET 率変化（サイクル時間の変化）による加速は，腐食機構を崩さずに加速させることが可能と考えるが，ガス腐食試験でのさらなる加速試験条件を導くことは難しい。ガス腐食試験での主なパラメータは，温度，湿度，ガス濃度となるが，温度は化学反応速度を変化させ，高いほど腐食反応が促進される。湿度は金属表面に水分を吸着させ

— 110 —

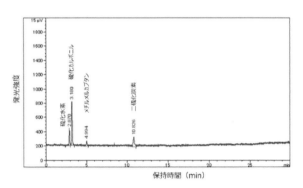

図5 化学発光硫黄検出ガスクロマトグラム

て金属をイオン化し腐食反応を促進させる作用があり，一般的に相対湿度が60～70％から水分吸着が増大するといわれている[3]。また，ガス濃度は硫化物イオンなど腐食性物質の発生量に比例する。したがって，温度，湿度，ガス濃度が高ければ加速性が高いと考えられる反面，温度が高ければ水分に対するガスの溶解度が減少することや，IEC60068-2-46（接点及び接続部の硫化水素試験－指針）によると，規格試験条件で定められたガス濃度以上とした場合，実環境とは異なる腐食生成物が生じることが論じられていることから，さらなる加速試験条件を導出することが課題となっている。

　また，市場でのガス腐食による不具合を再現するにあたっては，腐食箇所の形態観察や元素分析による腐食性物質の特定と製品設置環境を調査する必要がある。規格試験条件を用いた再現試験を実施する場合もあるが，その条件と実環境とでは大きく乖離していることがあるため，不具合に至った環境条件，すなわち，温度，湿度，ガスの種類，濃度，期間などを把握することが重要な要素となる。製品の設置環境のガス種とガス濃度の特定には，現場環境の大気や製品内のガスを捕集し，ガスクロマトグラフなどによる分析（図5）を行う。その結果を参考に，曝露環境を模擬した再現条件を検討し，腐食機構を再現できる試験条件の設定が必要となる。

3. 腐食評価技術

　腐食は金属や非金属材料が環境要因によって劣化する現象であり，腐食評価技術はその現象を評価し，材料や製品の耐久性や耐食性を高め，寿命や安全性を確保するために活用される。2.1で前述した塩害や硫化腐食あるいは腐食試験の結果，製品の美観や強度低下，さらには，断線故障や電気抵抗の増加など，安全上の問題へと発展するリスクも想定されることから，要因ごとに分類して不具合の原因を明らかにすることは必要不可欠である。

　たとえば，塩害の場合，海浜地域に設置される製品の初期腐食は，表面近傍のみにとどまり，顕著な強度低下は認められないことがある。しかしながら，腐食がその後加速し，局部腐食が深部にまで到達してしまったり，応力腐食割れが進行してしまったりすると，外観上の不具合はわずかであっても，著しく強度低下することも起こり得る。目に見える変化点だけではなく，評価装置を用いて腐食状態そのものを解析し，腐食発生メカニズムを解明することは，防食対策を行

第 3 章　腐食試験

う上でも極めて重要である。

　また，硫化腐食の場合，製品の接点表面の凸凹の増大により接触面積が減少して抵抗値が増加したり，腐食生成物が絶縁不良を引き起したりすることがあるが，塩害の場合と同様に，腐食発生メカニズムを解明すれば，硫化対策に応用することができる。

　腐食評価技術には，外観観察や断面観察，元素分析や状態分析などさまざまな手法や試験が含まれる。一般的な腐食評価の手順を以下に示す。

(1)評価対象の選定

　塩害や硫化腐食が認められた実際の製品あるいは信頼性試験を実施した試験片を選定する。

(2)使用環境などの情報収集

　製品が使用されていた実際の環境あるいは試験環境の状況を把握する。塩害や硫化腐食の発生状況，環境条件，製品の設置状況などの情報収集を行う。

(3)評価および解析

　評価装置を用いて分析し，製品や試験片の腐食進行状況や耐久性を評価する。

(4)対策の検討

　製品の設計，製品の改良や防食機能の付与，使用環境の見直しを行う。

3.1　腐食原因解析：状態観察

　腐食原因解析は，現物の状態観察から実施することが常である。状態観察では，以下のように評価を進める。

(1)腐食発生箇所および周辺の外観観察

　どのようなパターンで腐食が発生しているか，表面の変色や異常な形状変化の有無を観察する。

(2)環境条件の把握

　腐食が発生している箇所の周囲の環境条件(湿度，温度，化学物質の影響など)の情報を収集し，影響を推測する。

(3)腐食生成物の観察

　腐食生成物そのものを観察し，腐食発生メカニズムを推測する。

3.2　腐食原因解析：元素分析，同定分析

　腐食の原因解析において元素分析は重要な手法であり，一般に以下のような方法が用いられる。

(1)腐食物の元素分析

　腐食発生箇所の表面から試料を採取し，X線蛍光分析装置(X-ray fluorescence analysis：XRF)やX線マイクロアナライザ(X-ray MicroAnalysis：XMA)などにより，元素組成を把握することで腐食発生メカニズムや原因となる物質を特定する。XMAでは，一般的に，高い加速電圧を設定するとより深い箇所の情報が得られるが，表面付近の情報が低下する傾向がある。一方，低い加速電圧に設定すると，深い箇所からの情報を得ることが難しくなる。そのため，最表面の状態分析には，後述するX線光電子分光分析装置による評価が必要となる。

— 112 —

(2) 腐食物の同定分析

　腐食原因解析における同定分析の1つとしてX線回折装置(X-ray diffractometer：XRD)により，物質の結晶構造や結晶性の情報を得ることができる。腐食が発生している箇所から試料を採取して表面に付着している腐食物や変質物を除去し，測定試料を得ることが重要で，粉末状にしたり，薄膜状にしたりするなどして，X線を試料に照射できるようにすることが多い。

3.3　腐食原因解析：極表面の状態分析

　塩害や硫化腐食以外でも，酸化による腐食については極表面を状態分析する必要があり，X線光電子分光分析装置(X-ray Photoelectron Spectroscopy：XPS)によるナノメートルオーダーの評価にて判明する不具合もある。XPSは表面分析技術の1つであり，表面の元素組成や化学状態を非常に高い分解能で解析することができる。

　調製した試料にX線を照射して光電子を励起した後，光電子の運動エネルギーを測定し，元素の組成と化学状態(金属の状態または酸化や硫化の化合物の状態)を解析して，腐食発生メカニズムを推測する。

　XPSにより，導通不良を原因解析した事例を以下に示す(図6)。スイッチやリレーの接点材料には銀が使用されることが多いが，使用環境によっては接点表面で硫化や塩化が発生して，導通不良を引き起こす場合がある。銀接点の表面分析を行ったところ，数％の硫黄が検出され，一部の銀が硫化していることを確認し，わずかな硫化であっても導通不良を起こす原因となることを明らかにした。

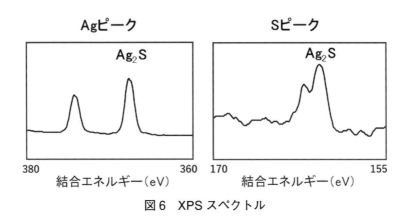

図6　XPSスペクトル

　腐食発生メカニズムの解明に必要となる評価項目，評価内容および評価装置の一例を，**表5**にまとめる。

第3章　腐食試験

表5　製品および試験片の評価項目，評価内容と装置

	評価項目	評価内容	評価装置または試料前処理装置
塩害	①腐食の有無	状態観察	実体顕微鏡，光学顕微鏡，走査電子顕微鏡
	②腐食量	面積	実体顕微鏡，光学顕微鏡，走査電子顕微鏡
		体積，質量	密度測定装置，分析天秤
	③腐食深さ(減肉量)	断面観察	試料研磨機(樹脂包埋など)
	④クラックの有無	超音波探傷	超音波探傷計
		断面観察	試料研磨機(樹脂包埋)などの試料前処理装置
	⑤腐食物の解析	元素分析	蛍光X線分析装置
			X線マイクロアナライザ
		同定分析	X線回折装置
硫化腐食	①腐食の有無	状態観察	実体顕微鏡，光学顕微鏡，走査電子顕微鏡
	②接触抵抗の有無	抵抗値測定	抵抗計
		元素分析	X線マイクロアナライザ
			オージェ電子分光装置
		同定分析	X線回折装置
		状態解析	X線光電子分光分析装置

3.4　腐食原因解析における注意点

　腐食原因解析においては，以下の点に注意が必要である。

(1)試料の採取

　腐食状態には分布があることが多いため，試料の採取には注意が必要である。採取した試料が実際の状況を正確に反映していない場合，元素分析の結果が誤った方向に導かれる可能性があるため，分布のある腐食状態を複数箇所確認する。

　また，腐食が発生している箇所だけでなく，周辺の非腐食箇所から試料を採取し同様に分析を行い，腐食箇所と非腐食箇所の比較から腐食原因を特定できることがある。

(2)汚染の防止

　試料を採取する際には，外部からの汚染を避けるために清潔な手袋や道具を使用し，十分な注意を払う必要がある。特に，極表面のナノメートルオーダーの分析を行う場合には，汚染の影響を最小限に抑える。

(3)試料の保存

　採取した試料はそのままの状態で変化しないように適切な方法で保存する必要がある。適切な密封容器や保存条件を選択し，試料の品質を保持する。

4. おわりに

　製品の品質評価において，塩害と硫化腐食に関する信頼性試験や腐食評価技術は製品の長期信頼性，安全性を確保するためには重要な要素であり，製品が実際に使用される環境を考慮するこ

とで，より現実的な評価を行うことができる。材料選定や製品の設計段階から，品質管理や保守管理に至るまで幅広く活用されることにより，耐食性の高い材料を選定することができ，防食処理を施すなどの適切な対策を取ることで製品の寿命を延ばしたり，腐食による損害を最小限に抑えることが可能となる。

産業界や研究開発分野において，企業の競争力を高め，信頼性の高い製品を市場に提供することは，顧客の信頼を得るためのキーファクターであり，企業のブランド価値の向上にも寄与している。

文　献

1）篠原正：大気腐食評価手法に関する最近の進歩，表面科学，**36**(1)，4(2015).

2）日亜化学工業㈱：LED 硫化現象について，6(2023).
https://led-ld.nichia.co.jp/jp/product/led_library.html

3）森河務：電子部品の腐食損傷と分析，2(1998).

第3章 腐食試験

第3節　腐食促進試験機の開発

スガ試験機株式会社　長谷川　和哉　　スガ試験機株式会社　須賀　茂雄

1. 腐食促進試験の歴史

1.1　腐食促進試験の始まり

　腐食促進試験の始まりは今より100年以上前の1914年に米国のNBS（National Bureau of Standard，（現）NIST，National Institute of Standards and Technology）の研究者 J. A. Capp 氏が ASTM（American Society for Testing and Materials，（現）ASTM International）の年会で公表した塩水噴霧試験とされている。元々めっきなどの表面処理皮膜の良否判定に水を噴霧した試験を利用していたが，その後，海岸付近の懸垂トロリー線に使用している機器が内陸の物より多く故障していることから噴霧溶液を水から塩溶液に変更した塩水噴霧試験を提案したとされる[1]。この試験方法は試験条件と試験機の確立に長い期間を費やし，1954年に ASTM B117-54T（54は1954年制定を，Tは暫定的を意味する）として現在の試験規格に近いものが制定された[2]。なお，現代においてはこの塩水噴霧試験から発展しさまざまな試験方法が登場しているので誤用を避けるため，噴霧する溶液の pH が中性の塩水であることから中性塩水噴霧試験と呼んで区別している。

　日本国内においては戦後にGHQが腐食促進試験を含んだウェザリングの重要性を説き，1955年に ASTM B117-54T をベースにした塩水噴霧試験の規格 JIS Z 2371 が発行された。またGHQは塩水噴霧試験機の購入も検討し，当社（東洋理化工業（株），現スガ試験機（株））が1956年に国産第1号の塩水噴霧試験機を販売した（図1）。初期の塩水噴霧試験機は噴霧を壁面に当て，噴霧が試験片に降りかかる壁当て方式となっていたが，1960年代後半に開発した噴霧塔による噴霧

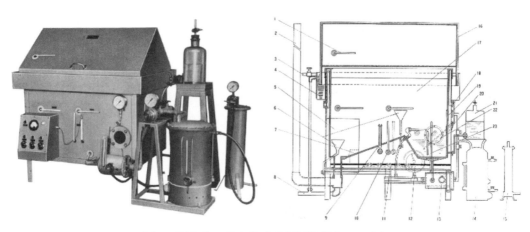

図1　国産第1号の塩水噴霧試験機（1956年）

— 116 —

方式が噴霧の方向性の問題がないことから現在の主流となっている[3]。

1.2 塩水噴霧試験の発展

中性塩水噴霧試験では耐食性のめっき皮膜の評価に長期間要することから，氷酢酸を塩溶液に加え，pH3.2に酸性化して腐食性を向上させた酢酸酸性塩水噴霧試験が1945年に提案され，1962年にASTM B287として制定された。さらに銅-ニッケル-クロムなどのめっきの品質向上に対応するために酢酸酸性塩水噴霧試験より腐食性の高い試験として，酢酸酸性溶液に塩化第二銅二水和物を0.26 g/L加えた試験方法が登場した。こちらの試験方法は英名Copper accelerated Acetic acid Salt Spray testの頭文字をとってCASS，キャス試験と呼ばれる。このキャス試験も酢酸酸性塩水噴霧試験と同様に，1964年にASTM B368として制定されている[4]。現在はこれらの試験を基にしたISO 9227(中性塩水噴霧試験，酢酸酸性塩水噴霧試験，キャス試験の3つが規定されている)が世界中で使用されている。

1970年代に入ると融雪塩(路面凍結防止剤)による世界的な自動車の塩害が問題となり，1970年代後半より自動車防錆基準としてカナダコードが採用された。その後，欧州防錆基準ノルディックコード，1980年代後半には米国BIG3の防錆基準が導入されるなど，世界的に腐食対策が急務な課題となった。これらに対応するべく世界各国で，市場で発生する錆を再現する研究が取り組まれた。

日本国内では塩水噴霧以外に乾燥，湿潤といった腐食因子を加え，一連の試験として繰り返し行う複合サイクル腐食試験が自動車産業を中心に検討され，条件の異なる各種のサイクル法が開発された。1987年に(公社)自動車技術会にて自動車メーカーや関連企業の参加の下，試験方法一本化を目的に実験と検証が行われ，1991年に自動車用材料を対象にしたJASO M609が制定された(2024年の改正に伴い試験条件が変更)。また，翌年の1992年には自動車の外観腐食を対象としたJASO M610が制定された(2024年にJASO M609に統合され廃止)。その後，JISやASTM，DIN(ドイツ規格)に複合サイクル試験が登場した。複合サイクル試験の爆発的な普及と共に試験機も塩水噴霧・乾燥・湿潤試験を1台で行えるコンパクトなものを開発した(図2)。

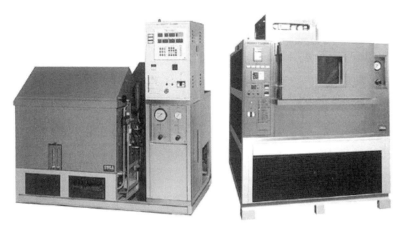

図2 複合サイクル試験機(1980年代後半)

1.3 腐食性ガスによる腐食促進試験

　塩化物を試験片に供給することで腐食を促す塩水噴霧試験とは別に，腐食性ガスによって腐食を促す試験が行われている。腐食性ガスによる腐食試験は大きく封入方式と定流量方式の2つに分かれる。

　まず封入方式のガス腐食試験は1951年にドイツのKesternich氏がSO_2用試験槽を用いた研究について報告している。その後，1963年にドイツ規格 DIN 50018 として制定された。通称 Kesternich（ケステルニッヒ）試験と呼ばれるガス腐食試験である。この試験方法は表面層の欠陥を迅速に評価するため，またSO_2を凝縮した空気中における同種の保護膜の耐久性を比較するために適しているとされる。半密閉型の試験槽を湿度100% RH の飽和環境にした上で高濃度のSO_2ガスを加え，一定時間経過後にガスをパージし実験室環境にさらす試験方法となっている。日本国内では実績が少ない試験ではあるものの，欧州では現在も良否判定試験の1つとして使用されているようである。めっき分野ではこの DIN 50018 を基にした ISO 6988 が1985年に制定され，現在では ISO 22479：2019 Corrosion of metals and allows - Sulfur dioxide test in a humid atmosphere（fixed gas method）として運用されている。

　定流量方式のガス腐食試験は1960年代に入り，世界的に重化学工業や都市交通の発達に伴って増加したSO_2，H_2S，NO_2，Cl_2，NH_3などのガスによる金属製品・表面処理皮膜などの腐食や電子機器・部品の接点腐食による動作不良に対応する試験として発展した。この当時の試験機を図3に示す。定流量方式はSO_2ガスやH_2Sガスといった腐食性ガスを一定流量空気と共に結露のない試験槽へ導入し，常に一定濃度で試験を行うものである。先に紹介した封入式のガス腐食試験とは，試験槽内に結露した水分などが存在するか否かが大きく異なっている。1976年に IEC 60068-2-42（SO_2ガスによる腐食試験）と IEC 60068-2-43（H_2Sガスによる腐食試験）が制定され，その後，主な腐食性ガスを混合させることで腐食に対する相乗効果が期待されるとして1990年に IEC 60068-2-60 が制定された。IEC 60068-2-60 は最大4種類の低濃度ガス（SO_2, H_2S, NO_2, Cl_2）を混合させた環境に試験片をさらす試験となっており，混合ガス試験やMFG（Mixed

図3　ガス腐食試験機（1972年）

Flowing Gas）テストと呼ばれている。IEC 60068-2-60 の Method 4 に規定されている 4 種混合ガス腐食試験が国内・国外共に多く行われている。また，翌年の 1991 年には ISO 10062 が IEC 60068-2-60 を参考に制定されている。

1.4 腐食促進試験の目的

腐食促進試験の祖となる塩水噴霧試験は，より短期間で皮膜の良否判定ができることを目的に開発されたものである。その後，技術の進歩と共に皮膜の耐食性が向上すると，酢酸酸性塩水噴霧試験やキャス試験などのより促進性を高めた試験方法が開発された。一方，複合サイクル試験は塩水噴霧の他に乾燥・湿潤といった異なる試験条件を加えたサイクル環境下に試験片をさらすことで，大気暴露による腐食を再現することを目的としている。前者は主に品質管理に現在も多く使用され，後者は市場での腐食問題の解明手段や材料の寿命検証に用いられることが多い。ガス腐食試験についても同様で，封入方式が前者，定流量方式が後者を目的に使用されることが多い。

2. 現状の腐食試験規格について

2.1 規格について

腐食促進試験を行うにあたり重要なのは「世界中の誰が何処で試験を行っても試験片が同じであれば同列の評価が可能」という点である。この同じ試験を行えるようにルールを決めているものが規格である。規格には国際規格と国家規格，団体規格などがあり，国際規格は ISO や IEC，ASTM などが該当し，国を跨いだ商取引などで利用されている。国家規格はその国で定めている規格であり，ANSI，BS，DIN，JIS などが該当する。JIS は国内や日系企業との商取引に利用されることが多いが，1990 年代半ばより WTO（世界貿易機関）の TBT 協定により，貿易の技術的障害を削減・撤廃するために国際規格との整合化が図られている。団体規格はその産業における商取引に用いられ，JASO や VDA などが該当する。また，各企業が規格を定めており，その企業と関連企業との間で商取引に利用される場合もあり，試験条件は非公開になっている。

2.2 現状の腐食試験規格

現状の腐食試験規格の一例を**表 1**に示す。

第3章　腐食試験

表1　腐食試験規格の一例

規　　格	種　　別	内　　容
ISO 9227	塩水噴霧試験	塩水噴霧試験として①中性塩水噴霧試験，②酢酸酸性塩水噴霧試験，③キャス試験の3つの試験方法が記載されている
ISO 14993	複合サイクル試験	主に融雪塩への対応とされ，自動車産業の他に建材などにも用いられる
ISO 16151	酸性雨サイクル試験	酸性雨へ対応した複合サイクル試験。A法，B法が規定されている
ISO 11997-1	複合サイクル試験	塗膜を対象とした複合サイクル試験。A～D法の4つの試験方法が規定されている
ISO 11997-2	複合サイクル試験＋促進耐候性試験	塗膜を対象とした複合サイクル試験。促進耐候性試験が加わった複合サイクル試験
ISO 11997-3	複合サイクル試験	VDAの複合サイクル試験を基に作成された複合サイクル試験
ISO 12944-9	複合サイクル試験＋促進耐候性試験	海洋鋼構造物に対する防食塗装システムを対象とした試験。促進耐候性試験が加わった複合サイクル試験
ISO 16539	複合サイクル試験	絶対湿度が一定，付着塩量を制御することを特徴とした複合サイクル試験
ISO 22479	ガス腐食試験（封入方式）	SO_2ガスを湿度約100%RH環境に封入する封入方式のガス腐食試験
ISO 10062	ガス腐食試験（定流量方式）	単独ガス試験のMethod A～Cと混合ガス試験のMethod D～Fが規定されており，また，日本や東南アジア向けに40℃，80%RHの条件が併記されている
IEC 60068-2-11	塩水噴霧試験	電気電子部品の中性塩水噴霧試験
IEC 60068-2-42	ガス腐食試験（定流量方式）	SO_2ガスの定流量方式のガス腐食試験
IEC 60068-2-43	ガス腐食試験（定流量方式）	H_2Sガスの定流量方式のガス腐食試験
IEC 60068-2-60	ガス腐食試験（定流量方式）	複数のガスを混合した定流量方式のガス腐食試験。Method 1～4の4つの試験方法が規定されている
JASO M609	複合サイクル試験	1991年のJASO M609と2016年のJASO M610の規格を統合し，2024年にA～C法の試験サイクルが規定されている。A法，B法は外観腐食試験に用いられ，C法は穴あき腐食試験に使用される
JIS Z 2371	塩水噴霧試験	塩水噴霧試験として①中性塩水噴霧試験，②酢酸酸性塩水噴霧試験，③キャス試験の3つの試験方法が記載されている
ASTM B117	塩水噴霧試験	中性塩水噴霧試験が規定されている
DIN 50018	ガス腐食試験（封入方式）	SO_2ガスを湿度約100%RH環境に封入する封入方式のガス腐食試験。ISO 22479に規定されている
VDA 621-415	複合サイクル試験	1982年に制定された複合サイクル試験。ISO 11997-1のB法として規定されている
VDA 233-102	複合サイクル試験	試験が勾配状に移行制御される複合サイクル試験。ISO 11997-3に規定されている

－ 120 －

3. 腐食促進試験方法の発展と試験機の開発

3.1 腐食促進試験方法の発展

3.1.1 酸性雨への対応[5]

　1990年代は酸性雨の問題が大きく取り上げられた時代であり，この問題に対応するべく酸性雨サイクル試験がJIS H 8502，JIS G 0594に規定された。この試験サイクルは従来の複合サイクル（JASO M 609:1991）を基本とし，50 g/LのNaCl溶液や薄めた人工海水に硫酸と硝酸を加え酸性化したものが試験溶液として用いられている。日本からISOへ本試験を提案した結果，2005年にISO 16151のA法，B法として制定された。

3.1.2 ガス腐食試験の日本および亜熱帯地域への適用

　ガス腐食試験として1991年に規定されたISO 10062の温度・湿度条件は，25℃，75% RHと欧州向けの温和な条件となっており，日本および亜熱帯の国々における厳しい環境の下で使用される材料に適用する試験として適切ではないという問題があった。この問題に対し，日本国内で取得したデータを基に改正提案を行った結果，2006年の改正時には40℃，80% RHの亜熱帯地域の環境に対応した試験条件が併記されることとなった。現在では，IEC 60068-2-60でも改正により40℃，80% RHの試験条件が試験当事者間の合意によって選択できるようになっている。

3.1.3 絶対湿度一定条件下での腐食促進試験

　近年腐食促進試験の主流となっている複合サイクル試験を，より屋外暴露の結果に近づけることを目標に，実際の環境が昼夜で絶対湿度一定であることに注目して試験方法が考案された。ある特定量の塩化物を試験片へ吹き付け，試験片を乾燥－湿潤環境へさらし，乾燥から湿潤などの移行期にも絶対湿度が一定になるように配慮された試験方法となっている。従来の複合サイクル試験より促進性は劣るものの，市場で発生する錆の再現性の高い試験方法として2013年にISO 16539としてA法，B法が制定された。A法がステンレス鋼などを対象とした試験サイクルが組まれており，B法は表面処理鋼板などを試験対象にした試験サイクルが組まれている。

3.1.4 VDAの複合サイクル試験

　VDA 621-415は，ドイツの自動車業界団体VDA（Verband der Automobilindustrie）で制定された複合サイクル試験で，欧州で広く用いられている他ISOではISO 11997-1のB法として採用されている。このVDA 621-415の試験方法が見直され，2013年にVDA 233-102が新たに制定された。この試験は，24時間のA, B, C試験を組み合わせて1週間の試験サイクルを構成している。また，試験条件として塩水噴霧による塩付着によって温度・湿度制御への影響がある中，乾燥から湿潤などへの移行中にも温度，湿度勾配によって制御することが要求されており，従来の試験と比べ試験機の制御に対する要求が厳しくなっている。この試験方法は，ISO 11997-3として2022年に制定されている。

3.1.5 腐食促進試験プラス促進耐候性試験

塗装された試験片などは太陽光などの紫外線などの耐候劣化によって塗膜が劣化し，その劣化を起点に腐食が発生することがある。この劣化を再現するべく促進耐候性試験と複合サイクル試験を組み合わせた試験が考案され，一般的な塗料に対する耐食性の求め方として ISO 11997-2，海洋鋼構造物に対する防食塗装システムの試験方法として ISO 12944-9, Annex B にそれぞれ規定されている。ISO 11997-2 は 2000 年制定の第 1 版では紫外線蛍光ランプによる耐候劣化が規定されていたが，2013 年の改正で一般的に促進耐候性試験として用いられるキセノンアーク灯，サンシャインカーボンアーク灯が追加されている。これらの試験は通常複数台の試験機を用いて試験を行うが，図 4 のように 1 台の試験機によって全自動で試験を行う試験機を開発している。

図 4　ISO 12944-9, Annex B に記載の試験が 1 台で可能な複合サイクル試験機

3.1.6 JASO M609:2024

JASO M609 は 1991 年の制定以降，ISO 14993 や IEC 60068-2-52，JIS H 8502 などのさまざまな規格で試験サイクルが引用されている。しかし，規格制定から 30 年以上経過していることから，(公社)自動車技術会の下，自動車メーカーや関連企業が参加し，試験内容の見直しが行われ，2024 年に新しい試験規格 JASO M609：2024 に改正された。新しい JASO M609:2024 では，自動車材料(JASO M609:1991)と外観腐食(JASO M610:2016)で分かれていた規格を 1 つに統合し，旧規格の試験サイクルに代わり A〜C 法の試験サイクルを新たに規定した。これに伴い JASO M610 は廃止となった。

A 法，B 法は外観腐食試験に用いられる試験方法で，A 法では塩水付与(塩溶液を試験対象物に付着させる工程)は塩水噴霧のみであるが，B 法では塩水噴霧と塩水シャワーを選択できるようになっている。また，C 法は穴あき腐食試験に用いられる試験方法で，塩水付与は塩水噴霧，塩水シャワーに加えて塩水浸漬から選択できるようになっている。

なお，この改正検討における技術的背景および取得した各種データは，JASO M609 と同時に改正された JASO TP 91001:2024 に掲載されている。

3.1.7 ISO 9227:2022

塩水噴霧試験が規定されている代表的な ISO 規格である ISO 9227（Corrosion tests in artificial atmospheres - Salt spray tests）が 2022 年に改正された。試験条件に変更がないものの，試験片を試験槽内の試験条件を満たす位置に設置することが追加された。これに伴い，試験機の設置やメンテナンス後には噴霧採取容器を試験槽内の中央 2ヵ所に加えて，試験片が設置される位置の四隅に設置して噴霧量を確認するように規定が変更された[4]。この ISO 9227 の 2022 年改正のように試験条件が変更されなくとも試験の精度をより向上させるための変更が近年行われている。

3.2　近年の腐食促進試験機の開発
3.2.1　試験機の大型化・小型化

近年，大型の試験機の需要が増えてきている。昔と比べ製品にさまざまな電子部品などが搭載され複雑化しており，アッセンブルされた製品に対して腐食にどのような影響を与えるのか確認を行う必要があるなどといった理由から，製品をそのまま試験機へ設置して試験を行う事例が増えてきている。図 5 は超大型の複合サイクル試験機とガス腐食試験機の例である[6]。

他にも，電気自動車やハイブリット自動車の開発の中でリチウムイオンバッテリーなど，100 kg を超える大型部品の試験要望から製作した試験機が図 6 である。本装置は上蓋開閉の他に大型部品をフォークリフトに載せたまま設置できるように正面に両開きの扉を設けたものである。

一方，小型の製品（部品）に対して腐食促進試験を行う場合，従来の試験機では装置のサイズが大きく無駄になるスペースが大きい。そこで，試験を効率良く行うために設置スペースを削減した小型塩水噴霧試験機を 2017 年に開発した（図 7）。この装置は卓上に設置できるサイズであり，排水・排気などの従来腐食促進試験機を設置する上で必要な設備工事がなく，電源も一般的な家庭用 100 V コンセントで稼働できるようにした。これにより大学研究室や一般的なオフィスのデスク上でも試験が可能な試験機となった[7]。

 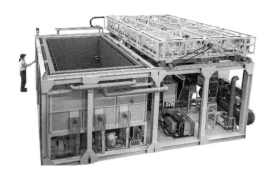

図 5　超大型の複合サイクル試験機（左），超大型のガス腐食試験機（右）

第3章　腐食試験

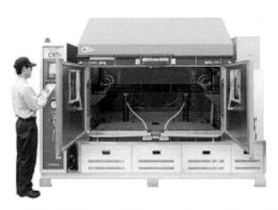

図6　正面に両開きの扉を設けた大型複合サイクル試験機

図7　小型の塩水噴霧試験機

3.2.2　試験槽入れ替え式のガス腐食試験機

　ガス腐食試験において，塩素は試験槽に残留し試験結果に影響を与える場合がある。たとえばIEC 60068-2-60 にも，規格の附属書中に「塩素を含有する試験に一度用いられた試験槽及び配管は，塩素を含有する試験にだけ用いることが望ましい」といった記載がある。これらの記載に基づいて正確な試験を行うためには Cl_2 ガスにさらす試験機とさらさない試験機の2台を用意する必要が出てくる。この場合，設置場所の確保や初期投資費用もかさみ試験を行う側の負担増になってしまう。そこで試験機の試験槽のみを入れ替えることで，試験機1台で Cl_2 有・無の両方の試験に対応したガス腐食試験機を2016年に開発した（図8）。

3.2.3　下方塩霧吹付用ノズル付き複合サイクル試験機

　幅，奥行き，高さが2.5 mの大型の複合サイクル試験機に，従来の噴霧塔方式による塩水噴霧試験の他に下方塩霧吹付ノズルを24個設置することで，試料の下側への塩霧吹付を可能とした。下方塩霧吹付ノズルは自在に位置が変更できるので任意のポイントで塩霧吹付が可能となっていて，実環境にて製品の下側や裏面に塩付着する環境を再現することができる試験機となっている（図9）。

第3節　腐食促進試験機の開発

図8　試験槽入れ替え式ガス腐食試験機

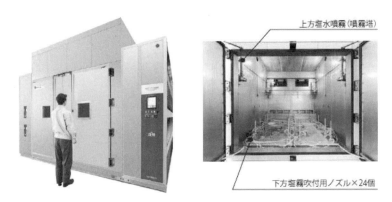

図9　下方塩霧吹付用ノズル付き複合サイクル試験機

3.2.4　腐食促進試験機プラス動的試験機

　実環境では，試料に応力がかかった状態で使用されている場合も多い。この応力下における腐食の試験需要も高まっている。引張や振動などの応力を付与させながら，塩化物を試料に供給し，乾燥・湿潤といったサイクルを行う複合サイクル試験機である。破断やき裂につながる腐食の確認に用いられている。また，駆動部に用いられるゴム部品と金属部品を組み合わせた複合部品などに対し，腐食因子としてオゾンを加え，ゴム部品の劣化に伴う金属腐食を試験する試験機も開発している。

4．まとめ

　これまで述べてきたように，腐食促進試験は製品材料の進化と共に新たな試験方法が考案され，見直されてきた。生み出された腐食促進試験方法に伴い，試験精度の向上が求められるようになり，それを実現する試験機を開発している。

第3章　腐食試験

文　献

1) J.A.Capp：ASTM，**14**，474（1914）.

2) 石川雄一，須賀茂雄：スガテクニカルニュース「腐食基礎講座」，**256**，10（2021）.

3) 石川雄一，須賀茂雄：スガテクニカルニュース「腐食基礎講座」，**259**，6（2022）.

4) 石川雄一，須賀茂雄：スガテクニカルニュース「腐食基礎講座」，**263**，5（2023）.

5) 須賀蓊：塗装工学，**28**(8)，39（1993）.

6) 井上純：TEST，**66**，22（2023）.

7) （公財）日本発明振興協会：発明と生活，**612**，12（2020）.

第4章

寿命予測

第4章　寿命予測

第1節　AIによる金属材料の腐食予測システムの開発

株式会社ベストマテリア　木原　重光　　合同会社設備技術研究所　松田　宏康

1. はじめに

　金属材料で構成される構造物の経年的破損は，金属材料の劣化損傷の進展によって発生する。金属材料の長い使用の歴史の中で，私たちは，腐食を含む金属材料の使用中の経年的劣化損傷をほぼ経験し尽くした。しかし，この知識は専門家の中の暗黙知となっている部分が大きい。暗黙知は，経験的に使っている知識だが簡単に言葉で説明できない知識のことで，経験知とも呼ばれる。対する言葉として，形式知があり，文章や計算式，図表などで説明できる知識と定義されている。

　AI（人工知能）技術は，近年急速な進歩を遂げて，熟練技術者の減少と相まって，あらゆる分野でAIの活用が必要となっている。AIには，大きく分けてルールベース型と機械学習・ディープラーニング型がある。ルールベース型AIとは，エキスパートが定義した一連のルールに基づいて意思決定を行うAIの一種である[1]。機械学習やディープラーニングのように自律的にデータから学習するのではなく，あらかじめ設定されたルールに従って動作するため，その判断プロセスは透明性と一貫性に優れている。一方，機械学習，ディープラーニングおよび生成AIは，大量のデータを学習したAIが，ルールを作り出し，判断するもので，その精度はデータの質と量に依存する。

2. 腐食予測が必要なケース

　実用上，腐食の予測をしなければならないケースとしては，以下のことが考えられる。
・設備，配管などの設計者は，使用環境の腐食性を評価して，それに耐える材料を選定するために，腐食予測が必要となる。
・設備，配管などの保全技術者は，使用環境から，どのような腐食が発生するか，どの程度腐食が進んでいるか（余寿命）を予測し，保全（検査，補修）計画の作成および使用条件の改善などを検討する必要がある。
・破損事故が起きた場合，その原因究明のためにどんな腐食が起きたかを明らかにすることも必要となる。原因究明は破損事故再発防止につながる。

3. 腐食機構

腐食には，多くの種類があり，発生原因，形態などを腐食機構として理解されている。筆者らは，世界中の研究成果および関連文献を収集整理し，表1に示すように腐食機構を88種類とし，それらを4つの大分類（自然腐食，乾食，湿食，応力腐食割れ）に整理し，一覧表を作成した。ちなみに，腐食を含む金属材料の全劣化損傷機構は，146種類あり，疲労，クリープ，エロージョン，摩耗，材質劣化を合わせて9つの大分類に整理される[2)-5)]。

表1　金属材料の腐食機構一覧表①

大分類	自然腐食	乾食	湿食				応力腐食割れ
小分類	大気腐食（外面腐食）	高温酸化	淡水腐食	湿性硫化物腐食，湿潤硫化水素腐食	ナフテン酸腐食	停止時腐食（Down-Time Corrosion）	硫化物応力腐食割れ（水素誘起）割れ（SSC）
	凝縮腐食	水蒸気酸化	海水腐食	湿性塩化物腐食，湿潤塩化水素腐食	水線腐食	応力腐食	水素誘起割れ（水素ブリスター）
	外面応力腐食割れ	メタルダスティング	汚染海水腐食	塩化アンモニウム腐食	ナイフラインアタック（腐食）	黒鉛化腐食	アルカリ（苛性ソーダ）割れ
	保温材下腐食	ハロゲン化腐食（高温ハロゲン腐食）	流れ加速型腐食（FAC）	水硫化アンモニウム腐食	迷走電流腐食		アミン割れ
	保温材下応力腐食割れ	硫化	溶存酸素腐食酸素濃淡電池腐食（酸素腐食）	アンモニアアタック	酸素濃淡電池腐食		カーボネート（炭酸）割れ
		高温硫化	酸露点腐食（硫酸・塩酸露点腐食）	CO_2腐食	溝状腐食		CO-CO$_2$-H$_2$OSCC
		高温硫化物（硫化水素）腐食	微生物腐食	冷却水腐食	粒界腐食		ポリチオン酸SCC
		溶融塩腐食	土壌腐食	ボイラ水凝縮腐食	糸状腐食		塩化物SCC
		バナジウムアタック	有機酸腐食	孔食	蟻の巣状腐食		フッ酸応力腐食食（水素誘起）割れ
		燃料灰腐食	塩酸腐食	フッ酸腐食	化学洗浄腐食		硝酸塩SCC

第4章　寿命予測

表1　金属材料の腐食機構一覧表②

大分類	自然腐食	乾食	湿食				応力腐食割れ
		石炭灰腐食	湿潤塩素・次亜塩素酸腐食	アミン腐食	大気圧タンク底板(内面)腐食		有機酸割れ
		黒液スメルト腐食	硫酸腐食	炭酸腐食	選択腐食(脱アロイ)脱成分腐食		高温水割れ
		高温塩化物塩腐食	リン酸腐食	サワーウオーター腐食	層状(剥離)腐食		変色皮膜破壊
小分類		高温炭酸塩腐食	硝酸腐食	ホウ酸腐食	隙間腐食		シアンSCC
		水素侵食	リン酸塩腐食	アルカリ腐食苛性ガウジング	ガルバニック腐食,異種金属接触腐食		アンモニアSCC
		液体金属腐食	フェノール腐食	キレート腐食	デポジット腐食,堆積物(付着物)下腐食		照射誘起応力腐食割れ(IASCC)

4. 腐食機構予知ルールベース型AI

4.1　懸念される損傷機構選定AI

ここでは，劣化損傷に関する知識を形式知化し，誰でもが容易に使える予知評価ツール(ルースベース型AI)について紹介する。

表2に示すような腐食機構と発生条件(材料，環境など)の関係一覧表を作成し，専門家の判定ロジックを−1,0,1で表現し，Ifでその条件分岐を行いThenでその損傷の可能性を分類する方法でルールベース型AIが開発できる。

表2　腐食選定および原因解明AI作成のための判断ロジック表の例

腐食機構名	材料	温度	応力条件	環境条件				損傷形態	
				条件1			条件20	割れ	減肉
1	0	0	0	1	・	・	0	−1	1
2	−1	0	0	0	・	・	0	1	−1
3	0	1	0	0	・	・	0	−1	1
・	・	・	・	・	・	・	・	・	・
・	・	・	・	・	・	・	・	・	・
88	1	0	0	0	・	・	0	−1	−1

−1：否定，0：無関係，1：肯定

設備設計者および設備管理者が，設計上あるいは管理上，設備に発生が懸念される腐食機構を知りたい場合，以下のデータを入力することで，表1の88種類の機構の中から発生可能性のある腐食機構を選定できる。

・材料名(熱処理，溶接なども含む)
・温度
・応力条件(静的，動的，残留応力，熱応力を含む)
・環境条件(大気，水，土壌，化学物質など材料に接している物質の特性，隙間など構造上の特性も含む)

4.2　腐食度合算定 AI

腐食機構の中で，応力腐食割れ(SCC)は，一定の潜伏期間を経て，き裂が発生し，き裂の進展によって寿命が決まる。一般に各種材料の種々の環境におけるき裂進展のデータは少なく，SCCの進展度合(寿命)を評価することは難しい。現状，AIによるSCCの寿命評価はできない。管理上，定性的な発生のしやすさ(感受性)を評価するAIが作成されている。感受性が高い場合，検査の頻度を高くし，き裂が貫通(あるいは噴破)に至る前に何らかの処置をすることで破損を防ぐことができる。感受性が低い場合，検査の頻度を低くすることが可能となる。

多くの腐食は，減肉として進展する。減肉の進展は，直線則あるいは放物線則として予測可能であり，腐食速度が求められれば，貫通あるいは噴破までの時間(余寿命)が算出できる。この手順をルールベース化することで，ルールベース型AIが作成できる。腐食(減肉)速度は，定期的な肉厚検査が行われている場合，腐食機構が不明でも，減肉量/使用時間として決定できる。肉厚が計測されていない場合は，損傷機構選定AIを用いて損傷機構を選定し，各種腐食データベース(たとえば，NACE Corrosion data survey など)を用いて腐食速度を求めることができる。

4.3　破損事故の原因究明のための AI

3. で述べたように，破損は腐食だけではなく，疲労，クリープ，エロージョン，摩耗，材質劣化を含む小分類146(大分類9)の機構によってもたらされる。劣化損傷は，表3に示す形態として出現する，破損が起きた場合，まず破損形態によって，原因をスクリーニングすることができる。

表3　劣化損機構と損傷形態

機構	疲労	クリープ	自然腐食	乾食	湿食	応力腐食割れ	摩耗	エロージョン	材質劣化
形態	割れ	変形，割れ	減肉，割れ	減肉	減肉	割れ	減肉	減肉	割れ，変形

破損形態によって，原因となった損傷機構をスクリーニングした後，損傷機構選定AIを用いて，使用条件から，小分類の損傷機構にたどり着き，原因を究明できる。

第4章　寿命予測

5. 機械学習による劣化損傷機構選定 AI

　蓄積された損傷に関するデータを教師データとして決定木解析による AI が開発されている[6)-8)]。
　Python3[9)]で稼働する決定木解析 AI（公開ソフトウエア）を用いて，化学工学会 SCE-Net 監修のプラント材料損傷事例集（代表的損傷事例を国内の熟練専門家が収集解析した事例集）の 538 件の事例を解析し，国内熟練専門家の判断（教師材料）との比較を行った。

　図 1 は決定木解析ロジック（Decision Tree）の SCC 損傷機構例を示す。1 つひとつの箱（ノード）はロジック条件を示す。ノード内の最上部は，AI 入力変数の条件を不等号で示している。文字情報では bool 関数（0 または 1）を使用し，その中間の 0.5 を境に，小さいときに True となり下位のノードの左に向かい，大きいときに False となり右に向かう。左右に向かうサンプル数は 4 段目の Value の左右の比率に従い，右方の数が多い場合 5 段目の class は True になるノードが採用される。3 段目はノード内で処理されるサンプル数を示している。ノードの下に何もなければ論理は終了となる。ノードの 2 段目の gini は「ジニ係数」のことであり，ノード内のサンプルの不純度を示し，0 に近いほど，純粋であることを意味する。

　図 1 の SCC に対する決定木分析では，538 件の損傷事例のうち専門家が 126 件を SCC と判断したのに対し，決定木 AI が 47 件と判断していた。決定木 AI 判断の内訳では，34 件が「塩化物イオン」を含む「0.1 年以上使用」で「河川水」以外の条件で，2 件が「塩化物イオン」を含み「0.1 年以下の使用」の「反応系」で SCC 発生すると判断していた。また，9 件では「大気中」SCC（「水酸化ナトリウム」および「塩化物イオン」を含まない条件）で，7 件では「水酸化ナトリウム」を含むアルカリ SCC 発生と判断した。このロジックはサンプルの情報から導き出された結果であるが，現状では，専門家の判断に相当するルールベース型 AI との併用が望ましい。

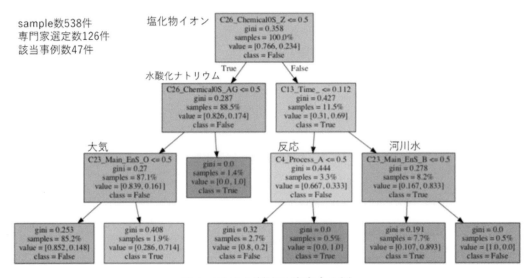

図 1　SCC に対する決定木の例

6. 生成AI

腐食の情報は，文字情報の部分が大きい。大規模言語モデル（LLM），生成AIの進歩および損傷経験（精度の高いデータ）の蓄積によって，より精度の高い予知，人間が気付けなかった解析結果をもたらすことなどが期待できる[7]。自社保有の公開できないデータを組み込んだ自社固有のAIを開発することが可能である。

7. 将来性について

現在，各種情報はネット検索で容易に取得できる。また，近年のAIは，各種質問にかなりの回答を提供できるようになってきている。しかし，その信憑性を最終的に判断するのは，人間であり，判断のできる技術者は永遠に必要であると考えられる。

材料の腐食のような成熟技術領域は，研究者（教育者）がいなくなり，この分野を学んだ人材が輩出されなくなっている。しかし，このような領域の技術は，実社会において不可欠の技術領域である。熟練者の暗黙知化している判断ロジックを形式知化することで，ロジックを見える化して，プログラム専門家が，ルールベースシステムを作成するというチームを作ることで，AIができることが示唆された。これらの開発の中で，AIの結果を最終的に判断できる技術者の養成が必須である。

文　献

1) AI総合研究所：ルールベース型AIとは．
https://www.ai-souken.com/article/rule-based-ai-overview
2) 木原重光ほか：配管技術，**66**（2024）．
3) 木原重光，松田宏康：配管技術，**65**（2023）．
4) 木原重光ほか：高圧ガス，**59**（6），56（2022）．
5) 江原誠二：第5回スマート保安官民協議会，高圧ガス保安部会（2023）．
6) 木原重光，松田宏康：化学装置，**65**（12），2（2023）．
7) 松田宏康ほか：金属材料の腐食機構のAI予測システムの開発，第68回材料と環境討論会（2021年12月）．
8) 木原重光，松田宏康：保全DX（Digital Transformation），化学工学会 87年会 IChES 2022（2022年3月）．
9) （株）富士通ラーニングメディア：よくわかるPython入門，FOM出版（2022）．

第4章 寿命予測

第2節　極値統計理論による腐食寿命評価

公益財団法人鉄道総合技術研究所　**水谷　淳**

1. はじめに

　腐食寿命を推定する手法には，決定論的手法と確率論的手法がある。決定論的手法は現象の解析や腐食速度の定量的な推定には有用である。しかしながら，腐食現象は大きなばらつきを持つため，現場での腐食寿命を予測するには限界がある。
　ここでは腐食現象のうち，予測は困難であるが重要な「局部腐食」に対して，確率論的手法である「極値統計理論」を用いた評価手法について述べる。

2. 極値統計理論の局部腐食評価への導入

　腐食現象は均一腐食（全面腐食）と不均一腐食（局部腐食）に分類される。全面腐食が発生した機器の寿命は，腐食による均一な肉厚減少によって機器材料の許容肉厚が確保できなくなるまでの時間である。そのため，寿命予測を行う場合には，平均腐食速度とその時間依存性を評価すればよい。一方で，孔食，隙間腐食，粒界腐食，異種金属腐食，応力腐食割れ，腐食疲労，トライボコロージョンなどの局部腐食は，機器に発生した多数の局部腐食のうち，最も深く進行した腐食が機器材料の肉厚を貫通するまでの時間，もしくは腐食による減肉によって材料に生じる応力が許容応力に達するまでの時間が寿命となる。そのため，寿命予測には腐食深さの最大値あるいは発生までの時間の最小値が問題となる。これらの最大値あるいは最小値は極値と呼ばれ，この極値の統計的な性質を論じるのが極値統計理論である。
　極値統計理論は20世紀中頃までに基礎が作られ，Gumbel[1]の書籍の出版によって，気象学，水文学，工学などの分野に広まり，現在では金融工学でも研究されている[2]。局部腐食が確率的性質を有することはEvansら[3]によって1930年代から指摘されていた。その後，1950年代のアルミニウム合金の孔食を取り扱ったAziz[4]および土中埋設管の孔食を取り扱ったEldredge[5]の研究以来，極値統計理論に基づいた局部腐食評価が数多く行われてきた。2012年には，ISO 14802（腐食データ解析への統計適用のためのガイドライン）へ極値統計理論が導入されている[6]。
　日本では，（一社）腐食防食協会（（現）（公社）腐食防食学会）の「腐食現象の確率的評価研究会」および「装置材料の寿命予測分科会」の活動を中心に極値統計理論の適用に関する検討が進み，その成果の1つとして入門書[7]が刊行された。その後，「装置材料の寿命予測（Ⅱ）分科会」において，解析手順を簡潔にまとめたマニュアルが作成された[8]。また，現在では，極値統計理論による装置材料の寿命予測ソフトウエアとして，EVAN-Ⅱ[9]が腐食防食学会から入手できる。これら

によって，腐食現象への極値統計理論の適用が進められていった。

図1にマニュアル[8]に記載された極値統計理論による最大局部腐食深さ推定手順を示す。以下では，この手順に従って，極値統計理論を用いて，小面積の測定区画内の最大局部腐食深さの測定結果を解析し，大面積の対象装置・機器全体における最大局部腐食深さ（極値）を推定する手法について説明する。

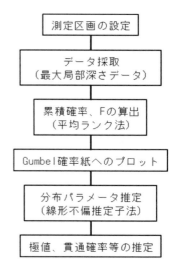

図1 極値統計理論による最大局部腐食深さ推定手順[8]

2.1 測定区画の設定

対象とする装置・機器の腐食環境に接する全表面積を極値推定対象面積 S とする。ただし，推定対象面積のどの部分からデータを採取しても，これらが全て同じ母集団からの標本として扱えることが前提となる。したがって，採取位置によって腐食環境の差異などから同一母集団と見なせない恐れのある場合は，それぞれを別の母集団として取り扱う必要がある。また，一定面積 s の小区画を対象面積から N 個無作為に選び出し，これを測定区画とする。

2.2 データ採取

N 個の測定区画から局部腐食深さを測定し，最大局部腐食深さを求める。最大局部腐食深さデータが得られた測定区画数を n とする（$n \leq N$）。n が N より小さくなるのは，一部の測定区画で局部腐食が認められない場合，もしくはその深さが測定限界以下である場合があるためである。これらの最大値データを大きい順に並べ，$x_1, x_2, \cdots, x_n$ とする。

2.3 累積確率，F の算出

局部腐食深さの分布が正規分布などの指数型分布に従うとき，最大局部腐食深さの分布は Gumbel 分布に従うことが知られている[1]。変数 x が Gumbel 分布に従うとき，その累積分布関数 $F(x)$ は式(1)の二重指数関数で表される。

$$F(x) = \exp\left(-\exp\left(-\frac{x - \lambda}{a}\right)\right) \tag{1}$$

a：尺度パラメータ
λ：位置パラメータ

また，基準化変数 y を式(2)で定義すると，その累積分布関数は式(3)で表される。

$$y = -\ln(-\ln F(x)) = \frac{x - \lambda}{a} \tag{2}$$

$$F(y) = \exp(-\exp(-y)) \tag{3}$$

座標軸の一方に基準化変数 y を取り，これに対応する累積確率 $F(y)$ の値を同じ（平行な）座標

第4章　寿命予測

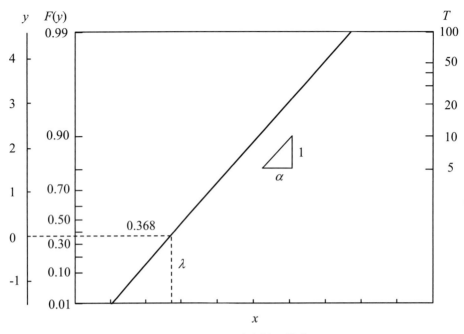

図2　Gumbel 確率紙の構成

軸に入れ，もう一方の座標軸に x を取ることによって，図2に示す Gumbel 確率紙が得られる。確率紙上の直線が特定の Gumbel 分布を表す。$y = 0$，すなわち $F(y) = 0.368$ に対応する x 座標が位置パラメータ λ の値を与え，直線の勾配が尺度パラメータ α の値を与える。また，図2の右側に取った T は再帰期間であり，式(4)で表されるように対象面積と測定面積との比である。

$$T = \frac{S}{s} \tag{4}$$

ここで T と $F(y)$ との関係は式(5)で表される。

$$F(y) = 1 - \frac{1}{T} \tag{5}$$

さらに，T と y との関係は T が大きい（$T \geq 18$）とき，式(6)で表される。

$$y = \ln T \tag{6}$$

2.4　Gumbel 確率紙へのプロット

図3に示すような解析シートを作成する。ここで，i：最大局部腐食深さデータを大きい順に並べた順位，x_i：各順位に対応する最大局部腐食深さデータである。また，i と $F(y)$ との関係は式(7)の平均ランク法で決定する。

$$F(y) = 1 - \frac{i}{N + 1} \tag{7}$$

これは，Gumbel 確率紙の縦軸に対するプロット位置となる。そして，x_i と $F(y)$（もしくは y）と

第2節 極値統計理論による腐食寿命評価

i	x_i	$F(y)$	y	$a_i x_i$	$b_i x_i$

図3 解析シート

の関係を Gumbel 確率紙にプロットし，プロットが良い直線関係にあることを確認する。

2.5 分布パラメータの推定

　分布パラメータ a，λ を推定する方法はいくつかあり，最小二乗法や MVLUE（Minimum Variance Linear Unbiased Estimator，線形不偏推定子法）などがある。最も簡単には，Gumbel 確率紙のプロットに適当な直線を当てはめ，この直線上の $y = 0$ に対応する x 座標および直線の勾配から a および λ の推定値を求める方法がある。

　確率紙上のプロットへ直線を当てはめる最も合理的な方法は，MVLUE だといわれている[7]。最小二乗法の場合，データ1点1点の重み付きが同じであるため，分布の両すそに存在する1点のデータの重みでもって直線が大きく傾くことがある。そのため，最頻値近くのデータを重く見て，両すそのデータを軽く見るべきであり，これには MVLUE を用いるのがよい。

　MVLUE による a および λ の推定は以下の式(8)，(9)により行う。

$$\lambda = \sum a_i \cdot x_i \tag{8}$$

$$a = \sum b_i \cdot x_i \tag{9}$$

ここで係数 a_i および b_i は MVLUE 係数[7][9][10]である。ただし，MVLUE 係数は，『信頼性データのまとめ方』[10]では $N = 20$ まで，『装置材料の寿命予測入門』[7]では $N = 23$ まで，「EVAN-II」[9]では $N = 45$ までが表として与えられている。

2.6 極値，貫通確率などの推定

　全推定対象面積内に存在が期待される最大局部腐食深さ（極値）x_m は，確率紙上でプロットに当てはめた直線を再帰期間 T まで外挿したときの x 座標に相当し，式(10)で求められる。

$$x_m = \lambda + a \ln T \tag{10}$$

　推定された極値 x_m はそれ自体確率的な値であるため，その確率分布を考慮して極値を評価す

— 137 —

第 4 章　寿命予測

る必要がある。Gumbel 分布，$F(x)$ からの T 個の標本の最大値の分布の累積分布関数 $F_m(x)$ は式 (11) で与えられる。

$$F_m(x) = \exp\left[-\exp\left\{-\frac{x - (\lambda + a\ln T)}{a}\right\}\right] \tag{11}$$

すなわち，x_m の確率分布は元の分布と尺度パラメータが等しく，位置パラメータが $a\ln T$ だけ大きい Gumbel 分布に従う。したがって，対象材料の肉厚を d として，局部腐食の貫通確率 P は式 (12) で与えられる。

$$P = 1 - \exp\left[-\exp\left\{-\frac{d - (\lambda + a\ln T)}{a}\right\}\right] \tag{12}$$

なお，MVLUE により，真の分布からの誤差分散 $V(x)$ は式 (13) で与えられる。

$$V(x) = a^2 \{A(N,n)y^2 + B(N,n)y + C(N,n)\} \tag{13}$$

ただし，係数 $A(N,n)$，$B(N,n)$，$C(N,n)$ は MVLUE 係数[7)9)10)]である。

3. 極値統計理論による寿命予測の適用例—腐食したレールの最大錆厚推定—

極値統計理論を局部腐食に適用し，寿命予測を行った例は，入門書[7)]に詳しく記されている。現在（2024 年時点），この書籍は絶版となっているが，EVAN-II[9)]の中にデータとして収録されている。また，近年では，熱交換器[11)]やプラント[12)]に対する適用例が書籍にまとめられている。ここでは，上述した適用例以外のものとして，筆者が腐食したレールの最大錆厚について極値統計理論を用いて推定した事例[13)]について紹介する。

レールは，鉄道にとって最も重要な部材であり，列車の走行安全を確保するためには，レール損傷を防止するための保守管理が重要となっている。レールの損傷要因の 1 つに，レールの腐食がある。レールの腐食は，主にトンネルや踏切といった腐食環境下において発生し，海底などの塩分濃度が高い箇所ではより顕著になる。腐食が発生すると，レールには錆の堆積による凹凸が生じ，腐食が著しい場合にはレール表面に孔食が発生したり，断面減少が生じたりする。そのような箇所に列車荷重によって応力集中が生じると，き裂が発生・進展し，最終的にレールが破断に至る可能性がある。

筆者らは，現場で簡易に腐食程度を評価できる手法として，膜厚計を用いて腐食したレール側面の錆厚を測定し，曲げ疲労試験との関係を調査した[14)]。しかしながら，試験本数が十分ではなく，かつ疲労試験結果にばらつきが大きく，錆厚と疲労強度の関係に相関関係は見られなかった。また，膜厚計を用いた測定で得られる測定結果は「点」による一部分のものであり，試験体全体の結果を反映できていない可能性があった。そこで，極値統計理論を用いて，曲げ疲労試験による破断予測箇所における最大錆厚を推定することにした[13)]。

本研究[13)]では，あるトンネルにおける腐食レール（長さ 1.5 m の 60 kg レール）を計 22 本収集した。収集した腐食レールの一例を図 4 に示す。漏水している付近では，図 4 のような錆こぶが見られ，レールの側面において局部腐食が発生していると考えられる。

— 138 —

第 2 節　極値統計理論による腐食寿命評価

※口絵参照

図 4　収集した腐食レールの一例（側面）

　錆は，図 5 に示す電磁式小型膜厚測定器 DUALSCOPE FMP40 と厚膜用のプローブ FKB10（測定範囲 0～8 mm）（共に（株）フィッシャー・インストルメンツ製）を用いて測定した。測定箇所は図 6 に示すように内外軌それぞれのレール腹部であり，レール長手方向の中心位置を 0 として，長手方向に ± 50 mm，100 mm の位置，レール鉛直方向は底面を 0 として，図 6 の上方向に 50 mm，75 mm，100 mm の位置を測定した。レール 1 本あたりの測点は 30 ヵ所である。偏差の大きい錆厚を統計的に扱うために，1 ヵ所の測定箇所に対して 11 回ずつ測定した。その際に，各測点 11 回の測定で得られた平均値をそれぞれの測点の測定値とした。そして，レール 1 本あたり 30 ヵ所測定した測点の中で最も高い測定値を，そのレールが持つ実測による最大錆厚とした。

　ところで，図 4 に示すような局部腐食が発生したレールの場合，局所的に発生した錆こぶが選択した 30 点に含まれているとは限らない。また，膜厚計による錆厚の測定では破断予測箇所の最大錆厚を測定できていない可能性がある。今回収集した腐食レールでは，レールの側面において局部腐食が発生していると考えられる。そのため，レール側面の腐食状態について，極値統計理論を用いて最大局部腐食の大きさを推定できる可能性がある。そこで，極値統計理論を用いて最大錆厚を推定可能であるかを確かめることとした。

図 5　錆厚の測定状況

第4章　寿命予測

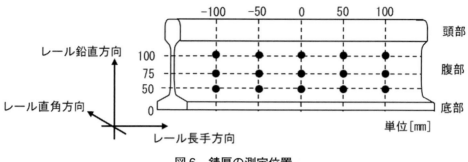

図6　錆厚の測定位置

極値統計理論を用いた最大値の推定においては，得られたデータの分布が二重指数分布に従うことを示す必要がある。そのため，以下の手順に従って，錆厚の極値分布を調べた。

①極値推定対象面積 S の決定

錆厚を測定したレール側面を極値推定対象面積 S とし，次のように定めた。

S = 長手方向長さ × 高さ × (内軌側 + 外軌側)
　 = 200 mm × 50 mm × 2 = 20000 mm^2

②測定区画 s の決定

極値推定対象面積 S と同じ母集団から無作為に抽出した N 個の小区画を用いて，標本となる区画面積 s を定めた。ここでは，s = 10 mm^2(プローブ接地面積) × 30(小区画) = 300 mm^2 とした。なお，極値推定対象面積および区画面積から求められる再現期間 $T(= S/s)$ は 67.67 となった。

③データ採取および整列

小区画 N 個について，錆厚 t を測定した。測定した錆厚データを小さい順に並べ，それぞれ $t_j (j = 1 \sim n)$ とした。つまり以下の式(14)となるように並べた。

$$t_1 \leq t_2 \leq \cdots \leq t_n \tag{14}$$

次に，式(15)を用いてそれぞれの $j(j = 1 \sim n)$ について基準化変数 y を計算した。

$$y = -\ln\left\{-\ln\left(\frac{j}{n+1}\right)\right\} \tag{15}$$

④確率紙へのプロットおよび分布直線の作成

確率紙の座標横軸に錆厚 t，縦軸に基準化変数 y_j を取り，採取したデータをプロットした。また，得られたプロットから最小二乗法により分布直線を作成した。

ある1本の試験レールについて錆厚 t_j を Gumbel 確率紙にプロットしたものを図7に示す。得られた t_j の極値分布が直線上に分布していることを確認した。他のレールについても同様に直線

— 140 —

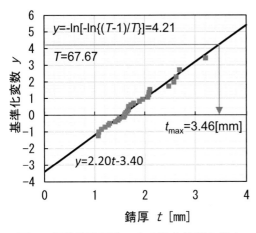
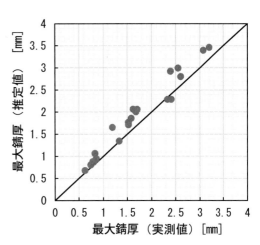

図7 極値統計理論による最大錆厚の推定　　図8 最大錆厚の実測値と推定値の比較

状に分布していることを確認した。Gumbel確率紙上では二重指数分布は直線状に分布する性質があることから，分布の直線性よりt_jの極値分布が二重指数分布であると見なした。そのため，t_jを極値統計理論から推定することが可能であると判断した。

推定最大錆厚t_{max}は以下の式(16)～(18)を用いて求めることができる。

$$t_{max} = \lambda + a \ln T \tag{16}$$

$$a = \frac{\{n \cdot \Sigma (y_j t_j) - \Sigma y_j \cdot \Sigma t_j\}}{\{n \cdot \Sigma (y_j)^2 - (\Sigma y_j)^2\}} \tag{17}$$

$$\lambda = \left\{ \Sigma t_j - a \cdot \Sigma y_j \right\}/n \tag{18}$$

このときt_{max}は，分布直線を再帰期間Tまで外挿したときのx座標に相当するため，図7の矢印で示すように求めることができる。

各試験レールについて錆厚を推定した結果を図8に示す。横軸を実測による最大錆厚，縦軸を極値統計理論から求めた推定最大錆厚とした。推定値は実測値より最大で0.5 mm程度上回り，推定値の方が実測値を上回るケースが大半であった。このことから，極値統計理論から求めた推定値は安全側の評価ができ，かつ局部腐食を受けたレールの腐食量を定量的に評価できると考えた。

文献

1) E.J. Gumbel：Statistics of Extremes, Columbia University Press(1958). 河田竜夫，岩井重久，加瀬滋男(監訳)：極値統計学：極値の理論とその工学的応用，廣川書店(1963).
2) 髙橋倫也，志村隆彰：極値統計学(ISMシリーズ：進化する統計数理，5)，近代科学社(2016).
3) U.R. Evans, P.B. Mears and P.E. Queneau：*Engineering*, **136**, 689(1933).
4) P.M. Aziz：*Corrosion*, **12**(10), 35(1956).
5) G.G. Eldredge：*Corrosion*, **13**(1), 67(1957).
6) ISO 14802: Corrosion of metals and alloys – Guidelines for applying statistics to analysis of

第 4 章　寿命予測

corrosion data（2012）.

7) 腐食防食協会（編）：装置材料の寿命予測入門：極値統計の腐食への適用，丸善（1984）.

8) 腐食防食協会 60-1 分科会，紫田俊夫：防食技術，**37**（12），768（1988）.

9) 腐食防食協会（監修）：EVAN-Ⅱ：CD-ROM 版，丸善（2014）.

10) 加瀬滋男，細野泰彦，太田宏：信頼性データのまとめ方：二重指数分布の活用法，オーム社（1983）.

11) TG「熱交換器の余寿命予測」（編）：熱交換器の管理と余寿命予測，日本材料学会腐食防食部門委員会（1996）.

12) 今川博之：更新時期を決めるプラントの余寿命評価，日本プラントメンテナンス協会（1998）.

13) 水谷淳，細田充，山本隆一：保全学，**20**（1），87（2021）.

14) 水谷淳，細田充，山本隆一：第 26 回鉄道技術連合シンポジウム講演論文集，312（2019）.

第 5 章

構造物の腐食センシング・検出・モニタリング技術

第 5 章　構造物の腐食センシング・検出・モニタリング技術

第 1 節　腐食による構造物の経年劣化と維持管理技術

北海道大学　坂入　正敏

1. 腐食による構造物の経年劣化

　多くの金属は，電気抵抗が低いおよび熱をよく伝える，加工性に優れる，強度が高いなどの優れた機械的・電気的性質を有している。そのため，現代社会の構造物は，炭素鋼に代表されるさまざまな金属材料により構成されている。ここで，日常的に使用している鉄やアルミニウム，それらの合金などの金属は，鉱石(酸化物や硫化物)で自然界に存在している。図1に示すように，この鉱石(低いエネルギー状態)を製錬(還元)により高いエネルギー状態にすることで，金属としている。自然においてエネルギーの低い状態が安定であるため，高いエネルギー状態になっている金属が腐食する(酸化する)ことは避けられない現象である。さらに，金属の腐食反応は，人間が生活できる環境において自発的に起きる最も速い化学反応の1つである。図1は自発的にどちらに反応が進むかを示したものであり，その速度については示していない。そのため，腐食が起こりにくい(腐食速度が遅い)と，その金属や合金を材料として使用できることになる。ほとんどの金属は，その表面に緻密な数 nm の酸化物皮膜(不働態皮膜，不動態皮膜，働と動の使い分けに厳密なルールはない)が存在する。この皮膜の保護性により腐食が起こりにくくなり，実用的に使用ている。ここで腐食は，高温で起こる乾食と水溶液が関与する湿食に分けることができる。さらに湿食は全面腐食と局部腐食，遅れ破壊に分けることができる(図2)。腐食による劣化を診断する場合，どのような腐食形態かを判断する必要がある。

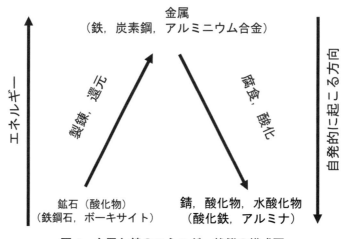

図1　金属と錆のエネルギー状態の模式図

第1節　腐食による構造物の経年劣化と維持管理技術

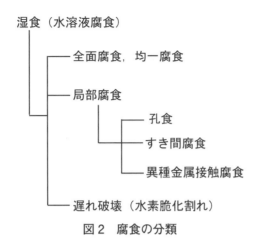

図2　腐食の分類

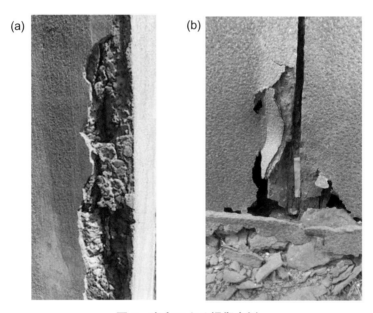

図3　腐食による損傷事例
(a)鉄筋が腐食してコンクリートが剥離，(b)腐食により部材の形状が変化

　金属が腐食することで構造物や装置の破壊に至る。図3に腐食による損傷事例として，(a)鉄筋が腐食してコンクリートが剥離した例と(b)腐食により部材の形状が変化した例の写真を示す。金属の腐食が原因で，構造物が破壊した近年の例として，2021年に和歌山県の水道橋が崩落した事故[1]や三重県の信号機の柱の倒壊[2]が挙げられる。これらの腐食の原因は，動物の糞尿によるものとの報道であるが，設備の維持管理に問題があることも指摘されている[3]。これら以外にも金属の腐食が原因でこれまでにさまざまな事故や破壊が発生している[4]。
　地方公共団体管理の2 m以上の橋梁において，2013年の段階で2000橋以上が通行止めとなっ

第5章 構造物の腐食センシング・検出・モニタリング技術

ており，2013年までの10年間でその数は倍増している。橋やビル，港湾設備などの社会インフラだけでなく，製造工場の建物や設備，自動車のような運搬機器も腐食による損傷や事故の発生が予想される。言い換えると，腐食とその防食に関する維持管理活動は，持続可能な社会のために不可欠なものといえる。

2. 構造物の維持管理

　構造物を適切に維持管理するには，①定期的な点検，②点検結果に基づく評価，③評価の結果による適切な対策，④これらを記録することが重要である。さらに①～④のサイクルを実質化して回すことが大切である。①の点検に際しては，構造性能に基づいて実施する必要がある。たとえば鉄筋コンクリート構造物のコンクリートのひび割れでは，設計時に想定しているひび割れか，想定していないひび割れかを見分ける必要がある。設計時に想定していないひび割れの原因としては，塩害による鉄筋（鋼材）の腐食や凍結融解，アルカリ骨材反応（アルカリシリカ反応による骨材の膨張）がある。コンクリート構造物はある程度のひび割れの発生が前提であるため，想定されたひび割れは対策の必要はほとんどない。しかし，前述の鉄筋腐食などによる想定していないひび割れは，迅速な対策が必要である。さらに，点検する際は，その目的を明確にすることが必要である。たとえば，構造物の異常を検知したい，構造物の性能を把握したい，問題があれば早急に対処したいなどである。目的が明確になると，評価の指標が明確（ひび割れ長さ，腐食量，応力状態など）になり，検査で得るべき情報が決まってくる。その結果としてどのような方法で実施するか（目視，非破壊検査，写真撮影，板厚計測など）が決まることになる。評価においても，鉄筋の腐食やコンクリートの割れのような点検により得られた劣化と耐荷力や走行性など構造物の性能とを結び付ける必要がある。

　点検と評価で対策が必要になった場合も，どの性能に対する対策か，どの程度の規模で実施するのか，その効果をどの程度の期間にするのかをライフサイクルコストなどを総合的に考慮して合理的に実施する必要がある。

　一方，点検や対策が実施されると膨大なデータが発生する。一般的に膨大なデータが蓄積されてもそれを有効に活用できない。そのため，誰がいつどのような情報を必要とするのかを考え，対象物にとって意味のあるデータを記録し，アクセスしやすいように公開すること（情報の共有化）が維持管理の効率化につながる。

3. 点検方法

3.1　近接目視

　平成26年7月1日に道路法施行規則の一部が改正され，「トンネル，橋その他道路を構成する施設若しくは工作物又は道路の附属物のうち，損傷，腐食その他の劣化その他の異状が生じた場合に道路の構造又は交通に大きな支障を及ぼすおそれがあるもの（以下この条において「トンネル等」という。）の点検は，トンネル等の点検を適正に行うために必要な知識及び技能を有する者

が行うこととし，近接目視により，五年に一回の頻度で行うことを基本とすること。」となった。近接目視が推奨されている理由としては，以下のことが挙げられる。

・塗膜下のき裂などは近くで観察しないと深刻度合いの判断が困難

・遠方からやドローンでは構造体の陰や死角になり，破断などの発見が困難

・近接しないと見つけにくい損傷が存在

　トンネル等の健全性の診断結果は分類する告示も出されている。それによると以下のように4段階(I〜IV)に区分することになっている。

　I：健全で構造物の機能に支障が生じていない状態

　II：予防保全段階であり構造物の機能に支障は生じていないが，予防保全の観点から措置を行うことが望ましい状態

　III：早期措置段階であり，構造物の機能に支障が生じる可能性があるため早期に措置を行うべき状態

　IV：緊急措置段階であり，構造物の機能に支障が生じているもしくは生じる可能性が非常に高いため緊急に措置を実施するべき状態

各状態の具体的な例は，国土交通省道路局，道路橋定期点検要領[5]に掲載されている。

3.2　目視以外の点検技術

3.2.1　腐食による厚さ減少の計測

　腐食することで，鋼材の厚さは減少する。腐食による鋼材厚さの変化の計測に超音波が使われている。送信用振動子から出た超音波($20\,\mathrm{kHz}$以上の音波)が計測材により反射して検出器に到達するまでの時間により計測する方法である。**図4**に計測の模式図(上)と計測の様子(下)を示す。計測対象材の音速がわかっている場合，板厚は材料の音速×伝達時間の半分として求めることができる。計測は1ヵ所でセンサを90度回転させて2回行う。さらに，図のようにセンサを一定間隔で移動することで，腐食により減肉した部分を検出することも可能である。

3.2.2　磁粉探傷試験

　強磁性体の材料で開口クラックと表面直下の欠陥を検査可能な方法である(**図5**)。鉄鋼材料などの強磁性体を磁場中に置くと，磁化される。磁化された材料は，その両端やクラックの両端では，磁極(N極・S極)が現れて磁束が表面に漏えいする。この部分に磁粉やそれを含む検査液をかけると，磁界の影響を受けて欠陥に対応した模様が形成される。調査対象物(試験体)の磁化は，傷の方向と磁束の方向が直交するように行う。磁化方法としては，以下がJISにより規定されている[6]。

・軸通電法：電極の間に試験体を挟んで通電して磁化する。

・直角通電法：試験体の軸に対して直角な方向に電極を挟み，直接電流を流して磁化する。

・プロッド法：試験体の表面に2個のプロッド(電極)を押し当てて通電して磁化する。携帯型またはクランプ方式のプロッドを用いて試験体に電流を流す。

・電流貫通法：試験体の孔の部分に導体(絶縁された電流貫通棒など)を通して電流を流し，電流

第5章　構造物の腐食センシング・検出・モニタリング技術

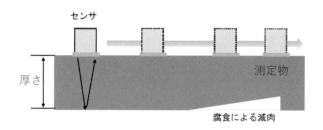

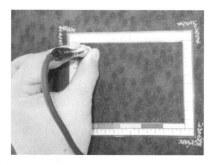

図4　超音波による厚さ計測の模式図(上)，計測の様子(下)

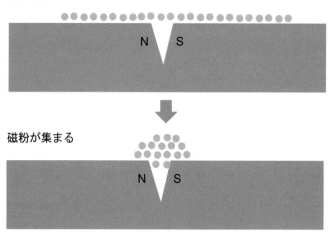

図5　磁粉探傷試験の模式図

の周りに形成される円形磁界によって試験体を磁化する。
・コイル法：コイルの中に入れた試験体をコイルが作る磁界によって磁化する。
・極間法：調査対象物または計測部位を電磁石または永久磁石の磁極間に置く。
・磁束貫通法：リング状の試験体を変圧器の2次側として働かせ，試験体の中に誘導される電流で，試験体を磁化する。

3.2.3 蛍光X線分析

図6のような腐食している箇所に、X線を照射することで錆などの構成元素特有の波長を持つ蛍光X線(特性X線)が発生する。その波長やエネルギーを計測することで、構成元素やその組成をほぼ前処理なしに分析可能である。携行可能な装置でも、マグネシウムからウランまでの元素を計測可能である。

3.2.4 3次元形状計測

計測対象にレーザを放射状に照射することで表面形状の3次元座標を取得する計測装置がレーザスキャナである。3次元座標はレーザの反射時間から求められる計測物までの距離と照射角度から計算によって求める。このレーザスキャナを、ドローンや自動車に掲載して地図情報とを組み合わせることで、橋梁やトンネルなどの大型構造物のたとえばコンクリートの剥離や床版の浮きなどの形状変化を高精度で計測が可能である。図7に、車載レーザによる移動しながらの形状計測の模式図を示す。

図6 XRFによる塗膜や錆の組成分析

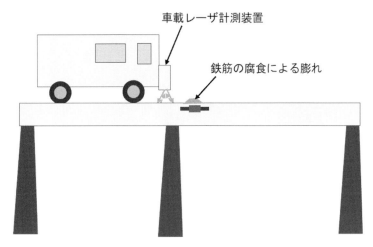

図7 車載レーザによる移動しながらの形状計測の模式図

第5章　構造物の腐食センシング・検出・モニタリング技術

3.2.5　写真撮影

　構造物の劣化状況を記録する簡便な方法として，デジタルカメラによる写真撮影がある。機械学習を用いる高度な画像認識技術の実用化により，画像による劣化，腐食状況診断が可能である。また，近年ドローンの発達や4Kや8Kといった小型かつ高性能カメラにより，従来なら撮影が難しい箇所でも高精細な画像の取得が可能となっている。写真から腐食状況を判断するためには，どのように撮影するかが重要となる。図8のように，光源による色合いの違い（色温度）を補正するために，簡易的なカラースケールを同時に撮影することがある。

　近年は，ドローンや自動車に搭載したカメラの画像とGIS（Geographic Information System，地理情報システム）と融合することで，橋やトンネルの位置情報と画像情報を結び付ける計測が行われている。図9には，高所の鋼構造物の腐食状況をドローンにより撮影する様子を模式的に示す。たとえば，首都高速道路においては[7]，巡回点検車両に高精度のカメラを3台搭載することで視野角度を180度確保して撮影して記録した画像と位置情報とを統合して利用することで，維持管理が効率化されている。

　一方，写真により撮影された画像から腐食状況を機械学習により高精度で判断するには，使用する画像をどのように取得するか，どのような色空間で，どのようなアルゴリズムを使用するかが重要となる。一般的にデジタルカメラで撮影される画像は，RGB色空間のデータでありJPEG形式で保存されていることが多い。RGB色空間では，明るさが変わるとR, G, Bのデータ全てが変わってしまう。そのため，画像による腐食生成物の同定に機械学習を適用する場合，HSV（Hue, Saturation, Brightness）色空間に変換して実行することの有効性が報告されている[8]。

3.2.6　腐食センサ

　腐食センサとして使用可能なものとして，ガルバニック電流を計測するACMと2つの周波数におけるインピーダンスを計測するICM，電気抵抗式のRCMが挙げられる。センサによる構造物の腐食状況把握の模式図を図10に示す。構造物にICMやACMのようなセンサを設置することで，腐食状況を計測できる。既設の構造物においてそのコンクリート内部の腐食状況をモニタ

図8　簡易的なカラースケールを用いる腐食状況撮影の例

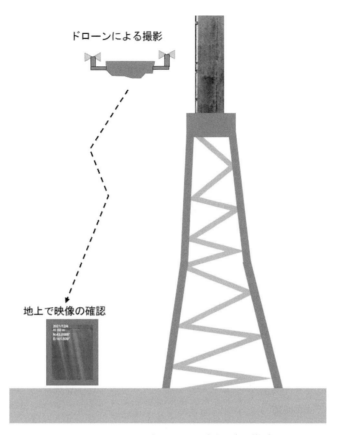

図9　ドローンを利用した写真撮影の模式図

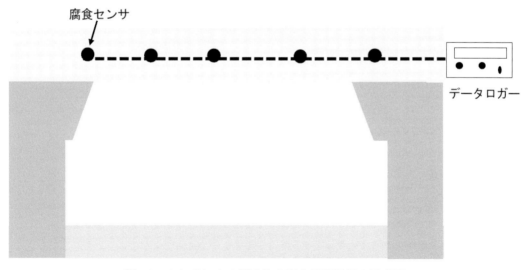

図10　センサによる構造物の腐食状況把握の模式図

第5章　構造物の腐食センシング・検出・モニタリング技術

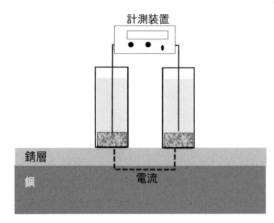

図11　耐候性鋼の錆安定度診断装置の模式図

リングする場合，穴を開けてその中にセンサを埋設する必要がある[9]。実構造物にセンサを設置する際の問題点として，電源の確保，データの回収方法，センサやケーブル類の耐久性などが挙げられる。

耐候性鋼に形成する錆の保護性に対応するイオン透過抵抗を診断する装置（Rust Stability Tester：RST）も開発されている[10]。この装置は，耐候性鋼に形成した緻密な錆膜を化学的に破壊しない電解液を使って，電気化学インピーダンス法の原理により計測するものである。装置の模式図を図11に示す。注射器のような円筒状の2つの筒に溶液を入れ，それらの先端と計測する鋼との間は，溶液が漏れず均一に接するように吸水性高分子のような電解液を保持するものが設置されている。電極には白金を溶液には0.1 M Na_2SO_4が用いられる。2つの筒の距離は，鋼内部の電気抵抗が近似的にゼロと見なせる範囲で変えることが可能である。

4. 効率的な維持管理の実現

ますます，効率的な維持管理が求められている。この要求に応じるためには，従来の目視を中心とした点検ではなく，画像やセンサの情報を人工知能（AI）や情報通信技術（ICT）を有効に活用した点検と管理の確立が必要といえる。図12にドローンやセンサの情報をネットワークを介して集約する点検を模式的に示す。このような方法が確立されることで維持管理の生産性向上が実現されるといえる。

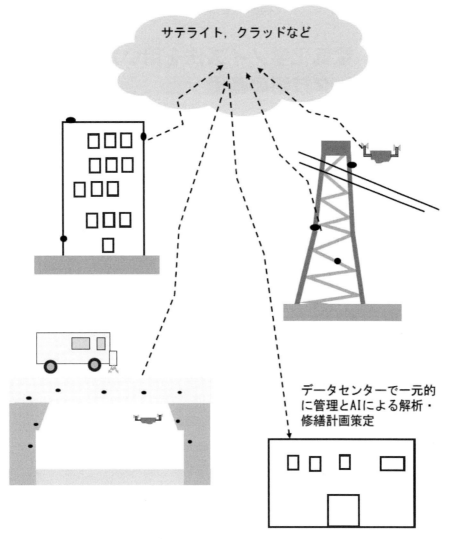

図12 今後の効率的な維持管理の予想図

文　献

1) 産経ニュース：https://www.sankei.com/article/20211006-K3II6FQCHBN7LC4S6GI2TDH2GU/（2024年6月6日閲覧）．
2) 東海テレビ：https://www.tokai-tv.com/newsone/corner/20210716-dogpee.html（2024年6月6日閲覧）．
3) 水流徹：材料と環境，**70**，317（2021）．
4) 国土交通省：https://www.ktr.mlit.go.jp/ktr_content/content/000717291.pdf（2024年6月11日閲覧）．
5) 国土交通省道路局：道路橋定期点検要領（2014）．https://www.mlit.go.jp/common/001044574.pdf
6) JIS Z2320-1「非破壊試験－磁粉探傷試験－第1部：一般通則」(2017)．
7) 中村大志，加藤穣，中越雄貴：インフラメインテナンス実践研究論文集，**1**，87（2022）．
8) 石井碩生，坂入正敏：鉄と鋼（2024）．https://doi.org/10.2355/tetsutohagane.TETSU-2024-055
9) 国土交通省：https://www.mlit.go.jp/common/001016261.pdf（2024年6月11日閲覧）．
10) 紀平寛：溶接学会誌，**63**(6)，435（1994）．

第5章 構造物の腐食センシング・検出・モニタリング技術

第2節　電気化学ノイズ法を用いた腐食モニタリング技術の基礎

大阪公立大学　井上　博之

1. はじめに

　電気化学ノイズ(Electrochemical Noise：EN)は，電極での酸化還元反応の揺らぎによって生じる，電位あるいは電流の微小な振動を指す[1]。前者は自然状態および定電流印加下における定常の電極電位の重畳成分であり，いずれも電位ノイズ(electrochemical potencial noise)と呼ばれる。後者は，自然状態にある2電極間の短絡電流および定電位規制下における電解電流の重畳成分で，電流ノイズ(electrochemical current noise)と呼ばれる。ENの波形から，その発生源である微視的な酸化還元挙動を推定する電気化学測定を電気化学ノイズ法(EN法)と呼ぶ。また，ENを電極系に内在する信号源と捉え，測定した電位ノイズと電流ノイズの強度比から電極の分極抵抗を推定する電気化学測定もEN法に分類される[2)3)]。

　腐食モニタリングは，一般に，実機環境中に，腐食による劣化や破損が懸念される対象部材と等価な試験片を設置し，対象部材の劣化の速度や破損の感受性を連続で評価する。腐食モニタリングは，機器や配管の健全性を保証し，運用や保全のスケジュールを最適化する上で重要な技術である。電気化学法は，金属腐食の機構である酸化還元反応を直接的に測定できるため，腐食モニタリングの手段として広く使われている。EN法のうち，自然状態での電極の電位ノイズならびに2電極間の電流ノイズを測定する方法は，汎用の電気測定器で測定系が構成でき，かつ電極の腐食速度あるいは局部腐食感受性の相対評価[4)5)]が可能であることから，現場での腐食モニタリングの電気化学法の1つとして期待されており，実機への適用も進んでいる。

　本稿では腐食モニタリングに適したEN測定法の概要を述べる。次いで，測定結果から腐食速度の逆数に対応する分極抵抗R_pを推定する方法を述べる。また，孔食や応力腐食割れなどの局部腐食が発生する前段階で生じる準安定局部腐食の電気量の推定法やノイズ波形の特徴について解説する。

2. 電気化学ノイズの測定方法

　腐食モニタリングを目的としたEN法では，(a)自然状態で電極電位に重畳する電位ノイズ，(b)自然状態にある2電極間の短絡電流に重畳する電流ノイズならびに(c)短絡された2電極の電位ノイズと短絡電流の電流ノイズと同時に測定する3種類の方法が用いられる(図1)。EN法には，他に定電流を印加した電極の電位ノイズあるいは定電位規制した電極への電解電流の電流ノイズを測定する方法がある。しかし，これらのノイズの測定では，装置の印加電流および設定

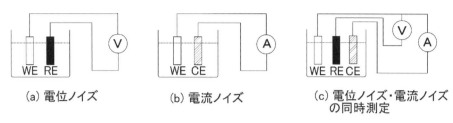

図1 腐食モニタリングに適するEN法
WE：作用極，RE：参照極，CE：対極，V：電圧計，A：電流計

電位の揺らぎが，測定対象のENの振幅と比較し充分に低い必要があるため，極めて高精度の測定系が要求される。このため，これらのENを用いた測定は，現場での腐食モニタリングではなく，もっぱら機構解明を目的とした実験室試験に用いられる。(a)自然状態での電位ノイズは，作用電極（WE）と参照電極（RE）間の電極電位の重畳成分を入力抵抗の高い電圧計で測定する。測定の対象が重畳成分であることから，使用するREは電極電位が熱力学的な可逆性を有している必要はなく，測定環境でおおむね安定な電位を示す材料であれば問題なく使用できる。電位ノイズの測定間隔は1秒前後とすることが多い。(b)自然状態での電流ノイズは，1組のWEと対極（CE）両の短絡電流の重畳成分を内部抵抗の低い電流計で測定する。WEとCEには，一般に，腐食モニタリングの対象部材と等価な材料の電極を用いる。ただし，局部腐食感受性の評価を目的とするモニタリングでは，WE側で注目する腐食を発生させるため，WEに引張応力の付加や鋭敏化熱処理，隙間の付与などを行う場合がある。また，電流ノイズの強度を高めるため，WEと比較し面積が充分に大きいCEを使用する手法もある[6]。測定間隔は電位ノイズと同じく1秒前後とすることが多い。(c)自然状態での電位ノイズ・電流ノイズの同時測定では，(b)の方法でWEとCE間の電流ノイズを測定し，同時に電流計を介して短絡されたWEおよびCEの電位ノイズを(a)の方法で測定する。R_pの推定を目的とする腐食モニタリングの測定では，WEおよびCE，REに，材料および面積が等しい同じ3つの電極を用いることが多い。

3. EN法による分極抵抗の推定

電極のR_pを推定する電気化学法としては，電極に微小な直流電流を印加して電位の変化を測定する直流分極法や同じく微小な交流電流を印加する交流インピーダンス法・EIS（electrochemical impedance spectroscopy）法が確立されており，腐食モニタリングにも広く適用されている。EN法も，2.で述べた(c)の電位ノイズと電流ノイズの同時測定の結果から同じくR_pを推定できる。直流分極法および交流インピーダンス法では，電極に直流あるいは交流の電解電流を印加する外部電源が必要である。一方，EN法は酸化還元反応の揺らぎによる電流ノイズを用いるため，外部電源は必要ない。EN法は，装置の制約が多い，現場での腐食モニタリングに適した方法といえる。

短絡したWEとCE間の電流ノイズと両電極の電位ノイズからR_pを推定する方法を以下に述べる。ここでは，WEとCEは同じ材料および面積の電極とする。また，REはWEおよびCE

第5章　構造物の腐食センシング・検出・モニタリング技術

と異なり，環境中で腐食せず一定の電位を示す（電位ノイズを発生しない）電極とする。RE に，WE および CE と同一の電極を用いて測定した際の扱いは後述する。

一定の間隔で同時測定した WE–CE の短絡電流および電極電位の経時変化から，定常の電流や電位（トレンド成分）を差し引き，それぞれに重畳している電流ノイズおよび電位ノイズをデジタル信号として抽出する。短絡電流および電極電位の測定間隔は一般に 1 秒あるいはより長い周期とされる。高速フーリエ変換（FFT）法などを用いて各ノイズの信号の周波数分布を計算する。計算した電位ノイズおよび電流ノイズのパワースペクトル密度（power spectrum density：PSD）を，それぞれ $\psi_E(f)$（V/$\sqrt{\text{Hz}}$）および $\psi_i(f)$（A cm^{-2}/$\sqrt{\text{Hz}}$）とすると，WE の電気化学インピーダンス $Z(f)$（Ω）は次式で示される。

$$Z(f) = \psi_E(f) / \psi_i(f) \tag{1}$$

$Z(f)$ の周波数 0 への外挿値は，直流でのインピーダンス，すなわち分極抵抗 R_p に相当することから，自然状態での EN と R_p は次式で与えられる[7]。

$$Z(f \to 0) = R_p = \psi_E(f \to 0) / \psi_i(f \to 0) \tag{2}$$

式(2)の $\psi_E(f \to 0)$ および $\psi_i(f \to 0)$ は，ψ_E あるいは ψ_i の直流成分であり，低周波数域の PSD から推定する。具体的には，f が充分に低い 10 mHz から 1 mHz 程度の $\psi_E(f)$ および $\psi_i(f)$ を，直流成分である $\psi_E(f \to 0)$，$\psi_i(f \to 0)$ に等しいと見なして推定を行う。なお，RE に WE や CE と同じ材質の電極を使用した場合，測定される電位ノイズは，短絡された WE と CE の EN に，RE 自体の EN が加算されたものとなる。RE の表面積が WE および CE と同一とすると，RE の電位ノイズの強度は，同じく WE–CE の $\sqrt{2}$ 倍となる[8]。このため，同じ 3 電極で測定した場合の R_p は以下の式で示される。

$$R_p = \psi_E(f \to 0) / \{\sqrt{2}\,\psi_i(f \to 0)\} \tag{3}$$

$\psi_E(f)$ および $\psi_i(f)$ の全周波数域にわたる積分値は，それぞれ電位ノイズおよび電流ノイズの振幅の標準偏差 σ_E および σ_i に等しい。ここで，σ_E と σ_i の比が，$\psi_E(f \to 0)$ と $\psi_i(f \to 0)$ の比に近似するとすると仮定できれば，式(2)に代わり，次式で R_p が推定できる。

$$R_p = \sigma_E / \sigma_i \tag{4}$$

式(4)の標準偏差を用いた推定は，経験的に，上記の低周波域での PSD に遜色ない精度で R_p を推定できるとされている。また，標準偏差は，同じ信号の PSD の周波数分布を FFT で計算する場合と比較し，はるかに少ない計算量で求めることができる。しかし，測定間隔よりも低い周波数域でスパイク状の電磁ノイズ（たとえばリレー接点の ON/OFF によるノイズ）が生じる条件下では誤差を生む可能性がある。計測器に接続される小型コンピューターの演算能力が格段に向上した現在では，周波数解析を前提とした式(2)あるいは式(3)の方が合理的で信頼性も高いと考えられる。

EN 法による R_p の推定は外部電源を必要としない反面，交流インピーダンス法とは異なり電

— 156 —

極間の溶液抵抗 R_s を測定できない。R_s の大きさが R_p に対して無視できない系で測定した EN から求めた $\psi_E(f \rightarrow 0)$ と $\psi_i(f \rightarrow 0)$ は，これらのインピーダンスと以下の関係となる[9]。

$$R_p = \psi_E(f \rightarrow 0) / \psi_i(f \rightarrow 0) - R_s \qquad (5)$$

溶液の伝導度が低い系に EN 法を適用する際には，R_s が無視できるよう WE と CE の形状や間隔を工夫する，あるいは，EN 測定以外の方法で，あらかじめ WE と CE 間の R_s を推定しておく必要がある。

4. EN 法による局部腐食感受性の評価

孔食や SCC などの局部腐食は，環境条件が，進展性の食孔や腐食き裂が生成する臨界条件より過酷となった場合に発生する。臨界条件よりマイルドな環境でも，微視的には食孔や腐食き裂は生成するが，準安定であり，持続的な進展が可能な臨界サイズに達する前に再不働態化して非進展性の萌芽食孔や微小き裂となる。生成した食孔や腐食き裂が再不働態化せず進展する臨界サイズは，塩化物水溶液中でのオーステナイト系ステンレス鋼では，食孔では半径 20～30 μm[10]程度，腐食き裂は表面長さで約 100 μm[11]とされている。

臨界条件よりマイルドな環境中でも，その過酷さが臨界条件に近くなると，萌芽食孔や微小き裂の発生頻度は増加し，その寸法も臨界サイズに接近すると考えられる。EN 法による局部腐食モニタリングは，電流ノイズあるいは電位ノイズの波形から対応する準安定局部腐食の寸法を解析し，電極に進展性の局部腐食が生成する可能性（局部腐食感受性）を評価する。

4.1 準安定局部腐食による EN の機構
4.1.1 電流ノイズ

ある環境中に浸漬された WE で不働態皮膜が破壊して準安定局部腐食が生成する状態を考える。2. の(b)の構成で WE と同じ材料の CE が，WE と短絡されているとする。ただし，WE には引張応力の付加や鋭敏化熱処理，隙間の付与などがされており，局部腐食感受性は WE の方が CE と比較し充分に高いとする。ここで，WE の不働態皮膜が破壊し，素地の金属がアノード溶解して局部電流 I_l が生じたとする。このアノード反応と対となるカソード反応は，WE ならびに短絡された CE の両方で進行する。ここで，WE と CE 間の溶液抵抗 R_s が十分に小さいとすると，カソード反応の全電流は電極の単位面積あたりの強度が等しくなるよう，両試験極間で分配される。WE と CE を短絡する電流計で測定される電流ノイズを $\Delta I(t)$ とすると，任意の時間 t で局部電流 $I_l(t)$ 関係は次式で示される。

$$I_l(t) = - \{(S_{WE}/S_{CE}) + 1\} \, \Delta I(t) \qquad (6)$$

ここで S_{WE} と S_{CE} は，それぞれ WE と CE の表面積を示す。式(6)より，電流計で測定した電流ノイズ $\Delta I(t)$ から局部電流 $I_l(t)$ を推定できる。

第5章 構造物の腐食センシング・検出・モニタリング技術

4.1.2 電位ノイズ

ある環境中に，**2.** の(a)の構成でWEが浸漬されているとする。WEで不働態皮膜が破壊して局部電流 I_l が生じた場合，対となるカソード反応はWE上で進行する。これらのカソード反応は，溶存酸素や水素イオンなどの酸化剤の還元および電極の電気二重層の放電によって生じる。前者の電極と酸化剤との間で電荷移動が生じる反応をファラディック反応，後者の容量成分の過渡的な放電による反応をノンファラディック反応と呼ぶ。

電位ノイズは，I_l の対となるカソード反応が，ファラディックあるいはノンファラディック反応のいずれに支配されるかにより，同じ $I_l(t)$ であってもその波形が異なる。任意の時間 t での電位ノイズを $\Delta E(t)$ とする。カソード反応がファラディック反応支配の場合，$\Delta E(t)$ と $I_l(t)$ の関係は次のターフェル式で表される。

$$I_l(t) = I_p \{ -\exp(-2.303 \, \Delta E(t)/b_c) \} \tag{7}$$

ここで I_p および b_c は，それぞれ，自然状態でのWEの不働態保持電流とカソード反応のターフェル傾きである。一方，ノンファラディック反応支配の場合，カソード反応はWEの電気二重層の放電となる。この場合，$I_l(t)$ は，$\Delta E(t)$ ではなく，その変化速度 $dE(t)/dt$ の関数となる。

$$I_l(t) = -C_d(dE(t)/dt) \tag{8}$$

ここで C_d はWEの二重層容量の実効値を示す。式(8)より，不働態皮膜の破壊から再不働態化に至る過程の $I_l(t)$ が最大となる時点において $dE(t)/dt$ は最大となる。また，再不働態化が完了して $I_l(t)$ が0となった際に $\Delta E(t)$ はマイナス側への極大値 ΔE_{max} となる。ΔE_{max} 到達後は，不働態皮膜の破壊から再不働態化に至る過程で電気二重層に蓄積された電子が，WE上でのファラディックなカソード反応によって消費される(引き抜かれる)ことによって同層が充電され $\Delta E(t)$ は0に戻る(皮膜破壊がない定常時の電極電位に回復する)。ただし，このファラディックなカソード反応は，高抵抗の不働態皮膜を介しての電荷移動であることから，その速度は遅く，$\Delta E(t)$ の減衰(電極電位の回復)は一般に緩やかに進行する。実際の電極系では，ファラディック反応とノンファラディック反応の一方のみが生じることはなく，両者は同時に併行して進行する。したがって局部電流と電位ノイズの関係は，一般には，式(7)と式(8)を加算した次式となる。

$$I_l(t) = I_p \{ -\exp(-2.303 \, \Delta E(t)/b_c) \} - C_d(dE(t)/dt) \tag{9}$$

ただし，I_p が小さく I_l の変化速度(すなわち $\Delta E(t)$ の変化速度)が大きい系では，実質上，式(9)の右辺の第2項，すなわち式(8)から I_l が決定される。この場合，C_d が既知である，あるいは単位面積あたりの値を典型値である $C_d = 20\sim40 \ \mu F/cm^2$ と仮定するならば，式(9)の積分値である局部溶解の電気量 Q_l はノイズ振幅の最大値 ΔE_{max} から求められる。

$$Q_l = C_d \, \Delta E_{max} \tag{10}$$

ファラディック反応の寄与の大きい系では，$I_l(t)$ は式(10)に従う。この場合，推定には，C_d に

— 158 —

加え I_p ならびに b_c の値も必要となる。ステンレス鋼上での溶存酸素の還元反応の b_c は，一般に，120 mV/decade と仮定できる。I_p の値は文献あるいは実験室で測定されたアノード分極曲線より推定できる。ただし，I_p は，不働態皮膜の成長に伴い浸漬時間と共に減少することに注意しなければならない。比較的穏やかな環境中における研磨直後における 304 鋼の I_p の単位面積あたりの値は $i_p = 10^{-2}$ A/m^2 前後であるが，浸漬後数百時間で 10^{-5} A/m^2 程度まで低下することが知られている[12]。なお，これらの電気化学パラメータが未知な場合や，式(9)や式(10)の適用性が確認できていない系においては，電位ノイズの波形から，対応する $I_l(t)$ を，実験的に測定することが望ましい。この手法は逆電位設定法[13]（Reverse Potential Setting Method：RPS 法）と呼ばれ，自然状態で測定された電位ノイズ $\Delta E(t)$ を，同じ条件下の電極にポテンショスタットを介して印加し，その際に生じる試験極–対極間の電解電流の振動成分から $I_l(t)$ を推定する。

4.2 電気化学ノイズの波形
4.2.1 電流ノイズ

電流ノイズの典型波形を図2に示す。酸化性環境での局部電流 I_l は，一般に，緩やかに増加した後突然消滅するタイプの変化を示す[14)-16)]。この電流波形を SR（slow rise followed by rapid recovery）型と呼ぶ。電流計で測定される電流ノイズを $\Delta I(t)$ は，局部電流の時間変化 $I_l(t)$ に比例する（式(6)）ことから，測定されるノイズ波形も同じく SR 型となる。準安定局部腐食の進展モデルのうち，最も単純なものは，その生成から再不働態化まで，一定の速度で進展が生じると仮定するモデルである。このモデルに従うと，局部電流 I_l は，時間と共に増加し，局所溶解部の寸法（き裂深さや食孔半径）が最大値に達した時点で再不働態化により消滅することになる。塩化物水溶液中でのステンレス鋼の電流ノイズの波形の多くが SR 型に分類できることは，同条件での準安定き裂や食孔の発生から再不働態化までの進展過程が，おおよそ上記の単純なモデルに従うことを示唆している。なお，同じ塩化物水溶液中でも純鉄の局所溶解による $I_l(t)$ は，SR 型とは逆に，急激に電流が増加した後緩やかに減衰する波形を示すことが報告されている[15]。この波形を RR（rapid rise followed by slow recovery）型と呼ぶ。

腐食隙間内部や進展性の局部腐食が試験極上に存在している条件下で皮膜破壊が起こると，その電極電位が低いため，局部電流はカソード電流となる[17]。このような，局部カソード電流が生

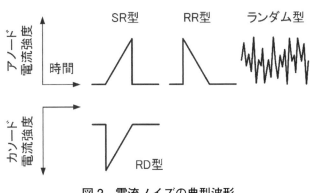

図2 電流ノイズの典型波形

じる理由については必ずしも明らかではないが,皮膜破壊部の新生面は活性が高いことから,過渡的に水素発生反応や溶存酸素の還元反応の電流が,溶解によるアノード電流を上回ったことにより生じたと推定される[18]。

全面腐食は,電極局所でのアノードならびにカソード電流の強度が,時間的・空間的に揺らぐことによって生じる。つまり,ある電極局所での電流変化は,他の局所での変化とは無関係に生じることから,これらの電流を,電極全面に渡って積分した結果である電極全体での電流ノイズは,ランダム型の波形[19][20]となる。

4.2.2 電位ノイズ

電流ノイズの典型波形を図3に示す。酸化性環境では,電極の種類にかかわらず,準安定局部腐食の発生に対応して,急速にマイナス側へ移行した後緩やかに回復するタイプの電位ノイズが発生する[21)-23]。このタイプの電位ノイズ波形をRD(rapid drop followed by slow recovery)型と呼ぶ。RD型はマイナス側での電位停滞の有無によりⅠ型とⅡ型に分けることができる。Ⅱ型の電位停滞時は,式(9)の$dE(t)/dt$が0となるため,局部電流により生成した電子は,もっぱらファラディックな反応により消費される[22]。腐食隙間内部や進展性の局部腐食が試験極上に存在している条件下で皮膜破壊が生じると,RD型とは対照な,急速にプラス側へ電位が移行した後緩やかに回復するタイプの電位ノイズが観測される。低pH環境中でのき裂の発生[24]や,隙間腐食内部を起点としたき裂発生[18]において,このタイプの電位ノイズが発生することが確認されている。このノイズ波形をRR型と呼ぶ。

全面腐食状態での電極のアノード・カソード電流は,先述の通り,ランダム型の揺らぎを有する。このため,これら電流によって励起される腐食電位の振動(すなわち電位ノイズ)も同じくランダム型となる。

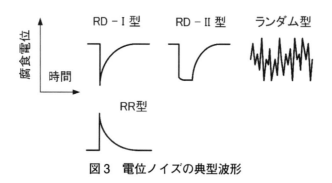

図3 電位ノイズの典型波形

文 献

1) D.E. Williams : *Dechema Monographs*, **101**, 253 (1986).
2) ISO 17093 : Corrosion of metals and alloys - Guidelines for corrosion test by electrochemical noise measurements (2015).
3) 井上博之:材料と環境, **67**, 59 (2018).
4) 中村彰夫, 井上博之:日本海水学会誌, **71**, 22 (2017).
5) 有岡真平, 松岡誠, 山本宝志, 小森一夫, 井上博之:材料と環境, **63**(12), 600 (2014).

6) 渡辺豊, 木村史貴, 庄子哲雄：材料と環境, **45**, 667 (1996).

7) H. Xiao and F. Mansfeld：*J.Electrochem.Soc.*, **141**, 2332 (1994).

8) D.E. Eden：Uhlig's Corrosion Hand book, 3rd. ed, Ed. by Revie. R.W, John Wiley & Sons, Inc., 1167 (2011).

9) U. Bertocci, C. Gabrielli, H. Huet and M. Keddam：*J.Electrochem.Soc.*, **144**, 31 (1997).

10) 久松敬弘：鉄と鋼, **63**, 574 (1977).

11) N. Akashi and G. Nakayama：Plant aging and life prediction of corrodible structures, Ed. by T. Shoji and T. Shibata, NACE, 99 (1997).

12) 腐食防食協会(編)：金属の腐食 Q&A, 電気化学入門編, 丸善, 127 (2002).

13) 井上博之, 山川宏二, 菊池輝親, 米田裕：材料と環境, **45**, 717 (1996).

14) G.S. Frankel, L. Stockert, F. Hunkeler and H. Boehni：*Corrosion*, **43**, 429 (1987).

15) T. Tsuru and M. Sakairi：*Corros. Sci.*, **31**, 361 (1990).

16) Y. Watanabe and T. Kondo：*Corrosion*, **56**, 1250 (2000).

17) 土屋由美子, 斎藤宣久：材料と環境, **50**, 323 (2001).

18) 井上博之, 大中紀之：材料と環境, **49**, 99 (2000).

19) P.C. Searson and J.L. Dawson：*J.Electrochem.Soc.*, **135**, 1908 (1988).

20) C. Gabrielli and M. Keddam：*Corrosion*, **48**, 794 (1992).

21) T. Hagyard and J.R. Williams：*Trans. Faraday Soc.*, **57**, 2295 (1961).

22) H.S. Isaacs and Y. Ishikawa：*J.Electrochem.Soc.*, **132**, 1288 (1985).

23) M. Hashimoto, S. Miyajima and T. Murata：*Corros. Sci.*, **33**, 885 (1992).

24) J.G. Gonzalez-Rodriguez, V.M. Salinas-Bravo, E. Garcia-Ochoa and A. Diaz-Sanchez：*Corrosion*, **53**, 693 (1997).

第5章　構造物の腐食センシング・検出・モニタリング技術

第3節　赤外線を利用した鉄筋の腐食評価

法政大学　溝渕　利明

1. はじめに

　1970年代の高度経済成長期において，国内では非常に多くの鉄筋コンクリート構造物が建設された。それらの構造物は，供用後50年以上経過しており，その多くで老朽化や劣化が進行している。この膨大なインフラストックをできる限り長く供用できるようにするためには，適切な維持管理を行い，構造物の長寿命化に努めていく必要がある。そのためには，構造物の現状を的確に把握し，今後の維持管理計画を立案していく必要がある。

　コンクリートの劣化要因は種々あるが，塩害や中性化による鉄筋腐食は腐食生成物によって鉄筋周囲を膨張させ，コンクリートにひび割れや剥離などを引き起こし，構造物の耐久性を大きく損なう劣化現象である。コンクリート中の鉄筋の腐食状況の確認は，コンクリート表面にひび割れや錆汁が生じているかなどの劣化現象が明らかになるまで困難であるが，こういった劣化現象が生じた段階では，コンクリート構造物には大きな損傷が発生している場合が多い。そのため，早期に鉄筋の腐食状況を把握することが重要である。

　鉄筋コンクリート構造物における鉄筋腐食などの劣化状況を把握するために，これまで調査箇所の一部を斫り出す破壊試験方法が行われてきた。この手法では，一旦調査を実施すると繰り返し同一箇所で行うことが難しく，また，近接箇所を繰り返し調査すれば対象とする部材の劣化進行を助長させてしまうことになる。そのため，劣化状況把握のための検査手法としては非破壊で行うことが望ましいといえる。非破壊検査であれば，鉄筋コンクリート構造物の同一箇所で繰り返し調査を行うことができ，その部位の経年変化から将来の劣化挙動を予測することが可能となってくる。ただし，従来の非破壊検査手法の中には，機器の操作や結果の判断に専門的な知識やスキルが必要なものがあった。したがって，今後さらに増大していく膨大なインフラストックの劣化調査に際しては，検査自体が検査者の技量に依存しない定量的な評価を行える必要があると共に，検査手法が簡便かつ比較的安価であることが求められることとなる。

　現在，コンクリート内部の鉄筋の腐食の有無の判定には，自然電位法が提唱されており，ASTMや土木学会では試験法として規準化もされている[1)2)]。ただし，この方法は鉄筋の腐食の有無の判定がある程度できるものの，コンクリートの含水状態や含有する塩分量によって値が変化することが報告されており，腐食厚や腐食面積などの腐食の程度を評価することは難しいとされている。一方，分極抵抗法は鋼材の腐食速度と分極抵抗の逆数が比例関係にあることを利用して，腐食速度を推定する方法であり，鉄筋腐食の程度を評価する方法の1つであるが，測定方法，機器によって評価が異なるなどの課題を有している[3)4)]。また，コンクリートの電気抵抗を

測定して鉄筋腐食の進行を推定する方法も提案されているが，鉄筋腐食状況を間接的に推定することから，鉄筋自体の腐食状況を把握できないなどの課題がある[5]。

このように鉄筋腐食状況を推定するための非破壊検査手法は各種あるが，ここでは非破壊でかつ非接触の赤外線法に着目した方法について紹介する。既往の研究[6)-9)]においては，腐食鉄筋が埋設されている供試体に温度変化を与えると，表面の温度変化が健全時とは異なることが確認されている。また，鉄筋の腐食による温度変化に加え，かぶり部分に内部ひび割れが生じている場合においても表面温度が変化することが確認されており[10]，赤外線の画像変化によりかぶり部分および鉄筋近傍を含めたコンクリート表層部における劣化状況を推定する可能性があると思われる。

本稿では，赤外線画像を用いた鉄筋の腐食状況の推定手法について，コンクリート表面部の温度変化に着目した基礎的な研究成果について概説する。

2. 赤外線を用いた鉄筋コンクリート構造物の検査手法

コンクリート構造物の検査手法としては，目視や打音による方法，非破壊検査機器を用いた方法などがある。特にコンクリート内部の変状を把握するためには，部材の一部を破壊するか，非破壊によって行うかになる。コンクリート構造での非破壊による測定原理としては，波を用いるものがほとんどである。弾性波，超音波，電磁波，赤外線，X線，マイクロ波など，周波数帯は異なるもののどれも波である。物体内の状況を把握するためには，物体を透過もしくは，途中で反射するものでないと，出力結果が得られない。ただし，これらの波はいろいろな条件によって散乱したり，屈折したり，減衰したりして，所要の情報を得るのが難しい場合がある。

非破壊検査手法のうち，非接触でのコンクリート表面部の浮きや剥離の検知方法としては，赤外線を用いた方法が以前から行われている。赤外線は絶対零度以上の物質が放射されている電磁波であり，放射されるエネルギーは温度が高いほど大きくなる。ある物体の放射率に対して，単位面積および単位波長あたりの放射発散度は，以下に示すプランクの式で表すことができる。

$$W_\lambda = \varepsilon \cdot \frac{2\pi hc^2}{\lambda^5} \cdot \frac{1}{e^{\frac{ch}{\lambda kt}} - 1} \tag{1}$$

ここで，W_λ は分光放射発散度（W/(cm^2・μm)），ε は放射率（%），h はプランク定数（6.626×10^{-34} W・s^2），c は光速度（2.998×10^{10} cm/s），λ は波長（μm），k はボルツマン定数（1.381×10^{-23} W・s/K），T は絶対温度（K）である。式（1）を用いて赤外線センサの検出波長帯における放射率が既知の場合，物体が放射する赤外線量から，物体表面の温度を求めることができる。赤外線サーモグラフィは，対象とする物体から放射される赤外線を赤外線センサ（赤外線エネルギーを電気信号に変換するもの）で検知し，温度に換算して可視化したものである。コンクリート構造物においては，表面部近くでの浮きや空隙がある場合，その空隙が断熱層となって，日射や外気温変化に対して健全部と異なる温度変化を示す所から，それらを検知するものである。ひび割れのようなわずかな空隙であっても温度変化さえあれば検知することが可能である。ただし，コンクリート表面に汚れなどがあった場合，その他の部位との温度変化が生じてしまうと，空隙なの

第5章　構造物の腐食センシング・検出・モニタリング技術

か汚れなのか判断するのは難しい場合がある。

　最近，赤外線を用いた鉄筋腐食評価手法が提案されている。その手法の1つは，コンクリート中の鉄筋を低周波型交流電流により通電加熱し，コンクリート表面の温度変化を赤外線法によって測定することによって鉄筋の腐食状況を把握しようとするものである。この方法を用いれば，非接触で劣化状態をある程度評価することが可能となる。ただし，鉄筋を加熱させるには膨大なエネルギーが必要であり，また鉄筋の加熱膨張に伴い，鉄筋周囲に微細ひび割れを生じさせる可能性があるなどの課題がある。さらに，鉄筋を加熱させるために鉄筋の一部を斫り出す微破壊を行う必要があるという課題もある。一方，温度変化を比較的容易に与えることが可能な冷媒を用いて，腐食していない鉄筋（以下，健全鉄筋）と腐食している鉄筋（以下，腐食鉄筋）による温度変化の違いを把握することで，コンクリート表面の熱画像からコンクリート中の鉄筋の腐食状況の評価の可能性について研究が行われている[10)-12)]。

2.1　電磁誘導加熱による鉄筋加熱から鉄筋の腐食状況を把握する方法

　大下らは[6)]，コンクリート中の鉄筋を低周波型交流電流により通電加熱し，コンクリート表面の温度変化を赤外線法によって測定することで，鉄筋の腐食状況評価を行っている。この方法を用いることによって，赤外線画像上から鉄筋の健全部および腐食部においてコンクリート表面の温度性状に明確な差異があることを確認している。これは，鉄筋の腐食生成物が断熱材的役割を果たすことにより，非腐食領域に比べ腐食領域のコンクリート表面の最高温度が低くなり，時間の経過による温度低下割合も小さくなったためとしている。ただし，本手法である強制加熱手段としての鉄筋の通電加熱法では，たとえばスラブ状の部材において縦筋と横筋が配筋されており，そのため電流が迷走してしまい，対象とする箇所を発熱できない可能性があること，鉄筋に通電用の電極を設置する必要があるため，構造物の一部を斫る必要があり，構造物に損傷を与えること，鉄筋に直接通電することから，電食作用による鉄筋腐食を助長させてしまう可能性があることなどの問題点がある。

　そこで，大下らは上記の問題点を改善するための加熱法として，電磁誘導加熱法を適用している[7)-9)]。電磁誘導加熱法とは，商用電流をインバータによって高周波電流に変換し，コイルに通電することによってコイルから発生した磁界の影響により，磁性体に渦電流によるジュール熱を発生させるものであり，非磁性体であるコンクリートは加熱されずにコンクリート部材内に埋設されている鉄筋のみを非接触で加熱させることが可能な方法である。電磁誘導加熱では，コイルへの負荷電力を大きくすることによって，被加熱物（ここでは鉄筋）に対して比較的短い時間に大きな熱量を与えることが可能であるとしている。いわゆる最近一般家庭でも用いられている IH（induction heating）調理器（内部に配置されるコイルに流れる電流により，所定の種類の金属製の調理器具を自己発熱させて加熱するための器具）の原理を用いたものである。

　電磁誘導加熱法によって加熱された鉄筋に対して，コンクリート表面での温度変化は通電加熱した場合と同様に，鉄筋の腐食部と健全部での温度変化量の違いがあることが確認されており，かぶり深さについては 70 mm まで判定できる可能性を示唆している[7)]。また，部分腐食の有無の判定の可能性も示している[8)]。さらに，大下らはコンクリート表面の温度履歴から，鉄筋の腐食

— 164 —

形状を逆解析により評価が可能な手法を構築しており，暴露供試体での鉄筋の腐食厚の実測値と比較して解析値が比較的精度良く評価していることを示している[9]。

以上のように，鉄筋コンクリート部材内部の鉄筋のみを加熱する方法を用いて，コンクリート表面温度の変化を赤外線画像によって測定し，鉄筋の腐食形状などの鉄筋腐食状況を逆解析により評価可能な手法の有用性が確認されている。ただし，本手法のような鉄筋を加熱させる方法の場合，鉄筋を加熱させるための電源の確保が必要であり，鉄筋加熱用コイル，インバータなど加熱に必要な機器をフィールドに搬入しなければならないといった課題もあり，フィールド調査を行うためには，上述した課題を解決していく必要がある。

2.2 冷媒を用いたコンクリート表層部の冷却による鉄筋腐食状況の把握方法

本手法はコンクリートを加熱するのではなく，冷媒によって冷却する方法を用いており，鉄筋近傍まで温度変化を与えられることを確認している。ただし，ここで課題となるのは鉄筋近傍を何℃まで冷却すれば腐食の程度が判別できるのかという点にあり，そのためコンクリート表面を何℃まで冷却すればよいかを明確にする必要がある。また，コンクリート表面から鉄筋までのコンクリートの品質（空気量，細孔構造など）による温度変化の違いや，鉄筋腐食の程度による温度変化の違いなども明らかにする必要がある。もちろん，比較的簡便にコンクリート表面を冷却するための装置の開発を行う必要もある。

本手法の特徴としては，従来の加熱法に比べて環境に優しく（エネルギー消費量が少ない），簡便である点にある。また，本手法は鉄筋近傍を数℃程度冷却することで，コンクリート表面部との温度勾配が生じ，鉄筋の変状による温度変化の把握が容易である利点がある。また，腐食生成物の厚さ（鉄筋の断面欠損）によって，温度変化が異なることが予想されることから，鉄筋の腐食の程度をある程度評価できるものと考えられる。以下に本手法についての研究成果の概要を紹介する。

3. 冷媒を用いた赤外線による鉄筋の腐食量の定量評価について

3.1 鉄筋の腐食量の評価について

コンクリート部材内の鉄筋の腐食状況を把握するためには，鉄筋自体の腐食量，腐食率を定量的に把握する必要がある。既往の研究では，腐食した鉄筋から腐食生成物を薬品などで除去した後に質量を測定し，除去前の質量差から平均的な腐食量を算定しているが，この方法では部分腐食の場合，腐食量および腐食厚自体を少なく算定してしまうこととなる。また，部分腐食した鉄筋の面積は，腐食部と非腐食部を画像処理などで二値化して算定する方法が用いられているが，この方法では腐食部の腐食厚を算定することができないといった問題点がある。そこで，ここでは3Dスキャナを用いて腐食した鉄筋と腐食部を除去した鉄筋を測定し，腐食部の体積，面積，腐食形状から腐食量，腐食層分布の算定を行った事例を紹介する[13]。

3Dスキャナでの測定イメージを**図1**に示すと共に，実際に屋外暴露した鉄筋の測定例を**表1**に示す[14]。また，デジタルマイクロスコープでの測定例を**図2**に示す。図1および表1から，腐

第5章　構造物の腐食センシング・検出・モニタリング技術

図1　3Dスキャナによる鉄筋腐食状況把握[13]

表1　腐食鉄筋の腐食状況測定例[13]

供試体名	健全供試体	暴露鉄筋（海岸部：暴露1年）	暴露鉄筋（海岸部：暴露3年）
鉄筋写真			
各鉄筋の3Dスキャナ画像（腐食層除去前）			
体積(mm^3)	1752	2032	4113
重量(g)	13.71	15.63	16.08
表面積(mm^2)	907	897	2482
密度(g/cm^3)	7.83	7.69	3.91
各鉄筋の3Dスキャナ画像（腐食層除去後）			
体積(mm^3)	1752	2022	1125
重量(g)	13.71	15.59	6.90
表面積(mm^2)	907	890	788
密度(g/cm^3)	7825	7.71	6133
腐食層体積(mm^3)	0	11	2988
腐食層重量(g)	0.00	0.04	9.18
腐食層の見かけの密度(g/cm^3)	0.00	3.64	3.07
3Dスキャナによる平均腐食厚(mm)	0.00	0.46	4.58

第3節 赤外線を利用した鉄筋の腐食評価

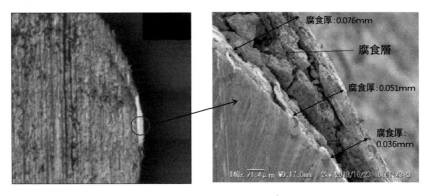

図2 鉄筋の腐食状況[13]

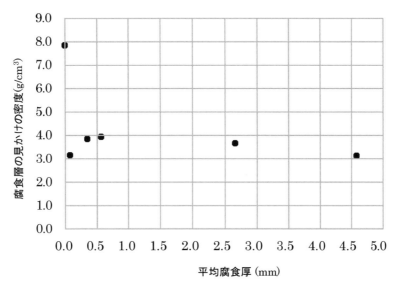

図3 平均腐食厚と見かけの密度との関係[13]

食層除去前後の画像を取得することで，任意の部位での腐食層の体積，表面積，平均腐食厚の算定を行うことが可能となる。さらに，腐食層除去前後の質量を測定することで，腐食層の平均密度の算定も可能となる。3Dスキャナでの測定結果を基に，鉄筋の平均腐食厚と腐食部分の見かけの密度との関係を算定した結果を図3に示す。図3から，腐食厚にかかわらず見かけの密度が60％程度低下する結果となった。また，腐食部の体積膨張率が1.2～2.4であり，既往の研究よりも若干小さい結果となっている[15]。

腐食層自体は，図2に示すように薄層が重なるような形状をしており，層間に空隙が生じているのが確認できる。この空隙層によって熱伝導自体が小さくなり，見かけの密度も小さくなったと考えられることから，健全鉄筋と腐食鉄筋で，温度変化を与えた場合にコンクリート表面での温度変化に違いが生じているといえる。

― 167 ―

第5章　構造物の腐食センシング・検出・モニタリング技術

3.2　冷媒（液体窒素）を用いた赤外線画像による鉄筋腐食状況の検討

　赤外線による腐食状況の把握のための一例として，冷媒に液体窒素を用いてコンクリート表層部（コンクリート表面から鉄筋までの部分）を冷却し，コンクリート部材内の鉄筋の腐食状況を把握するための室内実験を行っている。実験では，鉄筋を埋め込んだ供試体の上面に周囲を断熱材で覆った熱伝導の良い銅製の冷却容器を設置し，冷却容器とコンクリート表面の間に設置した熱電対で所定の温度まで冷却し，その後赤外線サーモグラフィでコンクリート表面の熱画像および温度計測を行った。測定例として，塩害と中性化の促進実験を行ったかぶり 10 mm の供試体の計測結果を**表2**に示す。供試体は，コンクリート表面温度が−30℃になるまで冷却し，その後 60 秒間温度計測を行い，測定後鉄筋を斫り出して腐食状況を確認した。コンクリートの表面温度が−30℃に達するまでの時間は約 180 秒であった。

　表2から，鉄筋が全面腐食した供試体は測定開始後 40 秒で鉄筋形状がある程度判別可能であることがわかる。一方，部分腐食した供試体では，全面腐食した供試体に比べて鉄筋直上での温度変化を確認することができるものの，鉄筋形状まで明確に判別することは難しい結果であった。次に，コンクリート供試体に表1に示した健全な鉄筋と平均腐食厚が異なる腐食鉄筋をかぶり 30 mm の位置に埋め込んで，上述した実験と同様に液体窒素でコンクリート表面が−30℃になるまで冷却した後，赤外線サーモグラフィによる温度変化の測定を行った。各ケースの鉄筋直上近傍でのコンクリート表面の熱画像の測定結果を**表3**に示すと共に，コンクリート表面の温度履歴を**図4**に示す。表3から，測定開始直後は，各供試体ともほぼ同様な温度分布となって

表2　コンクリートの温度変化（かぶり 10 mm）[13]

腐食状況	全面腐食	部分腐食
かぶり(mm)	10	10
平均腐食厚(mm)	2.51	1.73
腐食面積(mm²)	6270	2930
実験開始時のコンクリート表面温度(℃)	−30	−30
鉄筋の腐食状況		
腐食画像		
冷却直後		
20秒後		
40秒後		
60秒後		

第3節 赤外線を利用した鉄筋の腐食評価

表3 コンクリートの温度変化(かぶり 30 mm)[13]

腐食状況	健全鉄筋	暴露鉄筋 (海岸部：暴露1年)	暴露鉄筋 (海岸部：暴露3年)
かぶり(mm)	30	30	30
平均腐食厚(mm)	—	0.46	4.58
腐食層の見かけの密度 (g/cm³)	—	6.27	2.93
実験開始時の コンクリート表面温度 (℃)	-30	-30	-30
冷却直後			
20秒後			
40秒後			
60秒後			

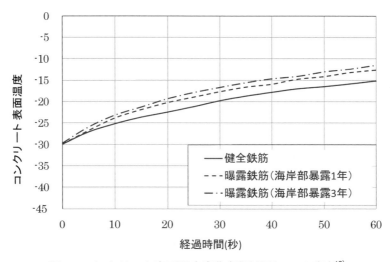

図4 コンクリート表面温度変化(試験開始：−30℃)[13]

いるものの，試験開始20秒後には健全鉄筋と腐食鉄筋での温度分布に差異が生じており，試験開始40秒後には，平均腐食厚が異なる供試体間でも温度分布に差異が見られた。試験開始60秒後においても40秒後と同様に各供試体の温度分布に明確な差異が見られた。

図4から，コンクリート表面の温度は試験開始から健全鉄筋と腐食鉄筋で徐々に差異が生じており，試験開始30秒において平均腐食厚0.46 mmの供試体と健全鉄筋が埋め込まれた供試体の表面温度で約2.1℃の差異が生じ，平均腐食厚2.58 mmの供試体においては約3.1℃の差異が生じる結果となった。60秒後では，健全鉄筋を埋め込んだ供試体との表面温度の差異は2.5℃および3.7℃であった。このことから，試験開始から30秒での温度変化量を着目することにより，腐食の有無および腐食厚の違いの判別の可能性があると推察される。

以上の検討結果から，比較的かぶり厚が小さい範囲ではコンクリート表面での冷却温度を適切

に設定すれば鉄筋の腐食の有無および腐食厚の違いをある程度評価できる可能性があるといえる。このことは，鉄筋の腐食状況を赤外線による熱画像によって評価できる可能性を示唆していると思われる。

3.3 冷媒（ドライアイス）を用いた赤外線画像による鉄筋腐食状況の検討

赤外線画像による鉄筋腐食状況の評価に用いる冷媒として，3.2では液体窒素を用いて行ったが，実構造物での測定を視野に入れた場合，比較的入手が簡単で液体窒素に比べて取り扱いが楽なドライアイスを用いた検討事例を紹介する[16)17)]。ここでは，ペレット状もしくはブロック状のドライアイスを入れた銅製の冷却容器を用いて10分間冷却し，冷却後のコンクリート表面温度の測定を行った。冷却に際しては，冷却効率を高めるために供試体と冷却容器の間に伝熱ゴムシートを設置し，供試体・伝熱ゴムシート・冷却器間の密着性を高めるようにした。冷却後のコンクリート表面温度の測定は，焦点距離250 mmとした赤外線カメラを用い，表面温度が外気温と同等になるまで5秒間隔で測定した。実験室の室温は20℃，相対湿度は60％RH一定とした。

実験は，鉄筋を埋め込んだ供試体に通電による電食を行い，鉄筋腐食および内部ひび割れ進展過程と冷却後のコンクリート表面温度の変化から劣化進行を推定することを目指し，健全な状態と鉄筋腐食によってひび割れが生じた場合について比較検討を行った。鉄筋を電食などによって腐食させた実験および熱画像による推定についてこれまでいくつかの研究が行われている[18)-20)]。ただし，既往の研究では内部ひび割れ進展過程についての検討が少ないのが現状である。ここでは，健全な鉄筋が電食によって腐食し，その後膨張することによって生じる内部ひび割れに着目した検討を行っている。

電食実験に用いた供試体を図5に示す。供試体の寸法は，180 × 300 × 100（mm）であり，内部には通電用の導線を取り付けたD16鉄筋および赤外線試験において鉄筋および鉄筋周囲の温度測定のために熱電対を設置した。供試体のかぶりは30 mmおよび40 mmとし，各ケースについて腐食状況を随時確認するために10体供試体を作製した。電食は，供試体を濃度3％の食塩水に浸漬し，チタンプレートを負極板として通電させた。実験では，電食によるひび割れ発生までの電流密度，電食終了までの総通電時間および積算電流量を求めた。また，電食実験終了後に供試体を図6に示す位置で切断し，ひび割れの発生状況および鉄筋の腐食状況をマイクロスコープで観察した。

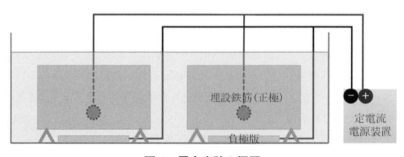

図5　電食実験の概要

第3節　赤外線を利用した鉄筋の腐食評価

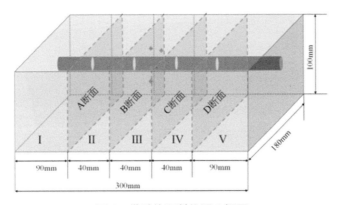

図6　供試体切断位置の概要

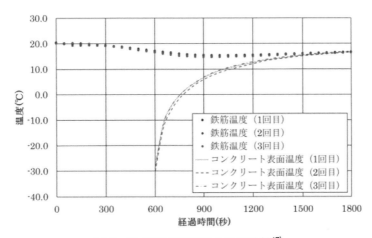

図7　冷却後の温度変化量の比較[17]

　かぶり40 mm供試体の健全時の鉄筋およびコンクリート表面の温度測定結果を**図7**に示す。図7は，供試体冷却後の供試体表面温度を赤外線カメラで測定したものであり，測定点は鉄筋直上のコンクリート表面のうち，冷却終了後の温度が最も低い箇所としている。健全時の供試体において3回繰り返し冷却試験を行った結果，図7に示すように各試験での差異はほとんど見られなかったことから，冷却試験の再現性はあると思われる。また，**図8**に赤外線カメラでの鉄筋直上での温度計測結果を示す。図8から，ひび割れが生じている領域と生じていない領域で冷却終了後の温度変化に違いが生じる結果となり，ひび割れが生じた領域では，健全部に比べて冷却後の温度変化量が小さい傾向を示している。ただし，ひび割れが生じた区間の冷却直後の温度に違いがあり，0〜−20℃の範囲であった。表面ひび割れから錆汁が生じている側線中央から−50 mmの位置が最も冷却直後の温度が高く，側線中央に向かって冷却直後の温度が低くなる結果となった。これは，赤外線試験後に供試体を切断し，マイクロスコープで観察した結果，**図9**に示すように鉄筋からコンクリート表面に向かって生じたひび割れ内に腐食生成物が溶出しており，腐食生成物によって温度低下が小さくなったためではないかと推察される。ただし，腐食生成物の溶出と温度低下が小さくなったこととの関係は明確にはなっていない。この実験で

第5章　構造物の腐食センシング・検出・モニタリング技術

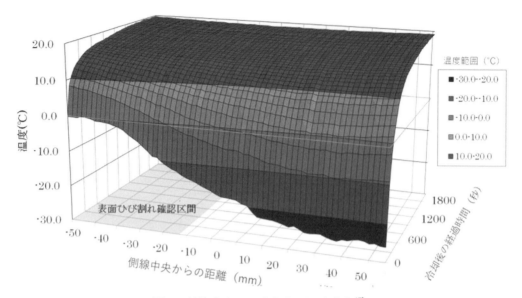

図8　鉄筋直上での冷却後の温度変化[17]

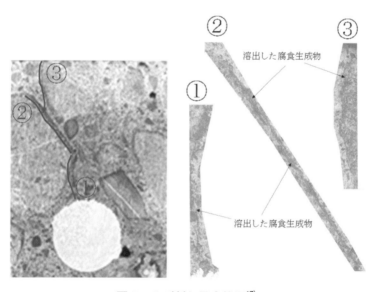

図9　ひび割れ発生状況[17]

は，供試体のひび割れ幅が0.01 mmと微細であったにもかかわらず，健全時との差異が確認できたことから，鉄筋腐食による体積膨張によって内部にひび割れが生じている状態においても推定できる可能性があるのではないかと思われる。

4. おわりに

ここでは，コンクリート内部の鉄筋の腐食状況を赤外線による熱画像で評価する手法について

紹介した。鉄筋自体を加熱する手法では，熱画像で評価する方法としては非常に適した方法といえる。ただし，試験条件によっては鉄筋周辺部にダメージを与える可能性があることから，鉄筋画像自体の解像度は落ちるものの，鉄筋とコンクリートを同様に冷却する手法は，大がかりな機器が必要でなく，電源などの確保の必要もないことから，フィールドにおいて比較的容易に鉄筋の腐食状況を把握する手法として適しているといえる。しかしながら，本手法はまだ鉄筋の腐食状況を定量的に把握するまでに至っておらず，鉄筋腐食初期の評価も不十分であること，かぶり厚に応じた冷却温度の設定も明らかとなっていないことから，実際にフィールドで適用していくためには，これらの課題を解決していく必要がある。

文　献

1) ASTM C876: Standard Test for Half-Cell Potential of Uncoated Reinforcing Steel in Concrete（1977）.

2) 土木学会：JSCE-E601-2000 コンクリート構造物における自然電位測定方法（2007）.

3) 土木学会コンクリート委員会腐食防食小委員会（編）：鉄筋腐食・防食および補修に関する研究の現状と今後の動向，Concrete Engineering Series，（26），土木学会，139（1997）.

4) （一社）日本非破壊検査協会（編）：新コンクリートの非破壊試験，技法堂出版，289（2010）.

5) 下澤和幸：鉄筋コンクリート構造物におけるかぶりコンクリートの鉄筋腐食抵抗性能評価法に関する研究，GBRC，**35**（4）（2010）.

6) 臼木悠祐，堀江宏明，谷口修，大下英吉：熱画像処理を用いた非破壊検査手法による部分的な鉄筋腐食評価に関する研究，コンクリート工学年次論文集，**27**（1），1741（2005）.

7) 堀江宏明，宮口住久，谷口修，大下英吉：電磁誘導加熱による熱画像処理に基づいたコンクリート内部の鉄筋腐食性状評価に関する研究，コンクリート工学年次論文集，**28**（1），1979（2006）.

8) 森宮奈緒子，大下英吉：鉄筋格子に適用可能な電磁誘導コイルの改良と鉄筋腐食診断に関する研究，コンクリート工学年次論文集，**31**（1），2029（2009）.

9) 大下英吉，長坂慎吾，倉橋貴彦，谷口修：コンクリート表面温度に基づく鉄筋腐食厚および腐食率の推定手法に関する研究，土木学会論文集，**65**（4），442（2009）.

10) R. Watanabe and T. Mizobuchi：Study on Estimation of Deterioration of Reinforcing Bar in Reinforced Concrete，Structural Fault and Repair 2016（2016）.

11) 内田真未，野嶋潤一郎，溝渕利明：赤外線を用いたコンクリート中の鉄筋腐食状況の把握に関する基礎的研究，土木学会第 69 回年次学術講演会，第V部門，201（2014）.

12) 高徳類，新井淳一，野嶋潤一郎，溝渕利明：赤外線を用いたコンクリート中の鉄筋腐食状況の把握に関する研究，コンクリート工学年次論文集，**36**（1），2032（2014）.

13) 溝渕利明：赤外線によるコンクリート中の鉄筋腐食状況の把握，検査技術，**22**（5），1（2017）.

14) 渡部瑠依子，溝渕利明：赤外線サーモグラフィを用いた鉄筋コンクリート内部の鉄筋腐食状況の推定手法に関する研究，コンクリート工学年次論文集，**40**（1），1897（2018）.

15) 須田久美子，M. Sudhir，本橋賢一：腐食ひびわれ発生限界腐食量に関する解析的検討，コンクリート工学年次論文集，**14**（1），751（1992）.

16) 中村美咲，伊藤均，溝渕利明：赤外線試験によるコンクリート内部鉄筋の腐食状況推定のための解析的検討，セメント・コンクリート論文集，**74**（1），251（2020）.

17) 溝渕利明，赤外線画像を用いたコンクリート表層部および鉄筋の劣化状況把握に関する基礎的研究，検査技術，**26**（8），44（2021）.

18) 大下英吉ほか：剥離・空洞を誘発した鉄筋腐食の定量的評価の精度向上に関する研究，コンクリート工学年次大会論文集，**38**（1），2175（2016）.

19) 河村圭亮，中村光，国枝稔，上田尚史：鉄筋腐食に伴うコンクリートのひび割れ進展挙動評価に関する基礎的研究，コンクリート工学年次論文集，**31**（1），1075（2009）.

20) 茂木淳，山越孝太郎，大下英吉：熱画像処理に基づくコンクリート内部の鉄筋腐食評価システム構築に関する基礎的研究，コンクリート工学年次論文集，**25**（1）（2003）.

第5章　構造物の腐食センシング・検出・モニタリング技術

第4節　AI画像認識技術を活用した錆の自動検出技術

株式会社KDDIテクノロジー　山口　健輔

1. AI画像認識技術

　本稿では，AI画像認識技術を活用した錆の自動検出技術について述べる。最初に，本稿で説明するAIおよび画像認識技術について述べる。AI（Artificial Intelligence）とは人工知能すなわち，人間の知能を模倣する技術の総称を指す。近年では，AIによる画像認識を実現する技術として，機械学習（Machine Learning）の一種である深層学習（Deep Learning）が広く用いられる。

　機械学習は，与えられたデータの特徴を学習し，パターンを認識して予測を行う技術である。深層学習は，機械学習の一種であり，多層ニューラルネットワークを使用して与えられたデータから特徴を自動的に抽出する技術である。図1に，AI，機械学習，深層学習の関係性を示す。

　深層学習が実用化される前の機械学習では，着目する特徴を人間が明示的に指示する必要があったが，錆のような多様かつ描写しにくい特徴を持つ対象物に対しては正確な学習・判別が困難であった。たとえば，錆の特徴として「茶色くざらざらした質感を有したもの」のように指定して学習させた場合，図2のように検出対象の背景に茶色い草木が存在するようなケースでは背景箇所を誤認識してしまう。

　それに対して，深層学習では着目する特徴を人間が明示する必要がなく，「画像中のこの部分が錆である」という情報と共に画像を与えて学習させることで，ニューラルネットワークが学習時に錆の特徴を自動的に抽出して学習する。また，図2のように錆に類似した画像と共に「この画像のこの部分は錆ではない」という情報を与えて学習させることで，錆でない部分の特徴を自動的に抽出し，錆の部分と錆でない部分の特徴の違いを判別できるようになる。さらに，錆は金属の種類や進行度合いによっても見た目がさまざまであるが，こうしたさまざまな見た目の錆の

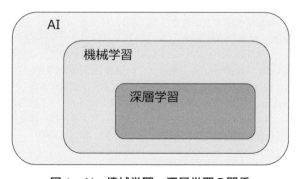

図1　AI，機械学習，深層学習の関係

— 174 —

第4節　AI画像認識技術を活用した錆の自動検出技術

※口絵参照

図2　従来の機械学習で正確な判別が困難な例

画像を学習することで，多様な錆を検出できるようになる。このように，深層学習は見た目が多様で特徴を描写しにくい対象物の認識に非常に有用であり，錆の自動検出には深層学習が用いられることが多い。

また，深層学習を活用して錆の進行度を判別することも可能である。たとえば，学習時に進行度「低」の錆の画像と進行度「高」の錆の画像を与えることで，両者の特徴を自動的に抽出して学習することができる。これによって，検出した錆の進行度を自動判別し，進行度「高」の錆については優先的に修繕指示を出すといった使い方も可能となる。図3に，錆の進行度を色分けした例を示す(濃い色が進行度「高」，薄い色が進行度「低」)。

AIの学習によって生成され，特定の判断機能を持った仕組みのことを「モデル」と呼ぶ(「AIモデル」や「学習モデル」といった呼び方をする場合もある)。また，モデルを用いて判断を行う

※口絵参照

図3　錆の進行度判別の例

— 175 —

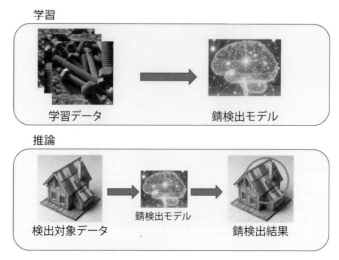

図4 学習，推論とモデルの関係性

ことを「推論」と呼ぶ。図4に，学習，推論とモデルの関係性を示す。

2. 深層学習による錆の学習

　以下では，深層学習を用いて錆を学習し，錆検出のモデルを生成する一般的な流れを示す。なお，以下に記載するよりも簡単に学習を行えるサービスやプラットフォームも提供されているが，深層学習による学習の流れの概略を理解できるよう，ツールやサービスの利用は最低限にとどめる形で記載している。図5に，深層学習によってモデルを生成する一般的な流れを示す。以降で，①～⑥の各手順の概要を説明する。

2.1　ニューラルネットワークの選択

　まず，学習に用いるニューラルネットワークを選択する。一般的には畳み込みニューラルネットワーク（Convolutional Neural Network：CNN）と呼ばれる技術をベースとしたニューラルネットワークが用いられることが多いが，近年ではTransformerと呼ばれる技術をベースとしたものも用いられるようになってきている。それぞれの特徴の詳細は本稿では述べないが，学習環境の構築のしやすさや精度，処理速度などさまざまな特徴を考慮してそれぞれの用途に適したニュー

図5　深層学習によってモデルを生成する流れ

ラルネットワークを選択する必要がある。なお，多くのニューラルネットワークは利用しやすいように学習や推論（検出）の環境がインターネットで提供されているが，一部のニューラルネットワークは権利者によって用途が制限されているケースもあるため注意が必要である。

2.2　画像データ収集

次に，錆の特徴を学習するための画像データを収集する。このとき，検出対象の環境に合わせて多様な環境や条件（金属の材質，光の当たり方の条件，錆の進行度など）で撮影された錆の画像を収集する必要がある。収集する枚数は検出対象の環境に依存するが，条件単位で200～300枚程度の画像が収集できると好ましい（たとえば，黒っぽい錆と赤っぽい錆両方の検出が必要であれば，両方の錆を各200～300枚収集できるとよい）。

2.3　アノテーション（annotation）

次に，収集した画像データに対して画像中の錆の箇所を示す情報を付与する（アノテーション）。アノテーションには，一般的に専用のツールを用いることが多い。アノテーション用のツールは，インターネットで無償配布されているシンプルなものから有償で提供されている高機能なものまでさまざまなものが存在するため，用途に合ったものを選択する必要がある。

2.4　データオーグメンテーション（Data Augmentation）

次に，必要に応じて学習データの拡張処理を行う（データオーグメンテーション）。これは，学習用のデータに対して回転，拡大縮小，色調補正などの画像処理を行って，学習データのバリエーションを増やす処理である。さまざまな画像処理を組み合わせることで，画像の枚数を数倍～数十倍に増やすことができる。ただしこの際，実際に判定対象として入力され得る範囲でのオーグメンテーションを行うことが重要である。たとえば，画像全体の明るさを少し調節することで天候や時間帯による明暗のバリエーションを加えるといったオーグメンテーションは有用であるが，建物の写真を上下反転させるなど実際にはあり得ないようなオーグメンテーションを行って学習データに加えると，逆に精度が低下する可能性がある。**図6**に一般的に用いられるオーグメンテーションの例を示す。

なお，ニューラルネットワークによっては学習時に自動的にデータオーグメンテーションを行う機能を有しているものもあるため，事前に確認しておくのが好ましい。

2.5　学　習

次に，**2.2**～**2.4**で用意した学習データをニューラルネットワークに入力して，学習を行う。学習を行う具体的な方法は，**2.1**で述べたニューラルネットワークの学習環境を提供しているWEBサイトなどで情報提供されていることが多い。学習を行う際にはさまざまなパラメータの設定を行う必要があるが，ここでは詳細は省略する。学習の結果，錆の検出機能を持つモデルが生成される。

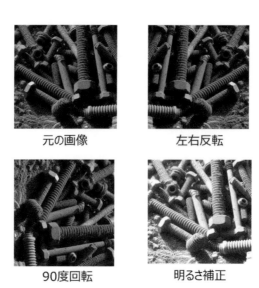
図6　オーグメンテーションの例

2.6　精度検証とチューニング

次に，生成されたモデルの精度検証および精度が十分でない場合は必要に応じてチューニングを行う。チューニングの具体的な手法はさまざまであるが，基本的には学習データの見直しや学習パラメータの見直しを行いながら十分な精度が出るまで繰り返す。なお，精度検証を学習に用いた画像で行ってしまうと当然のように正解してしまうため，精度検証は学習に用いていない画像データを使うよう留意する必要がある。

3. 精　度

以下では，AIによる画像認識の精度の考え方について述べる。

3.1　再現率と適合率

精度に関しては，「いかに錆を見逃さないか」「いかに誤検出を減らすか」の2軸で考慮する必要がある。一般的に，前者を評価する指標を「再現率」，後者を評価する指標を「適合率」と呼ぶ。

・再現率

検出すべき錆を正しく検出できた割合を示す。検出すべき錆を全て検出できていれば100％，半分だけ検出できていて半分見逃していた場合は50％といった数値となる。

・適合率

錆として検出した箇所のうちのどれだけが正しく錆であったかの割合を示す。検出した箇所が全て正しく錆だった場合は100％，半分が正しく半分が誤検出だった場合は50％といった数値となる。

再現率と適合率はトレードオフの関係にある。再現率を上げようとすると，少しでも錆らしき

箇所を錆として検出すればよいが，そうすると錆ではない箇所を錆と検出してしまうケースが多くなり，適合率は下がってしまう。逆に，適合率を上げようとすると，確からしく錆と思われる箇所だけを錆として検出すればよいが，そうすると本来検出すべき錆の箇所を見逃してしまうケースが多くなり，再現率は下がってしまう。

　逆にいうと，この「どれだけ確からしく錆と思われる箇所を錆として検出するか」の閾値を操作することで，再現率を優先するか適合率を優先するかを設定することが可能である。AIによる画像認識システムを設計する場合，「多少の誤検出を許容してでも見逃しは極力減らしたい」「誤検出をダブルチェックする人的コストを極力減らしたいので見逃しと誤検出のバランスを重視したい」といった用途ごとの要件に応じて，再現率と適合率のバランスを設計することが重要である。

3.2　汎用性と精度

　錆を検出するモデルとしては，あらゆる用途で汎用的に高い精度を出せることが望ましい。ただし，錆のように用途ごとにさまざまな見え方をする対象を検出する場合，汎用性を追い求めすぎると個別の用途での精度に悪影響を及ぼす可能性がある。

　たとえば，世の中のあらゆる錆を検出できるようにしようとして黒い錆，赤い錆，青い錆，白い錆といったさまざまな色の錆を学習した場合，さまざまな錆を検出できるようになる反面，黒い錆を学習したがゆえに暗く写った影の部分を錆と誤検出してしまう可能性も生じる。赤い錆しか発生しない箇所で使うのであれば黒い錆を検出する能力は不要であり，赤い錆だけを学習したモデルの方がさまざまな錆を学習したモデルよりも誤検出のリスクが低く用途に適したモデルといえるかもしれない。このように，汎用性と個別の用途での精度は相反する場合もあるため，用途に応じた学習やモデルの選択方針を検討する必要がある。

4.　運　用

　以下では，学習によって作成したモデルを運用して錆の検出を行う際の一般的な流れや留意点を述べる。

4.1　検出精度に関する留意点および改善

　まず，AIによる画像認識はほとんどの用途において運用時には学習・検証時の精度よりも低い精度となることが多い。これは，学習時に想定していなかった写り方の画像が運用時に検出対象として入力されることに起因するが，錆の場合は色や進行度，金属の種類といった見た目の変動要素が多岐にわたるため，特に学習時に網羅的に学習・検証用のデータを収集することが難しく，この傾向が顕著である。これを念頭に置いて，「運用時には想定よりも検出精度は低下する」という前提で，特に初期段階では人間の目によるダブルチェックを入れるなどAIによる検出に頼り切らない運用フローを構築する必要がある。

　また，多くのケースにおいて運用時に検出失敗した画像を学習することで，運用時の検出精度を改善することができる。少量ではそれほど改善効果は大きくないが，学習時の2〜3割程度の

画像枚数があれば精度の改善を図ることが期待できる。このため，運用時には人間の目によるダブルチェックと同時に AI が検出に失敗した画像を蓄積しておき，ある程度蓄積されたら再度学習とチューニングのフローを回して精度の改善を図るとよい。

4.2 運用コスト

AI による自動検出を運用する場合，運用コストにも配慮する必要がある。特に，以下の2点については配慮が漏れた場合に大きなコストがかかる可能性があるため，留意する必要がある。

・検出を行う計算機環境の運用コスト

AI による自動検出，特に深層学習を利用する場合，CPU を用いた汎用的な計算機で大量の画像を処理すると時間がかかるため，GPU（Graphics Processing Unit）と呼ばれるハードウエアを用いることが多い。GPU は CPU と比較して深層学習の推論処理を高速に行えるが，それだけ高価なハードウエアとなっている。近年ではこうした計算機環境を手軽に構築するためにクラウドを活用することが多いが，GPU を備えたクラウド環境は特に利用料が高額となるケースが多いため，必要な時間帯にだけ稼働するように設計するといった考慮が必要である。

・データを計算機に転送する通信コスト

ドローンやロボットで撮影を行う場合など，連続的な写真撮影や動画撮影を高画質で行うと，データ量が非常に大きくなるケースがある。こうしたデータを 4G/5G といったモバイルネットワークで計算機へ転送する場合，通信コストに配慮する必要がある。

これらのコストは基本的には扱うデータ量に依存するため，必要以上にデータ量が大きくならないように撮影枚数や画像の画質を必要最低限にすることで抑えることが可能となる。また，可能な場合は撮影機器もしくはその近傍の計算機による推論（エッジコンピューティング）の利用も通信コストの抑制に効果的である。

5. おわりに

本稿では，AI 画像認識技術を活用した錆の自動検出技術について述べた。深層学習の発達・普及により，従来と比較して AI による錆の自動検出は精度，速度共に飛躍的に向上してきており，実用的なレベルに達してきている。ただし，錆は金属の材質や進行度などのさまざまな要素によって多様な見え方をすることが多く，あらゆるケースで高精度に検出できるモデルを作るのは困難である。このため，用途に応じて適切な学習画像・学習方針を選定し，モデルを作成する必要がある。また，精度の高いモデルを生成したとしても運用時には想定外の画像データが撮影されてくることが多々あり，当初想定していたよりも精度が悪くなるケースも多い。このため，少なくとも導入初期は人間の目によるダブルチェックを入れるなど AI による検出に頼り切らない運用フローを構築し，運用しながらデータを収集してモデルの改善を行うのが望ましい。また，大量のデータを扱う場合は運用コストにも配慮しながらシステム設計を行う必要がある。

第5章 構造物の腐食センシング・検出・モニタリング技術

第5節 アコースティックエミッション法を用いた腐食検出・モニタリング技術

明治大学　松尾　卓摩

1. はじめに

　腐食の検出や状態評価は，大型構造物や社会インフラストラクチャーの維持管理において，非常に重要な問題である。現在日本では，構造物の種類により点検方法が定められている[1)-3)]。その標準的な点検方法としては目視検査や打音検査，超音波探傷試験が用いられている。これらの検査法は代表的な非破壊検査法として広く普及しているが，点検に多大な時間やコストがかかる上，点検精度が点検者の経験や技量に依存してしまう問題点もある。また，大がかりな足場の組み立てや解体といった労力もかかり，大きな事故に発展する可能性もある。したがって，これらの問題点を包括的に解決する新たな非破壊検査法へのニーズが高まっている。
　本稿では，非破壊検査手法の1つであるアコースティックエミッション（Acoustic Emission：AE）法を用いた腐食検出・モニタリング技術について紹介する。

2. AE法[4)5)]

2.1 AE法とは

　AEは，材料にき裂や変形が急速に発生した際に生じるひずみエネルギーの一部が弾性波（AE波）として材料を伝搬する現象であり，AE法はその波を検出して材料の損傷検出・評価に用いる手法である。身近な現象としては地震と同様のメカニズムである。図1にAE計測の模式図を示す。AE法は，発生したAE波をセンサによって検出し，AE波の発生頻度や波形形状，周波数などのパラメータを解析して，損傷状態の評価やモニタリングを行う。一般的なAE計測では

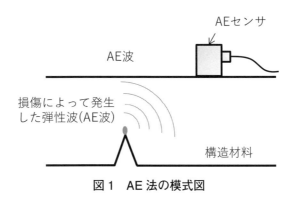

図1　AE法の模式図

20 kHz～1 MHz 程度の周波数成分を強く検出するセンサを使用する。

2.2 腐食による AE 発生メカニズムと腐食検出・モニタリングへの適用について

　AE 法の腐食検出やモニタリングへの適用については，対象とする腐食がどのように発生，進展するかのメカニズムが重要となる。図1のようなき裂の生成など，現象そのものによって発生した AE を一次 AE と呼ぶ。腐食は一般的に化学反応に伴う材料の変質や溶解によって生じる現象であり，腐食の発生や進展がひずみエネルギーの放出を伴わない，すなわち一次 AE が放出されないケースが多い。この場合では，腐食に対して直接的に AE を適用することはできない。一方で，現象そのものは弾性波を発生しないが，副次的な現象で AE が発生する場合がある。腐食の場合では，腐食反応に伴う生成物としてガスが発生し，その気泡の発生や破裂音によって AE が発生する場合がある。また，固形腐食生成物が形成され，その割れによって AE が発生するなどのケースもある。このように副次的な要因によって発生する AE を二次 AE と呼び，二次 AE が発生する腐食現象であれば AE 法の適用が可能となる。たとえば，応力腐食割れ（Stress Corrosion Cracking：SCC）では，SCC の種類や環境によって AE が検出される条件とされない条件があることが報告されている[6]。また，鋼製材料の腐食においては，腐食生成物として錆が生成され，腐食の進展と共に錆が成長し，錆の自壊が発生する[7]。その割れによって二次 AE を放出するために AE 法の適用が可能となる。

　また，実機械や設備における腐食のモニタリングにおいては，環境雑音と AE 波を発生する現象の規模の関係も重要となる。AE を放出する現象のエネルギーが小さい場合，発生する AE 波の振幅も微弱となる。AE 波の振幅が環境雑音よりも小さい場合では，AE 波の計測が不可能となる。この場合，環境雑音と AE 波の周波数成分が異なっていれば，周波数フィルタなどを使用することで信号の抽出は可能となる。しかし，AE とノイズの周波数帯が近い場合や AE の信号が著しく微弱である場合は計測が難しいため，ノイズ低減のための特殊な技術が必要となる[8)9)]。このように AE を腐食検出やモニタリングに適用する際は，対象とする腐食現象が AE を放出するか，どの程度の振幅の AE であるか，計測する環境の雑音はどのような条件であるかを事前に調査する必要がある。

3. 塩水滴下による鋼板の加速腐食試験中の AE 計測

3.1 鋼板腐食の発生・進展と AE 発生挙動の関連性

　AE 法の腐食検出・モニタリングの例として，塩水滴下による鋼板の加速腐食試験中の AE 発生挙動を示す。図2に本実験で用いた腐食促進試験中の AE モニタリング装置図を示す。湿潤試験器はプラスチック製の容器に精製水を貯水することにより内部に湿潤環境を作り出した。試験片は SS400 鋼板（$30^W × 300^L × 2.2\ mm^T$）を湿潤試験器に貫通させ，両端を試験器外に露出させた。なお，試験片は試験器内部に貯水された精製水には接していない。また，24 時間ごとに 3% NaCl 水溶液を試験器内の試験片に噴霧することにより腐食を促進した。この湿潤試験器を用いた腐食促進試験中に 90 日間の連続 AE モニタリングを行った。共振周波数 150 kHz の AE セン

第5節　アコースティックエミッション法を用いた腐食検出・モニタリング技術

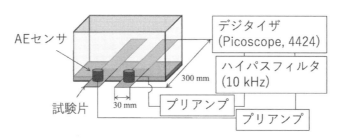

図2　鋼板の加速腐食試験装置図

サ(PAC, R15α)を試験器外に露出した試験片端部にシリコングリースを介して設置した。検出したAE信号はプリアンプにより40 dB増幅した後，10 kHzのハイパスフィルタにより低周波ノイズを除去してデジタイザでAD変換してPCに保存した。試験片は上面を研磨し鋼板素地を露出した試験片(裸鋼板)および鋼板素地を露出後，試験片全面にジンクリッチペイントを塗布(3点平均膜厚：31 μm)した試験片(塗装鋼板)の2種類を用いた。

図3に各試験片の表面状態の経時変化を示す。裸鋼板試験片においては，試験開始直後に黄赤色こぶ状錆が発生し，次第に面状に広がった。その後，層状に厚く堆積していき，試験開始75日目には層状の黒錆が膨れの様相を呈した部位が観察された。腐食促進試験後，試験片の板厚を調べたところ，黄赤色錆部と黒錆膨れ部の減肉量はそれぞれ0.25 mm, 0.35 mmであり，黒錆膨れ部の腐食進行が激しかったことがわかる。一方で塗装鋼板試験片では，36日目に塗膜表面において点状の錆が散見された。これは，塗膜下で部分的に腐食が進行し，それに起因して塗膜が損傷したことで，錆汁が外部に滲出してきたものである。その後，点状の錆個数は増加し，さらに錆汁滲出面積は増大した。これは，いったん塗膜が損傷したことにより損傷部から酸素と水分が供給され，塗膜下でさらに広範囲にわたって腐食が進行したためであると考えられる。

図4に，AEモニタリングによって検出した両試験片における累積AEイベント数，および平均最大振幅の変化を示す。なお，平均最大振幅値は①0～35日，②35～70日，③70～90日の3

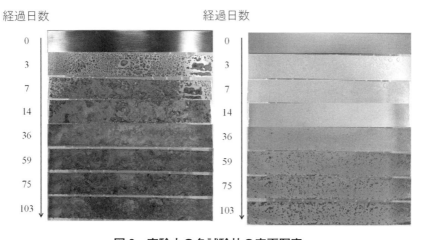

図3　実験中の各試験片の表面写真

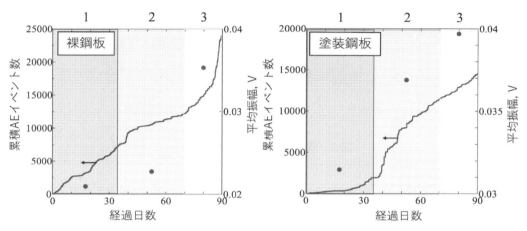

図4　裸鋼板（左）および塗装鋼板（右）の累積 AE イベント数履歴と AE 波の平均振幅

つの期間においてそれぞれ算出した。裸鋼板試験片では期間③で，塗装鋼板試験片では期間②において顕著に高い AE イベント増加率および平均最大振幅増加率を呈している。この期間は，それぞれ前述のように試験片表面において顕著な変化があった期間である。すなわち裸鋼板試験片では，層状の黒錆膨れ部が観察され，塗装鋼板試験片では，塗膜下腐食および塗膜損傷の発生・進展が観察された。したがって，この高い AE イベント増加率は，急速に進行した錆の成長・自壊によって発生したものと考えられ，高い振幅増加率を有しているのは，錆厚さが増大することにより破壊規模の大きな錆破壊が生じたためであると考えられる。以上より，AE モニタリングによって AE イベント数の変化や最大振幅値の変化から，裸鋼板および塗膜下腐食を含む塗装鋼板の腐食の発生の有無や腐食の活性状態を評価できると考えられる。ただし，いずれの試験片においても，AE 発生数が増加するタイミングと停滞するタイミングが存在する。つまり，短期的な AE 発生数や振幅のデータのみでは腐食の活性は判断できても腐食の進展量の評価は難しい。

次に，塗装鋼板の腐食進展メカニズムをより詳細に調べるため，塗装鋼板試験片から検出された AE 波の波形パラメータを解析した。図5に塗装鋼板のモニタリング中に発生した代表的な AE 信号とその周波数スペクトルを示す。AE 波はピーク周波数で分類するとセンサの共振周波数近傍にピークを有する AE（タイプ A）と 100 kHz 以下の低周波にピークを有する AE（タイプ B）に分類された。AE 信号における周波数スペクトルは，材料の性質や破壊の様態といった AE 源の特長と密接な関係を持つことが明らかとなっている[4]。錆およびジンクリッチペイント塗膜の弾性率をインデンテーション法[10]により計測したところ，錆層の弾性率と比較して塗膜の弾性率は 1/50 程度であった。したがって，この弾性率の違いが AE 信号の周波数スペクトルに現れている可能性が高い。一般に弾性率の低い材料の破壊に起因する AE の周波数が低くなること，既往の研究[11]において，ジンクリッチペイント塗膜の引張試験で検出された AE が低周波成分を多分に含んでいたことを鑑み，タイプ A を錆の割れによって発生した AE，タイプ B を塗膜の割れによる AE と推定した。図4の結果をタイプ別に分類した結果，図6のようになった。

各タイプの AE の発生タイミングから塗装鋼板の進展を推定できる。すなわち，フェーズ1では，どちらの AE 発生数も少ないことから大きな腐食の進展が生じていない。フェーズ2では，

第 5 節　アコースティックエミッション法を用いた腐食検出・モニタリング技術

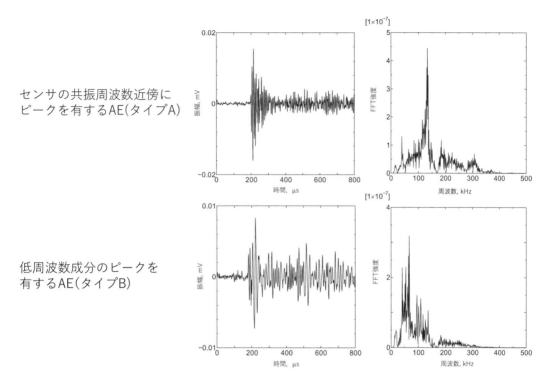

図 5　塗装鋼板から発生した 2 種類の AE 波形（左）と周波数スペクトル（右）

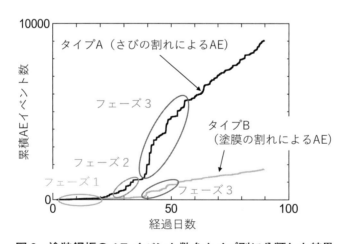

図 6　塗装鋼板の AE イベント数をタイプ別に分類した結果

錆による AE が増加している。これは塗膜下で腐食が発生し始めたことによって発生したものである。これは図 3 の同時期において塗膜下腐食が観察されたタイミングと一致する。フェーズ 3 では，塗膜損傷による AE が増加すると共に腐食による AE が急増している。これは，塗膜損傷が発生することにより，損傷部から酸素と水分が供給され塗膜下で激しく腐食が進行すると共にさらなる塗膜損傷を誘起したためであると考えられる。以上のように，AE 波のパラメータを解析することで，腐食の発生・進展過程をより詳細にモニタリングすることが可能となる。

3.2 鋼板を伝搬するAE波の腐食位置標定と波形モード解析による腐食減肉量推定

3.1では鋼板の全面腐食に対してAE法を適用したが,機器や構造物に局所的に発生する腐食に対しては,発生位置の検出が重要となる。AE法では,センサを複数個使用することで,それぞれの到達時間差からAEの発生位置,すなわち腐食の発生位置を特定することが可能となる。この手法をAE音源位置標定と呼ぶ。ここでは鋼板に塩水を滴下して局所的に加速腐食試験を行った場合において,AEによって腐食位置を標定した結果を紹介する。図7に実験装置図を示す。SS400鋼板($150^W \times 150^L \times 5.0\ mm^T$)に丸形エンドミルを用いて異なる深さの溝を作成することで異なる腐食状態の減肉を模擬し,それぞれの溝に毎日5% NaCl水溶液を約0.5 mL滴下し,30日間の腐食促進試験を行った。それぞれの溝以外からの腐食を防ぐために溝以外の範囲には板表面にシリコングリースを塗装することで腐食を抑制した。また,それぞれの溝から対角線上140 mmの位置にAEセンサ(PAC, R50α)を設置してAEをモニタリングした。検出したAE波はプリアンプで40 dB増幅させた後,デジタイザで保存した。

図8に代表的なAE波とAIC(Akaike's Information Criterion,赤池情報量基準)の結果を示す。AICは統計モデルの指標に用いられる手法で,AE波の到達前後で異なる定常状態を示すことを用いて,AICの値が最小となる時間を信号の到達とする手法である。本実験ではAICを用いてAE波を初動波到達時間とした[12]。図中にはAICによる解析結果,および推定したAE波の到達時間を示してある。4つのセンサの到達時間を同様にして検出して,到達時間差から音源位置を標定した[4]。

音源位置を標定した結果を図9に示す。左図が試験片表面写真,右図が位置標定結果をオーバーラップした結果である。また,右図の各プロットの色はAE波を目視で大まかに分類した結果である。左右の図を見比べるとほとんどの波形が腐食位置の近くに標定されており,錆の割れによって発生したAEの発生源を特定できている。今回の実験では腐食位置が目視可能であったが,保温材下腐食や塗膜下腐食など,目視で腐食位置を特定できない場合においても,AE波の解析によって腐食位置を特定することが可能である。

次に各溝から発生した代表的なAE波を図10に示す。図10上部が検出波で下図がウェーブレット変換して時間周波数のコンター図に変換したものである[13]。図中の色の濃い部分はその周波数成分が強く検出されていることを表している。また実線は板を伝搬する波の代表的なモード

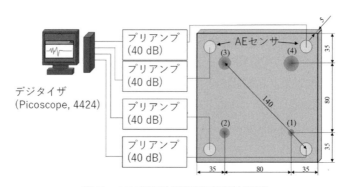

図7 AE音源位置標定実験装置図

第5節　アコースティックエミッション法を用いた腐食検出・モニタリング技術

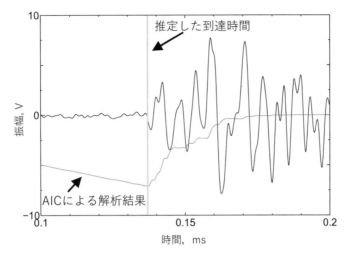

図8　代表的なAE波形とAICによる初動波到達時間推定結果

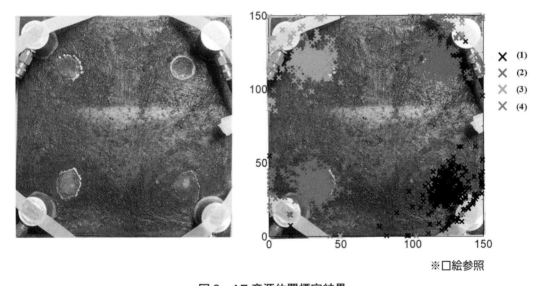

図9　AE音源位置標定結果

であるS_0モードとA_0モードの理論群速度分散曲線を表している。波形を比較すると溝深さが浅いほど黄色で囲んだ部分の強度が濃く，赤色で囲んだ部分の強度が薄い。これは腐食の進展と共にAEが発生する厚さ方向の位置が変化したことで，発生するAE波形内のモード強度比が変化していることを示している。この結果を機械学習などに適用することで，腐食減肉量の評価もリアルタイムでモニタリングできる可能性がある。

4. おわりに

AE法を用いて塩水滴下による鋼板の加速腐食試験中のAE計測を行い，AE発生挙動や腐食位

第5章　構造物の腐食センシング・検出・モニタリング技術

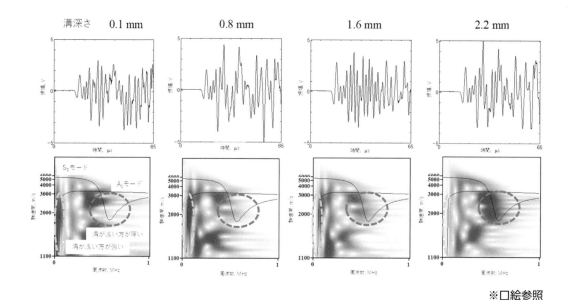

※口絵参照

図10　各溝で検出された代表的なAE（上）とウェーブレット変換結果（下）

置の標定方法について示した．AE波が発生する腐食現象であれば，AE計測結果から腐食発生の有無や発生位置，活性状態を知ることが可能である．また，検出したAE波の波形形状を解析することで，腐食減肉量の推定も可能性があり，機械学習やIoT技術と併用することで，今後AE法による腐食検出・モニタリング技術はさらに発展していくと考えられる．

文　献
1) 国土交通省：橋梁定期点検要領．
  https://www.mlit.go.jp/road/sisaku/yobohozen/tenken/yobo3_1_6.pdf
2) 依田誠子，脇部康彦，今川幸久：日本海水学会誌，**68**(2), 57(2014).
3) 四辻美年：精密工学会誌，**75**(3), 355(2009).
4) 日本非破壊検査協会（編）：アコースティック・エミッション試験Ⅱ，日本非破壊検査協会，115(2008).
5) 水谷義弘：よくわかる最新非破壊検査の基本と仕組み，秀和システム，220(2010).
6) 竹本幹男：現場技術者のための応力腐食割れ(SCC)，日本溶射工学研究所(2007).
7) 竹本幹男：材料と環境，**53**(11), 511(2004).
8) 伊藤海太：非破壊検査，**73**(6), 246(2024).
9) T.Matsuo and H.Cho: *Mater. Trans.*, **53**(2), 342(2012).
10) 田中幸美：計測と制御，**58**(4), 298(2019).
11) 鏡拓真，松尾卓摩：日本機械学会2016年度年次大会講演論文集，J0420204(2016).
12) M.R.Pearson et al.: *Struct. Health Monit.*, **16**, 382(2017).
13) T.Kish, M.Ohtsu and S.Yuyama: Acoustic Emission Beyond The Millennium, Elsevier, 35(2000).

第6章

耐腐食材料の開発

第 6 章　耐腐食材料の開発

第 1 節　土木・建材向け高耐食めっき鋼板の開発

日本製鉄株式会社　齊藤　完

1. はじめに

　本稿は製品 PR を目的としたものではなく，従来よりも優れた新開発耐食めっき鋼板 Zn-19% Al-6% Mg-Si 合金の耐食特性について開発の歴史を含めて客観的に述べたものである。鉄は金属の中で安価で強度が高く，粘りがあり加工しやすいため世界の幅広い分野で使用されている。一方，鉄は水と酸素が存在する環境で腐食し，赤錆が発生しやすいため，通常は塗装やめっきなどの防食皮膜を鉄の表面に形成させて使用される。その中でも溶融 Zn めっき鋼板は，経済性に優れ加工性も高く，良好な耐食性,犠牲防食性を有するため土木・建材分野で広く普及している。
　溶融 Zn めっき鋼板は生産工程の種類から大きく「先めっき材」と「後めっき材」に分かれる。**図1**に示すように，先めっき材は主に高炉メーカーの連続溶融めっきラインで生産されている。連続溶融めっきラインでは，コイルと呼ばれる鋼板をロール状に巻いたものを払い出し，生産ライン中の溶融 Zn めっき浴（たとえば，Zn を 450℃ 以上に加熱して溶融させたもの）へ連続的に短時間（2〜5 秒程度）浸漬する。その後，浴から鋼板を引き抜いた後 N_2 ガスを吹き付けて余分な溶融金属を落として，めっき厚を均一にして製造，コイルとして出荷される。加工業者でめっきした鋼板を加工して需要家の製品となる。
　一方，後めっき材は主に高炉メーカーで製造された熱延鋼板を加工したのちに溶融 Zn めっき浴に長時間浸漬（60 秒以上），冷却して需要家の製品となる。

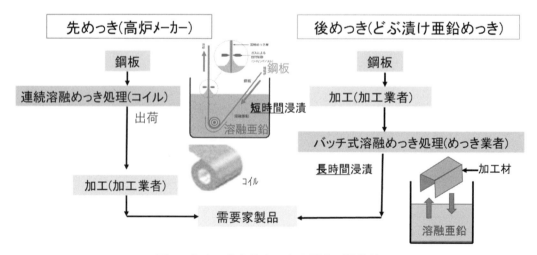

図1　先めっきと後めっきの製造工程比較

先めっき材は，めっき厚が均一，めっき浴の浸漬時間が短時間のため，板厚が薄くても鋼板のひずみが小さい，めっき浴にさまざまな合金元素を添加できるため，めっきの種類が多いといった長所がある。一方，後めっき材は加工してからめっきするため，鋼板の切断端面や接合部もめっきで被覆される，先めっき材ではめっきが難しい板厚の厚い鋼板にもめっきができる長所がある。なお，先めっき材の溶融めっき鋼板の製造可能板厚範囲は 0.4〜9.0 mmt が一般的である。

本稿で紹介する土木・建材向け高耐食めっき鋼板は上記の内「先めっき材」に分類される。日本では 1950 年代に先めっきの溶融 Zn めっき鋼板（GI：Galvanized Iron）が導入されて以降，広く普及してきた。一方，海洋国家である日本では沿岸部も多く，腐食環境が厳しいため溶融 Zn めっき鋼板では早期に腐食が進行，めっきが消失して鋼材としての機能に支障をきたす事例が生じた。そのため，市場からめっき鋼板の長寿命化の需要が高まり，各社で Zn に Al や Mg などのさまざまな合金元素を添加した高耐食めっき鋼板が開発されてきた。ここでは，2000 年に日鉄日新製鋼（株）で開発した高耐食めっき鋼板 ZAM®（Zn-6％ Al-3％ Mg 合金めっき鋼板）と新日本製鐵（株）が 2001 年に開発したスーパーダイマ®（SD：Zn-11％ Al-3％ Mg-0.2％ Si 合金めっき鋼板），2021 年に当社（日本製鉄（株））で開発した次世代高耐食めっき鋼板 ZEXEED®（ゼクシード：Zn-19％ Al-6％ Mg-Si 合金めっき鋼板）を紹介する。

2. 高耐食めっき鋼板 ZAM®，スーパーダイマ®

溶融 Zn めっき鋼板の耐食性を向上させるために，各社で Zn に Al や Mg などの合金元素を添加する技術が開発されてきた。たとえば，図 2 に Zn に各種濃度の Al を添加し，大気暴露試験でめっきの腐食減量を調査した結果を示す[1]。本結果から，純 Zn に対し，5％程度の Al を添加

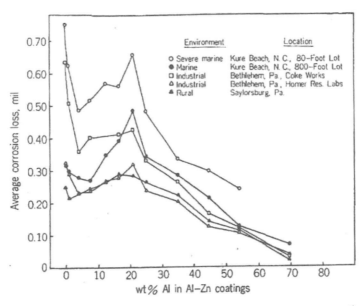

図 2　めっきの耐食性に及ぼす Al 濃度の影響（大気暴露 5 年後）[1]

第6章　耐腐食材料の開発

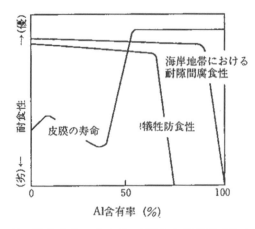

図3　Zn-Al合金めっき中のAl濃度と犠牲防食性の関係[2]

することでめっきの平面部の耐食性が向上することがわかっている。一方，図3に示すようにAl濃度が高くなるにつれ，めっきの平面耐食性（図中めっき皮膜の寿命）が向上するが，めっきの表面にAlの不働態皮膜が形成しやすいため，犠牲防食性に劣ることがわかっている[2]。そのため，平面部の耐食性と犠牲防食性を両立できるめっき組成（合金元素の種類，濃度）が検討されてきた。

これらめっきへの合金元素添加による耐食性向上メカニズムの1つとして，合金元素添加によりZnめっきの腐食生成物の内の絶縁体である$Zn(OH)_2$系の構成物が，経時で半導体であるZnOへ分解するのを抑制する効果が提唱されている。表1は，岡ら[3]が検討したZnの擬似錆試験で$Zn(OH)_2$系の構成物が安定化する元素を調査した結果と，それらを添加しためっき鋼板の腐食試験後の腐食生成物を調査した結果である。本結果によると，$Zn(OH)_2$系の構成物が安定化する元素として，Al，Mg，Ni，Coが挙げられている。

これらの中で，Mgは添加すると特に耐食性が向上することはわかっていたが，Mgは易酸化元素であり，溶融Znめっき浴にMgを単独で添加しても図4，図5のようにMgが酸化してドロス（めっき浴に溶解しない酸化物や金属間化合物で，外観不良の原因になるもの）が発生し，製造性に劣る課題があった[4]。この課題を解決するために，図6のようにMgと一緒に一定濃度のAlを添加し，めっき浴表面にAlを含む酸化被膜を形成させてMgの酸化を抑制する技術が開発された。図7にZn-6％Al＋各種Mg濃度のめっきの腐食減量測定結果を示す。本結果から，Mg濃度が高い方が耐食性は向上することを確認し，高耐食めっき鋼板ZAM®は誕生した。

また，森本ら[5]は図8のように耐食性に及ぼすAl，Mg濃度とSi添加の影響を調査しており，Al，Mg濃度が高いほど耐食性が高く，0.2％のSiを添加することでさらに耐食性が向上することを報告している。これらの結果から，スーパーダイマ®が誕生した。

図9にZAM®とスーパーダイマ®の断面めっき組織写真を示す[6]。これらの高耐食めっきは，ZnにAlとMgを複合添加することで，Zn/Al/$MgZn_2$三元共晶，塊状$MgZn_2$，Zn-Al相（図中初晶Al，Al/Zn）から構成される複雑なめっき組織を有する。めっきが腐食する際はこれらの組織から順にZnやMg，Alが溶解してめっきの腐食生成物へ取り込まれることで，図10に示すよ

― 192 ―

第1節　土木・建材向け高耐食めっき鋼板の開発

表1　擬似錆による $Zn(OH)_2$ 安定化元素と塩水噴霧試験で形成した各種合金めっきの腐食生成物[3]

添加元素	擬似錆 $Zn(OH)_2$	ZnO
－	－	＋
Fe	－	＋
Al	＋	－
Mg	＋	－
Ni	＋	－
Co	＋	－
Mn	＋	＋

＋：存在する　－：存在しない

めっき鋼板		Zn 電気	Zn 溶融	Zn-Fe	Zn-Fe-Mg	Zn-Al	Zn-Al-Mg	Zn-Ni 電気	Zn-Ni-Co	Zn-Mn 真空
腐食生成物	48時間 $ZnCl_2 \cdot 4Zn(OH)_2$	＋	＋	＋	＋	＋	＋	＋	＋	＋
	ZnO	＋	＋	＋	－	－	－	－	－	±
	72時間 $ZnCl_2 \cdot 4Zn(OH)_2$	＋	＋	＋	－	＋	＋	＋	＋	＋
	ZnO	＋	＋	＋	±	－	－	±～－	±～－	±
腐食減量 [g/m²・hr]		1.01	1.12	0.59	0.55	0.05	0.23	0.21	0.18	0.60

＋：存在する　±：少し存在する　－：存在しない

＊文献の表を書き直して記載

第6章　耐腐食材料の開発

図4　3% Mgを添加した溶融Znめっき浴の外観[4]

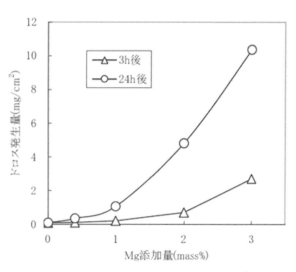

図5　ドロス発生量とMg濃度の関係[4]

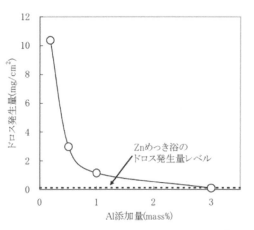

図6　ドロス発生量とAl添加量の関係[4]

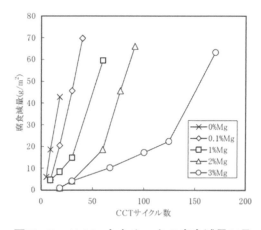

図7　Zn-Al-Mg合金めっきの腐食減量に及ぼすMg添加量の影響[4]

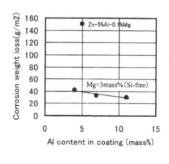
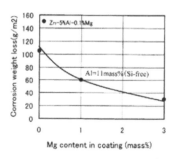
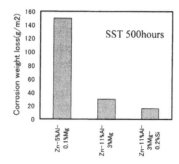

図8　腐食促進試験結果[5]

― 194 ―

第1節　土木・建材向け高耐食めっき鋼板の開発

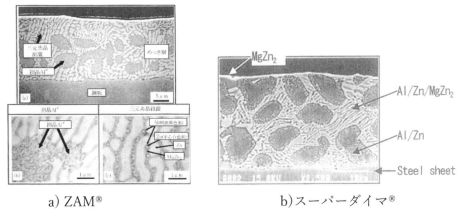

a) ZAM®　　　　　　　　　b) スーパーダイマ®

図9　高耐食めっき鋼板の断面SEM写真[6]

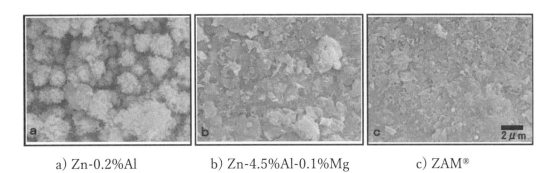

a) Zn-0.2%Al　　　b) Zn-4.5%Al-0.1%Mg　　　c) ZAM®

図10　各めっき鋼板上に形成した腐食生成物の表面外観（海岸環境5年暴露後）[6]

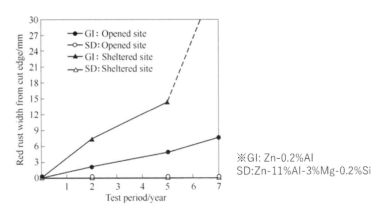

図11　切断端面部からの赤錆発生幅（沖縄県宮古島暴露）[7]

うに従来のめっきと比較して緻密な腐食生成物を形成することがわかっている[6]。この緻密な腐食生成物皮膜がCl^-などの腐食因子の侵入を抑制することで，耐食性が向上すると考えられている。また，これらの腐食生成物は切断端面部の防食にも有効であることが知られている。**図11**に，スーパーダイマ®の切断端面部の腐食挙動を示す[7]。スーパーダイマ®を含む先めっき材で

第6章　耐腐食材料の開発

a)堆肥舎の屋根材(22年経過)　　　　b)都市部外板パネル(20年経過)

図12　スーパーダイマ®の使用事例

は，めっき後に切断加工されるため，切断端面で地鉄が露出する。一方，めっき層は鉄よりも電位がマイナス側で犠牲防食能を有するため，表面に微小な水膜が形成すると経時で地鉄よりもめっき層が優先的にアノード溶解し，カソードとなる地鉄の切断端面上にめっきの腐食生成物が形成する。この腐食生成物がバリア皮膜として機能し，地鉄の腐食を抑制することができることがわかっている。スーパーダイマ®のようにMgを含むめっきでは，切断端面部にMgが優先的に供給されて腐食生成物皮膜が形成することで，GIと比較して切断端面部も良好な耐食性を有する。

図12にスーパーダイマ®が採用された事例を示す。スーパーダイマ®は堆肥舎や外板パネル，道路の防音壁や建造物のデッキプレート，太陽光発電の架台などに採用されており，20年程度経過した後も良好な耐食性を発揮していることがわかる。

3. 次世代高耐食めっき鋼板 ZEXEED®

近年日本では国土強靭化や人手不足によるメンテナンス頻度低減に関する需要が増えており，一方で土木・建材向け高耐食性めっき鋼板にさらなる長寿命化が要求されるようになった。そこで，2021年に日本製鉄(株)より土木・建材向け次世代高耐食性めっき鋼板のZEXEED®が開発された。これまで，製造性(めっき浴の管理，めっき外観担保)の観点からAlを複合添加してもMgは3％程度の添加が限界であったが，特殊な技術を使用することでZEXEED®では業界で初めて6％のMg添加が可能となった。図13に腐食促進試験でのめっきの腐食減量測定結果を，図14に外観写真を示す[8]。ZEXEED®は多量のAl，Mg添加により従来の高耐食めっき(Zn-11％Al-3％Mg)と比較して約2倍，溶融Znめっき鋼板と比較して10倍の耐食性を有する。また，図15のように切断端面部においても安定した保護皮膜が形成することで良好な耐食性を発揮することができる[9]。

図16にZEXEED®の断面めっき組織を示す。これまでのZn-Al-Mg合金めっきと比較してAl，Mg濃度が高いためAl-Zn相と塊状のMgZn₂相が多くを占めており，従来の高耐食めっき

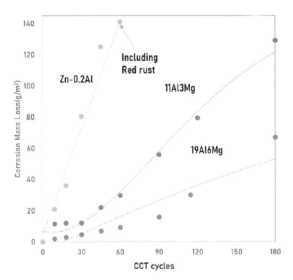

図13　腐食促進試験結果（JASO-M609-91）[8]

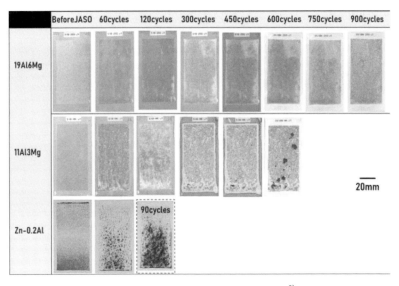

図14　腐食促進試験後の外観写真[8]

と同様の組織であるZn/Al/MgZn₂三元共晶が少ないことがわかる。徳田らは腐食促進試験でZEXEED®の腐食挙動の経時変化を観察した結果，Zn/Al/MgZn₂三元共晶→塊状MgZn₂→Al-Zn相の順に腐食していくことを明らかにした[10]。本原因として，これらの組織ごとに腐食電位が異なり，電位がマイナス側の相から腐食が進行すると推定されている。

　また，ZEXEED®の派生製品として，先めっきの溶融めっき"縞"鋼板であるZEXEED®縞板も上市されている（図17）。縞鋼板は主に階段や駐車場のパレットなどの床板として使用されるが，従来は熱延縞板を塗装して使用するか，熱延縞板に後めっきして使用するのが一般的だった。一方，後めっき縞板は長時間の溶融めっき浴の浸漬によりひずみやすく，立体駐車場のパ

第6章 耐腐食材料の開発

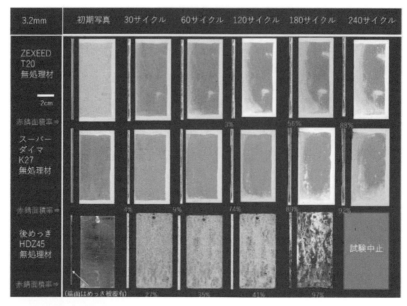

図15 切断端面(板厚3.2 mmt)を解放(左側端面)した状態での腐食促進試験後外観[9]

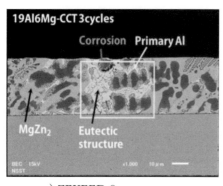

a) ZEXEED®

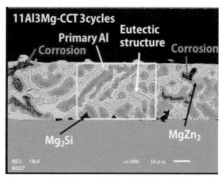

b) スーパーダイマ®

図16 断面SEM写真[10]

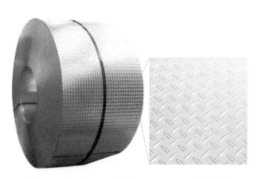

図17 ZEXEED® 縞板のコイル外観[11]

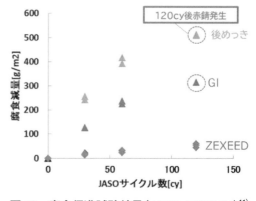

図18 腐食促進試験結果(JASO M609-91)[11]

— 198 —

図19 ZEXEED® 縞板の採用例[11]

レットなどの板厚の薄い鋼材や長尺材のめっきが困難な課題があった。そこで，特殊技術で縞鋼板に ZEXEED® を連続めっきする技術を開発し，薄い板厚でも平坦度に優れ，図18のように耐食性に優れる先めっき縞板が誕生し，採用が拡大している（図19は ZEXEED® 縞板製の駐車場のパレット）。

文　献

1) D. J. Blickwede：鉄と鋼，**66**(7)，53 (1980).
2) H. E. Townsend et al.：*Pap. Int. Corros. Forum*, 87-421, 9 (1987).
3) 岡譲二：鉄と鋼，A57 (1982).
4) 辻村太佳夫：日新製鋼技報，92，1 (2011).
5) 森本康秀，黒崎将夫，本田和彦，西村一実，田中暁，高橋彰，新頭英俊：鉄と鋼，**89**(1)，161 (2003).
6) 浦中将明：表面技術，**62**(1) (2011).
7) K. Ueda Galvatech 2013 & APGALVA 2013: 659 (2013).
8) K. Tokuda et al.: Galvatech2023: 801 (2023).
9) (一財)土木研究センター：建築技術審査証明事業（土木系材料・製品・技術，道路保全技術）概要書，建技審証第2202号 (2022).
10) 德田公平，後藤靖人，齊藤完，竹林浩史，植田浩平：鉄と鋼（投稿中）(2024).
11) 日本製鉄㈱：ZEXEED® 縞板パンフレット (2024).

第6章　耐腐食材料の開発

第2節　高効率廃棄物発電ボイラ用ステンレス鋼管QSX5の開発

山陽特殊製鋼株式会社　庄　篤史

1. 開発の背景

　1991年の廃棄物処理法改正により，法律の目的に廃棄物の排出抑制と分別・再生（再資源化）が加わり，自治体の廃棄物処理行政において廃棄物の減量，廃棄物発電およびリサイクルが重点的に指向されるようになった[1]。

　国内の廃棄物発電は，1965年に大阪市旧西淀工場で始まり，350℃×2.26 MPaの蒸気条件で発電が行われた。しかし，ボイラ過熱器管の腐食減肉量が想定よりかなり大きく，2年ごとの交換を余儀なくされたため，国内2号機以降1995年まで蒸気条件は300℃以下×1.7 MPaで推移し，低い発電効率（約15％）にとどまっていた[2)3)]。1991年の廃棄物処理法改正を機に，プラント設計と適用材料の両側面からこの腐食問題に取り組んで発電効率の向上を図り，施設内で使い切れず余剰となる電力を電力会社に供給（売電）しようとするプロジェクトが多くの自治体で計画され実行に移された[4]。

　一般的に，火力発電の高効率化には，ボイラ蒸気条件の高温高圧化が最も有効とされている。しかし廃棄物発電では，蒸気の高温化に伴い燃焼ガスに含まれるHClガスや飛灰中の低融点共晶化合物（たとえばNaCl，KCl，$PbCl_2$）などによる過熱器管（以下，SH管）の腐食損傷が著しくなるため，高効率化プロジェクトでは主にプラント設計とSH管材料の最適化が行われた[4]。

　こうした中で1993年から当社（山陽特殊製鋼（株））は，東京都の研究機関（旧清掃研究所および旧都立工業技術センター）と共同で蒸気温度400～450℃の高効率廃棄物発電に最適なSH用ステンレス鋼管の研究開発を行うことになった。1998年，QSX5の開発に成功し，その後2000年にQSX5は発電設備材料として一般使用が承認された。以来，東京都をはじめとする自治体の高効率廃棄物発電プラント（清掃工場）に採用されている。本稿では，QSX5の開発経緯とその採用実績を紹介する。なお，以下，本稿は開発品のPRを目的としたものではなく，耐高温腐食性に優れ高効率廃棄物発電プラントに採用されている新開発材料の特性を開発の経緯と共に客観的に述べたものである。

2. 開発の経緯

2.1　実機暴露試験に基づく開発鋼成分の選定[5)6)]

2.1.1　供試材と暴露試験条件

　表1に実機暴露試験における供試材の化学成分を示す（本報の％は，ガス分析結果以外，全て

― 200 ―

mass％を意味する）。まず，開発鋼の基本成分を見いだすため，供試材として，20Cr系の SUSXM15J1 と 25Cr系の SUS310 をベースに Si，Mo，N の配合濃度を系統的に変化させた 8 鋼種と比較材の従来鋼 STB35 を用いた。試験片は真空溶解炉による実験母材の溶製，鍛伸，熱処理，切出し，研磨の工程で作製され，試験片の大きさは縦 20 mm ×横 10 mm ×厚さ 2 mm とした。作製された試験片は，脱脂，清掃工場 SH 管の表面から採取したごみ焼却灰（**表2**）を試験片両面に 20 mg/cm² 塗布後，東京都 K 清掃工場炉内の 630〜680℃の排ガス環境に 168 時間暴露された。**表3**に暴露した雰囲気のガス分析結果を示す。

表1　実機暴露試験における供試材の化学成分（％）

名　称	C	Si	Mn	Ni	Cr	Mo	N
SUSXM15J1 ベース	0.02〜0.06	2.1〜3.7	0.6	13.5	20	0.1〜0.2	0.02〜0.13
SUS310 ベース	0.02〜0.05	0.4〜3.2	0.3〜1.6	20.3〜22.8	24.2〜24.9	0.1〜1.2	0.04〜0.17
STB35	0.14	0.2	0.5	0.1	0.1	－	0.01

表2　塗布したごみ焼却灰の化学分析結果（％）

Na	Mg	Al	Si	S	Cl	K	Ca	Fe	Zn	Pb
6.4	1.6	3.8	5.1	13.5	2.1	7.8	14.2	1.7	2.0	0.8

表3　暴露腐食試験環境のガス分析結果

O_2 (vol％)	CO_2 (vol％)	H_2O (vol％)	HCl (vol ppm)	NO_x (vol ppm)	SO_x (vol ppm)	CO (vol ppm)
11.3〜12.3	8〜10	15〜20	175〜465	7〜110	30〜75	80〜100

2.1.2　試験結果と開発鋼基本成分の選定

　図1に，実環境の耐高温腐食性に及ぼす Si（SUS310 系では Si + Mo）の影響を示す。SUSXM15J1，SUS310 どちらの鋼種系においても，腐食速度は Si 含有量の増加に伴いおおむね減少する傾向を示した。このことから，Si は耐高温腐食性の向上に有効な元素であると考えられた。供試材の中では SUS310 に約 3％の Si と約 1％の Mo を複合添加させた鋼種群が最も優れた耐高温腐食性を示し，さらにそれらは別途評価した耐粒界腐食性も良好であった。以上から，開発鋼の基本成分は SUS310 をベースに約 3％の Si と約 1％の Mo を添加させた物とし，これを「QSX5」と称してさらなる調査と評価が進められた。

第6章 耐腐食材料の開発

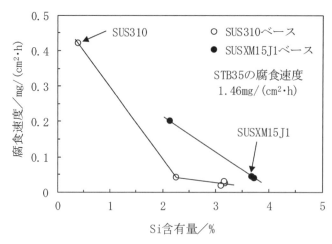

図1 ごみ焼却環境の耐高温腐食性に及ぼす Si の影響

2.2 QSX5 の化学成分と耐高温腐食性[6]
2.2.1 化学成分
上述の基本成分を元に各種特性に及ぼす各種元素の影響を調査した末に，QSX5 の化学成分が**表4**に示す通り定められた。

表4 QSX5 の化学成分（%）

C	Si	Mn	P	S	Ni	Cr	Mo	Nb
≦0.03	2.50～3.50	≦1.00	≦0.040	≦0.030	22.00～25.00	24.00～26.00	1.00～2.00	0.10～0.30

2.2.2 QSX5 の耐高温腐食性ラボ評価
特に厳しい腐食環境で使用されている材料と比べて，QSX5 の耐高温腐食性がどのようなレベルにあるのかを調べるため，**表5**に示す高耐食性材料を比較材として**表6**に示す実機環境を模擬した条件で高温腐食試験が行われた。実機から採取された**表7**の焼却灰を試験片に塗布し，それらを三水準の温度条件で72時間保持した。

図2に高温腐食試験結果を示す。本結果から QSX5 は，SH が設置され得る環境において，Alloy 625 とほぼ同等の耐高温腐食性を示すものと考えられた。

表5 高温腐食試験における比較材の概略化学成分（%）

材料名	Ni	Cr	Mo	Nb	Fe	その他
SUS310 改良鋼	20	25	-	0.4	残	0.25N
Alloy 825	42	22	3	-	残	2Cu, 0.1Al, 1Ti
Alloy 625	62	22	9	4	-	0.2Al, 0.2Ti

表6 高温腐食試験条件

試験方法	塗布法
試験温度	550, 600, 650℃
試験時間	72 h
ガス成分	8 vol% O_2 + 8 vol% CO_2 + 18 vol% H_2O + 0.1 vol% HCl + 残 N_2
ガス流量	760 ml/min
塗布灰	実機から採取したごみ焼却灰(組成は表7)

表7 高温腐食試験に用いたごみ焼却灰の化学分析結果(%)

Na	Mg	Al	Si	S	Cl	K	Ca	Fe	Zn	Pb
11.1	0.8	1.5	2.5	15.5	1.2	11.0	4.0	0.9	3.9	6.3

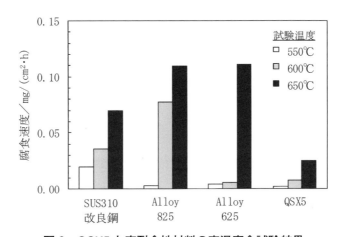

図2 QSX5と高耐食性材料の高温腐食試験結果

2.3 実機試験評価[7]

2.3.1 実機試験の概要

　QSX5が高効率廃棄物発電用のSH管材料として優れた耐久性があることを実証するため，蒸気温度400～450℃クラスの発電プラント導入を目的とした東京都主導の共同研究プロジェクトにて2年間(1997～1998年)の実機試験が行われた。図3に示す通り，実機試験は，東京都A清掃工場にて燃焼ガス流れが反転する第2煙道～第3煙道間の空きスペースで行われた。試験で使用された2次SHは，火力発電ボイラ用高耐食ステンレス鋼管として優れた実績のあるSUS310改良鋼(公称寸法φ38.1×WT4.0 mm)を主に用いて2基製作された。QSX5は，図4の通りその中の要所に長さ250 mmのテストピースとして溶接により組み込まれた。

　長期間の安定操業が可能な発電プラントの設計条件を見いだすため，2基のSHは蒸気温度400～450℃の位置に配置されるテストピース周りのガス雰囲気温度(以下，流動ガス雰囲気温度)に差が出るよう，図4右下の表記の通り蒸気入口と出口をお互い逆にして運用された。

　テストピースの腐食減肉量は，半年ごとに図4中の"×"の位置で非破壊(超音波肉厚計)ある

第6章　耐腐食材料の開発

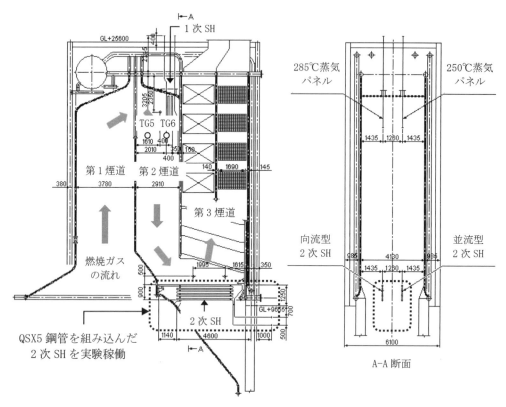

図3　QSX5のテストピース鋼管を組み込んだ2次SHの設置位置（東京都A清掃工場）

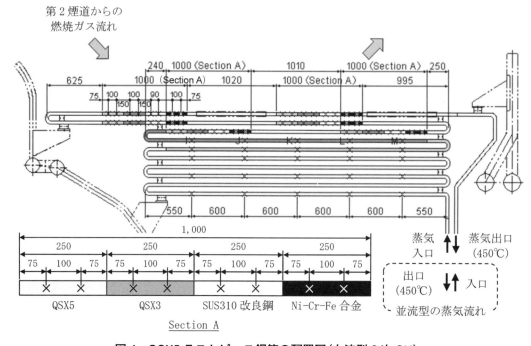

図4　QSX5テストピース鋼管の配置図（向流型2次SH）

― 204 ―

いは抜管（マイクロメーター）により測定され，テストピースごとの最大値（最大肉厚減量）で評価された。なお，1年経過（実質の稼働時間：約10.4ヵ月）後の最大肉厚減量は，全て抜管検査で求められた。

2.3.2 試験環境

2.3.2.1 ガス環境

実機試験中に2次SHのガス流れ上流側（図3，第2煙道のTG5，TG6付近）で実施したガス分析の結果を**表8**に示す。SH管の腐食に関与すると考えられるO_2，HCl，SO_Xの濃度はそれぞれ約8％，300 ppm，20 ppmであった。

2.3.2.2 付着灰

テストピースに付着・堆積した焼却灰の分析結果の一例を**表9**に示す。灰の組成や性質は2次SH内の位置によって違いがあったものの，腐食に関与すると考えられる物質は，アルカリ金属塩化物（KCl，NaCl）とアルカリ土類金属硫酸塩/アルカリ金属硫酸塩（$CaSO_4$/$(K,Na)_2SO_4$）であった。

表8　実機試験期間中に2次SHの近傍で実施したガス分析結果の一例

O_2 （vol%）	CO_2 （vol%）	H_2O （vol%）	HCl （vol ppm*）	HF （vol ppm*）	NO_X （vol ppm*）	SO_X （vol ppm*）	CO （vol ppm*）	Cl_2 （vol ppm*）
7.8	11.6	22.0	333.3	3.8	99.0	18.0	28.3	0.13

＊乾きガス12% O_2換算値
・測定時期：1996年1月
・測定位置：図3に示す第2煙道のTG5，6付近

表9　2次SH管テストピースに付着した焼却灰の化学分析結果とX線回折結果の一例

（a）化学分析結果（%）

Na	Al	Si	S	SO_4^{2-}	Cl	K	Ca	Cr	Fe	Zn	Pb
8.0	4.9	3.2	8.0	27.9	15.0	10.4	12.9	0.3	0.4	0.8	0.1

・採取時期：1997年10月
・採取位置：向流型2次SHの最上段（流動ガス雰囲気温度約700℃，鋼管内の蒸気温度約430℃）
（b）X線回折にて同定された化学物質：$CaSO_4$，KCl，NaCl

2.3.2.3 テストピース鋼管の流動ガス雰囲気温度と蒸気温度

SH管材料にQSX5あるいは比較材（SUS310改良鋼）を適用した場合の発電プラントの設計指針（流動ガス雰囲気温度 – 蒸気温度 – 腐食速度の相関データ）を得るため，SH管表面の温度実測データに基づいて流動ガス雰囲気温度と蒸気温度のシミュレーション解析が行われた。

図5に，シミュレーション解析で求められた向流型2次SH管テストピースの流動ガス雰囲気温度を示す。第2煙道から流れてきた燃焼ガスが直接ぶつかるSHの1段目－前側の流動ガス雰

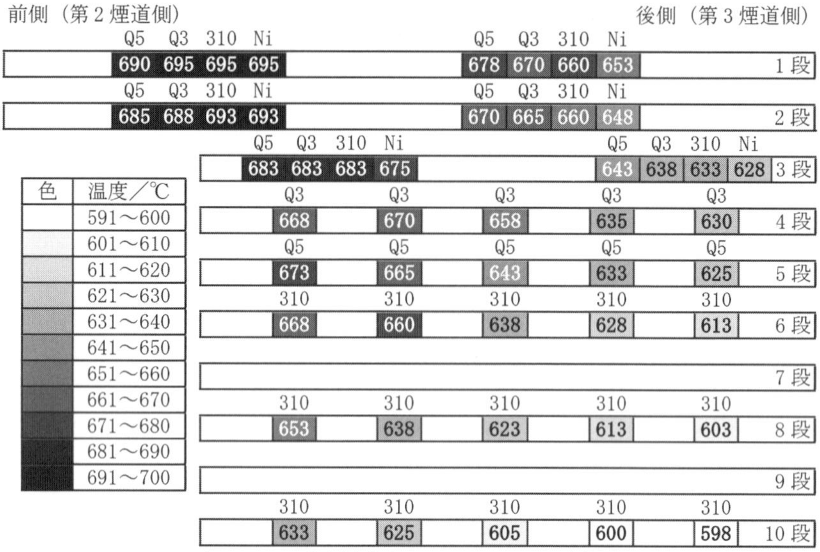

第6章　耐腐食材料の開発

前側（第2煙道側）　　　　　　　　　　　　　　　　後側（第3煙道側）

	Q5	Q3	310	Ni		Q5	Q3	310	Ni	
	690	695	695	695		678	670	660	653	1段
	Q5	Q3	310	Ni		Q5	Q3	310	Ni	
	685	688	693	693		670	665	660	648	2段
	Q5	Q3	310	Ni		Q5	Q3	310	Ni	
	683	683	683	675		643	638	633	628	3段

色	温度／℃
	591～600
	601～610
	611～620
	621～630
	631～640
	641～650
	651～660
	661～670
	671～680
	681～690
	691～700

Q3	Q3	Q3	Q3	Q3	
668	670	658	635	630	4段
Q5	Q5	Q5	Q5	Q5	
673	665	643	633	625	5段
310	310	310	310	310	
668	660	638	628	613	6段
					7段
310	310	310	310	310	
653	638	623	613	603	8段
					9段
310	310	310	310	310	
633	625	605	600	598	10段

Q5：QSX5、Q3：QSX3（QSX5のMo無添加鋼）、310：SUS310改良鋼、Ni：Ni-Cr-Fe合金

図5　シミュレーションで求められたテストピースの流動ガス雰囲気温度（向流型2次SH）

囲気温度は，SH内で最も高い約700℃であった。一方でガスの主流から外れた10段目−後側の温度はSH内で最も低い約600℃であった。なお，もう片方の並流型2次SHの雰囲気温度分布は，向流型とほぼ同様であった。さらに，蒸気温度についても同様の解析が行われ，肉厚減量を求めた全てのテストピース位置の蒸気温度が求められた。

2.3.3　試験結果

　発電設備1年間の稼働時間に相当する試験期間10.4ヵ月の最大肉厚減量のデータを，10℃または20℃の雰囲気温度幅で層別し，蒸気温度を横軸にして整理した結果の一例を**図6**に示す。本プロジェクトでは，許容できる年間の最大肉厚減量（以後，最大減肉速度）が「0.6 mm/年」と定められたため，図6内の0.6 mm/年の位置に境界線を描いている。(a)597〜620℃と(b)661〜680℃にて，蒸気温度400〜450℃位置の最大肉厚減量を比較すると，(a)では境界を上回るデータが認められなかったのに対し，温度の高い(b)では境界を上回るデータが散見されるようになった。以上から，腐食トラブルのリスクを低減させて蒸気温度400〜450℃での廃棄物発電を行うには，当該SH管位置の流動ガス雰囲気温度を620℃以下にすることが必要であるということがわかった。

　QSX5と比較材であるSUS310改良鋼の耐高温腐食性を比較するため，図6で示した複数のグラフデータを1つに集約させたものを**図7**に示す。同図は，各雰囲気温度範囲における肉厚減量最大値のトレンド線と境界値の0.6 mm/年とが交わる蒸気温度（図6(b)ではQSX5：346℃，比較材：308℃）と，雰囲気温度の上限・下限（同661℃・680℃）で作図されたものである。すなわち，図7はQSX5と比較材がそれぞれ0.6 mm/年の最大減肉速度となるガス雰囲気−蒸気温度条件を示している。QSX5の最大減肉速度が0.6 mm/年となる温度領域は，比較材のそれよりも

— 206 —

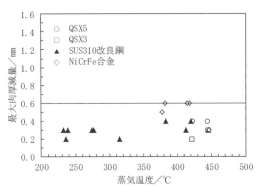
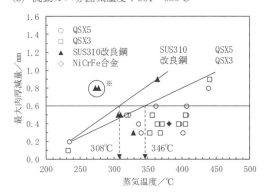

図6 SH管の最大肉厚減量に及ぼす流動ガス雰囲気温度と蒸気温度の影響（試験期間10.4ヵ月）
※○で囲まれたデータのテストピースは，流動ガス雰囲気温度が約680℃かつ，ガス流速が特に高い環境にさらされていたため，評価から除外された

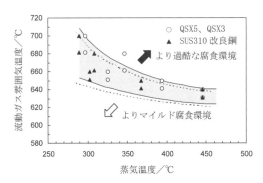

図7 実機試験によって得られた0.6 mm/年の最大減肉速度を示す流動ガス雰囲気温度－蒸気温度条件

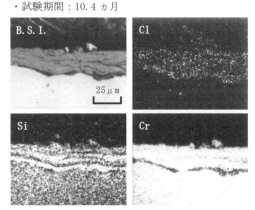

図8 QSX5鋼管腐食断面のEPMA分析結果

上の位置にあった。この結果により，QSX5に優れた耐久性があることが実証された。なお，QSX5の優れた耐高温腐食性は，図8に示す腐食断面のEPMA分析結果の通り，Cr酸化物とSi酸化物の薄い保護被膜の生成によるものと考えられている。

実機試験後の2000年3月にQSX5は，資源エネルギー庁の「電気施設技術基準機能性化適合調査」により，最高使用温度475℃の発電設備材料として一般使用を承認され，材料開発が完了した。

3. QSX5の諸性質[6]

3.1 機械的性質

QSX5と開発ベース鋼となったSUS310の常温における機械的性質を表10に示す。QSX5はSUS310と同様に良好な機械的性質を有している。

表10 常温におけるQSX5の機械的性質（実績の一例）

鋼種名	試験母材(mm)	引張強さ(N/mm^2) [*1]	0.2%耐力(N/mm^2) [*1]	伸び(%) [*1]	へん平性 押広げ性
QSX5	（規定）	520以上	205以上	35以上	*2
	φ48.6 × WT5.0	695	351	55	共に良好
SUS310	φ42.7 × WT4.7	606	283	49	共に良好

*1 試験片：JIS Z 2201の12号試験片
*2 JIS G 3463に準拠

3.2 時効衝撃特性

図9にQSX5の時効衝撃特性を示す。500℃ - 10,000 h まで衝撃値の著しい低下は認められない。

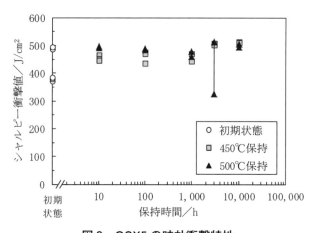

図9 QSX5の時効衝撃特性

3.3 溶接継手の性能

溶接施工性と耐高温腐食性の観点で，QSX5の継手溶接にはAlloy 625共金溶加棒（JIS Z 3334，Ni6625相当）の使用を推奨している。Alloy 625の溶加棒を用いることで良好な継手性能が得られている。

4. 採用実績

2001年に初めてQSX5の量産品が，東京都二十三区清掃一部事務組合殿が運営・管理する中央清掃工場（400℃×3.95 MPa）の1～3次SH管として採用された[8]。以来，国内の主要なプラントメーカーを通じて東京都をはじめとする各地の自治体で採用され，採用に至った清掃工場は，現在20ヵ所余りとなっている。

 ## 5. おわりに

清掃工場に採用されて以来，QSX5は，回収されていなかった廃熱を電力として再生利用する，いわゆる"サーマルリサイクル"に貢献する発電設備材料としての役割を担っている。最近になり，廃棄物発電がバイオマス発電の1つに分類され，ここで得られる電力が"再生可能エネルギー"と定められて以降，QSX5は，脱炭素社会への取り組みに貢献する材料としての役割も担うようになっている。今後も高い品質のQSX5鋼管の安定供給を図り，脱炭素社会の実現に貢献していく所存である。

文献

1) 環境省：日本の廃棄物処理の歴史と現状（2014）．
2) 掛田健二：計測と制御，**36**(10)，744(1997)．
3) 三野禎男，増水豊，竹田昌弘：Hitz技報，**72**(2)，94(2011)．
4) たとえば折田寛彦，川原雄三，吉良雅治：圧力技術，**34**(2)，92(1996)．
5) 高見義信，磯本辰郎，占部武生，基昭夫：CAMP-ISIJ，**8**，740(1995)．
6) 庄篤史，磯本辰郎，基昭夫，占部武生，吉葉正行：まてりあ，**40**(1)，76(2001)．
7) 庄篤史，磯本辰郎：山陽特殊製鋼技報，**7**(1)，20(2000)．
8) 庄篤史，遠山一廣，瀬川敦永，櫻田和夫：第13回廃棄物学会研究発表会講演論文集Ⅱ，633(2002)．

第6章　耐腐食材料の開発

第3節　耐食チタン合金 AKOT の開発

株式会社神戸製鋼所　鈴木　順

1. チタンの耐食性と耐食チタン合金

　チタンには耐食性に優れる，軽い，強いという特長があり，これらの特長を活かして海中での用途，生体材料用途，航空・宇宙用途など幅広い分野で使用されている。本来，チタンは活性な金属だが，環境中の酸素と強く結合しその表面に厚さ数 nm の酸化皮膜，いわゆる不働態皮膜を形成する。この不働態皮膜は多くの環境中で安定に維持され，かつ保護性が高いためにさまざまな環境中で優れた耐食性を示すが，この不働態皮膜が形成されない環境，たとえば硫酸や塩酸といった非酸化性の環境では腐食が進行する。また，高温高濃度の塩化物環境では隙間腐食が起こることもある。

　これまでに，非酸化性環境中での腐食や隙間腐食に対する耐食性を高めるための開発が進められ，Pd や Ru など白金族元素の添加や，Ni や Co など鉄族元素の添加が耐食性向上に有効であることが見いだされ，Ti-0.15Pd 合金（ASTM Grade7）や Ti-0.3Mo-0.8Ni 合金（ASTM Grade12）などの耐食チタン合金が開発された。

　一方，白金族元素は非常に高価でありコスト増大につながるため，白金族元素の添加量を抑えた Ti-0.05Pd[1]（ASTM Grade16, 17）や，白金族元素の添加を抑えつつ加工性を損なわない程度の鉄族元素の微量添加で耐食性を補った Ti-0.5Ni-0.05Ru 合金[2]（ASTM Grade13, 14, 15）や Ti-0.05Pd-0.3Co 合金[3]（ASTM Grade30, 31）が提案された。当社（㈱神戸製鋼所）では，白金族元素の添加量をさらに低減しつつ非酸化性環境での全面腐食，および隙間腐食を抑えた耐食チタン合金 AKOT（Ti-0.4Ni-0.01Pd-0.02Ru-0.14Cr）を開発している。本稿では AKOT の耐食性とその発現メカニズムについて紹介する。なお，以下，本稿は AKOT の製品 PR を目的としたものではなく，従来のチタン合金材をベースとしつつ，コストパフォーマンスも考慮し，これらチタン合金材よりも優れた耐全面腐食性および耐隙間腐食性を有する新開発合金 AKOT の特性について客観的に述べたものである。

2. Ti-Ni-Pd-Ru 合金への Cr の添加

　当社は，耐食性，加工性および材料コストのバランスを考慮して，白金族元素の Pd および Ru を微量添加し，加工性を損なわない程度の Ni を添加した Ti-0.4Ni-0.01Pd-0.02Ru 合金に対して，Cr を添加することで全面腐食および隙間腐食を抑えることができることを見いだした[4]。

　Ti-0.4Ni-0.01Pd-0.02Ru 合金をベースに Cr 添加量を変えて作製した各合金材で，2 wt% の沸

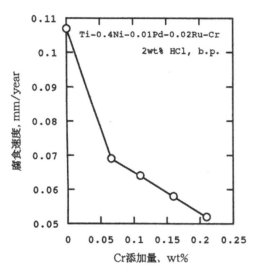 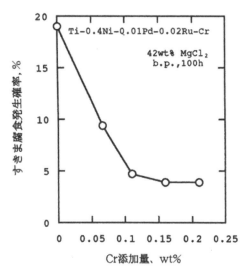

図1　Cr 添加による耐全面腐食性向上効果　　図2　Cr 添加による耐隙間腐食性向上効果

騰塩酸水溶液中における全面腐食の腐食速度を評価した結果を図1[4)]に示す。Cr 添加量を 0.06 wt％とすることで腐食速度は 60％程度まで低下し，その後も Cr 添加量と共に腐食速度は直線的に低下して，0.21 wt％添加では添加しない場合の約 50％まで腐食速度が低下することがわかった。また，同組成の合金材を用いて 42 wt％沸騰塩化マグネシウム水溶液中に 100 時間保持したときの隙間腐食発生を評価し，合金ごとの隙間腐食発生確率を比較したものを図2[4)]に示す。なお，隙間腐食試験はスペーサーとしてポリフッ化エチレン樹脂（PTFE）を用いたマルチクレビス法[5)]によって実施した。Cr 添加量が 0.11 wt％までは発生確率は直線的に低下し，その後およそ横ばいとなる傾向が認められた。これらの結果および加工性への影響を考慮して Cr 添加量を 0.14 wt％とした。

3. Ti-Ni-(Pd, Ru)-Cr 合金（AKOT）の耐食性と電気化学的挙動

3.1　耐全面腐食性

表1[6)]に示す Ti-Ni-(Pd, Ru)-Cr 合金（以下，AKOT），各種合金材および純チタン材を用い，2，5，10 wt％の沸騰塩酸水溶液中で 24 時間保持した後の腐食減量より全面腐食速を評価した結果を図3[6)]に示す。純チタンと各合金の曲線を比較すると，Ti-Cr 合金では各塩酸濃度において腐食速度は純チタンよりも大きく，純チタンへの Cr 添加は耐全面腐食性向上に有効ではないことがわかる。一方，Ni，Pd および Ru を添加した合金では，純チタンよりも全面腐食速度が大幅に低下しており，著しい耐全面腐食性の向上が確認された。特に低濃度側での腐食速度の低下幅は大きく，純チタンの 1/10 以下の腐食速度となった。また，本組成に Cr を添加した AKOT では各塩酸濃度での腐食速度の低下が認められ，特に 2 wt％塩酸水溶液中での腐食速度は Ti-Pd 合金と同等であり，AKOT は Ti-Pd 合金に対して Pd 量を 1/10 以上減らしても優れた耐全面腐食性を発現することが確認された。

第6章　耐腐食材料の開発

表1　各種チタン合金材および純チタン材の組成表

合金	化学成分組成（mass%）					
	Ni	Pd	Ru	Cr	O*	Fe*
Ti-Ni-(Pd, Ru)-Cr (AKOT)	0.41	0.01	0.02	0.14	0.06	0.03
Ti-Ni-(Pd, Ru)	0.41	0.01	0.02	–	0.06	0.03
Ti-Cr	–	–	–	0.16	0.06	0.03
純 Ti (ASTM G2)	–	–	–	–	0.06	0.03
Ti-Pd (ASTM G7)	–	0.17	–	–	0.10	0.03

＊不純物元素

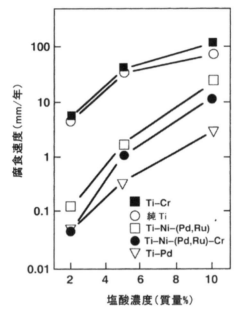

図3　2, 5, 10 mass%沸騰塩酸中での各種チタン合金の全面腐食速度

3.2　耐隙間腐食性

表1に示すAKOT, 各種チタン合金材および純チタン材を用い, 沸騰42 mass% MgCl₂水溶液中での, 隙間腐食発生状況を評価した[6]。隙間腐食発生確率[5]を評価した結果を**表2**[6]に示す。純チタンの隙間腐食発生確率は100%であり, 全ての隙間で腐食発生が確認された。次にCrを単独添加したTi-Cr合金では発生確率は62.4%と純チタンよりも確率が低下しており, 隙間腐食の改善に対してはCrの添加が有効で

表2　隙間腐食発生確率

合金	隙間腐食発生確率（%）
Ti-Ni-(Pd, Ru)-Cr (AKOT)	0
Ti-Ni-(Pd, Ru)	18.9
Ti-Cr	62.4
純 Ti (ASTM G2)	100
Ti-Pd (ASTM G7)	0

あると考えられる。

一方，Ni，PdおよびRuを添加した合金に対する隙間腐食発生確率は18.9%と顕著に減少しており，さらにCrを0.14 mass%追加添加したAKOTでは，隙間腐食発生確率は0%となり，Pd量が10倍以上であるTi-Pd合金と同等の非常に優れた耐隙間腐食性を発現することが確認された。

3.3 AKOTの電気化学的挙動

上記結果のように，純チタンへのCrの単独添加では耐全面腐食性が低下するものの，耐腐食性は向上が見られたが，Ti-Ni-(Pd,Ru)合金へのCrの添加は耐全面腐食性と耐隙間腐食性を共に向上させることがわかった。

純チタンへのCr添加と，Ti-Ni-(Pd,Ru)合金へのCrの添加の違いを探るために表1に示す各チタン合金を用いて電気化学的な評価を行った[6]。

沸騰10 mass%塩酸水溶液中での各チタン合金の分極曲線を図4[6]に示す。純チタン（二点鎖線）では，腐食電位がおよそ−0.75 V(vs Ag/AgCl)であり，プラス側の電位に掃引すると活性溶解を示すピークが見られ，−0.6 Vで頂点となり，その後，電流値が低下して不働態の形成が見られた。次にTi-Cr合金（一点鎖線）では，腐食電位が約−0.65 Vと純チタンよりもプラス側に移行したが，活性溶解を示すピークが純チタンよりも高くなり，その後，純チタンと同等の電流値に低下した。

一方，Ti-Ni-(Pd,Ru)合金（破線）では腐食電位が約-0.55 Vと高くなり，活性溶解を示すピークが著しく小さくなった。この分極曲線の変化から，Ni，Pd，Ruの複合添加により耐全面腐食性が向上していることがわかる。Crを添加したAKOT（実線）では，腐食電位は上昇してその値は純チタンの不働態領域となっており，活性溶解を示すピークのさらなる低下が見られた。

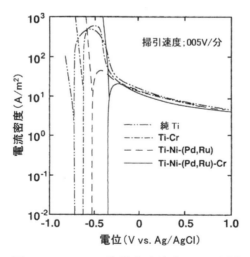

図4　10 mass%塩酸水溶液中に10分間浸漬後に測定された各チタン合金の分極曲線

第6章　耐腐食材料の開発

　以上の結果より，純チタンへの Cr の単独添加では，腐食電位がプラス側に移行したが活性溶解ピーク高さの上昇が起こったことから耐全面腐食性が低下したと考えられる。一方，Ti-Ni-(Pd,Ru)合金への Cr 添加では腐食電位および活性溶解ピーク高さの変化から不働態化がより促進されて優れた耐全面腐食性を示したと考えられる。

　また，各チタン合金の不働態化のしやすさ（不働態化能）を評価するために，沸騰 10 mass% 塩酸水溶液中に酸化剤である Fe^{3+} イオンを添加し，Fe^{3+} イオン濃度と腐食電位の変化を測定した。その結果を図 5[6]に示す。沸騰塩酸中では純チタンの腐食が起こるが，Fe^{3+} イオンが酸化剤であるため，その濃度が高くなると沸騰塩酸中でも不働態化して腐食電位がプラス側にシフトする。そのため，低い Fe^{3+} イオン濃度で腐食電位が上昇する材料ほど，不働態化しやすいと考えられる。図 5 に示される曲線を比較すると，純チタンに対して，Ti-Cr 合金では，腐食電位を上昇させるために必要な Fe^{3+} イオン濃度が高く，純チタンよりも不働態化しづらいという結果であった。一方，Ti-Ni-(Pd,Ru)合金では，相対的に低い Fe^{3+} イオン濃度で腐食電位が上昇し，Ti-Ni-(Pd,Ru)-Cr 合金ではさらに低い Fe^{3+} 濃度で腐食電位の上昇が認められ，最も不働態化能が優れていると考えられる。

　さらに，各チタン合金の不働態保持力についても，沸騰 10 mass% 塩酸水溶液中にて電位を不働態域の 0.2 V(vs Ag/AgCl)に保持した後，電位を開放してそれぞれの腐食電位の経時変化を測定することによって評価した。結果を図 6[6]に示す。電位印加時は不働態を形成しているが，電位開放後はそれぞれの腐食電位まで電位がマイナス側にシフトする。純チタンの曲線に対してTi-Cr 合金では腐食電位まで電位がマイナス側にシフトするまでの時間が若干長い，すなわち脱不働態化が起こりにくいことから，純チタンに対してやや不働態保持力が高いと考えられる。表

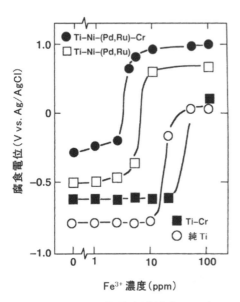

図5　10 mass% 塩酸水溶液中での各チタン合金の腐食電位に及ぼす Fe^{3+} 濃度の影響

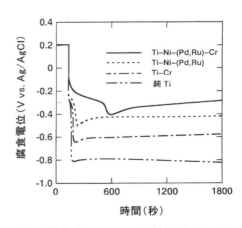

図6　電位を Ag/AgCl に対して 0.2 V に保持した後に測定した各チタン合金の腐食電位の経時変化

2で示されたTi-Cr合金での隙間腐食発生確率の低下はこの不働態保持力の向上に起因するものと考えられ，不働態状態のTi-Cr合金は隙間部にてpHの低下が発生した場合の脱不働態化が純チタンよりも起こりにくいためと考えられる。また，Ti-Ni-(Pd,Ru)合金では腐食電位になるまでの時間がやや長く，腐食電位が図4の純チタンの活性溶解ピークの頂点の電位(-0.6 V)よりも高いため不働態の状態はほぼ保持されていると考えられる。AKOTではさらに電位低下に要する時間が長くなり，腐食電位も高いことから，優れた不働態保持力を発現していると考えられる。

4. AKOTの耐食性発現メカニズム

　以上の電気化学的評価の結果，AKOTは不働態化能および不働態保持力が高いことが確認され，これによって優れた耐全面腐食性および耐隙間腐食性を示すことが考えられる。これら耐腐食性を発現するメカニズムを明らかにするために，塩酸水溶液中での腐食試験後の材料表面の調査を行った[6]。

　沸騰10 mass％塩酸水溶液中での純Ti，Ti-Ni-(Pd,Ru)合金，AKOTの腐食電位の経時変化を図7[6]に，水溶液浸漬前後の材料表面の深さ方向の組成分析結果を図8[6]および図9[6]に示した。

　図7の各材料の腐食電位の経時変化より，純Tiは浸漬初期に腐食電位が-0.8 Vまで低下し，その後ややプラス側に移行して横ばいとなるが，Ti-Ni-(Pd,Ru)合金およびAKOTでは，浸漬後の腐食電位が純Tiに対してプラス側であると共に，浸漬時間と共に腐食電位がさらに緩やかにプラス側に移行していることがわかった。特にAKOTでその傾向が明確であり特徴的な挙動と考えられる。

　次に，水溶液浸漬前，浸漬300秒後，2400秒後の材料表面のイオンマイクロアナライザ(IMA)にて，深さ方向の組成分析を行った。Ti-Ni-(Pd,Ru)合金とAKOTに対する結果を図8と図9にそれぞれ示す。図8のTi-Ni-(Pd,Ru)合金のデータでは，研磨後の状態からPd，Ruが表層にやや濃化している様子が確認されるが，浸漬時間と共に表面濃化が進行し，特にRuの濃縮が明確であった。一方，図9のAKOTのデータでは浸漬300秒後にはRuの濃縮が見られ，浸漬2400

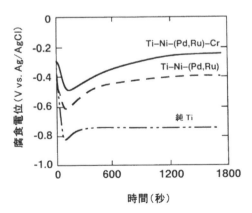

図7　10 mass％塩酸水溶液中での各チタン合金の腐食電位経時変化

第6章　耐腐食材料の開発

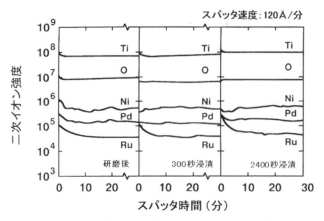

図8　10 mass％塩酸水溶液に浸漬した Ti-Ni-(Pd, Ru)
　　　合金の IMA 深さプロファイル

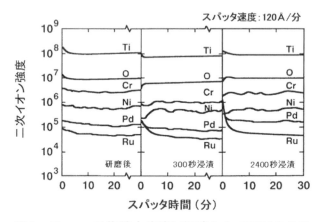

図9　10 mass％塩酸水溶液に浸漬した AKOT の IMA
　　　深さプロファイル

秒後では Pd および Ru の顕著な濃縮が確認された。この AKOT で見られた Pd および Ru の表面濃縮による耐食性発現機構の模式図を図10[7]に示す。つまり，浸漬初期段階では，Cr の影響により Ti の選択的溶出が起こり，その後 Ti の溶出によって Pd や Ru の表面濃縮が起こり，これによって不働態化が促進されて優れた耐全面腐食性および耐隙間腐食性が発現されると考えられる。

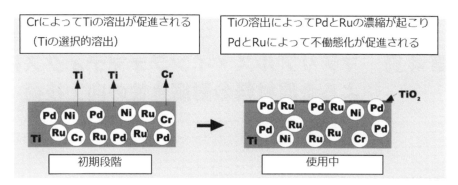

図10 AKOTの耐食性発現メカニズム

文　献

1) 特公平 4-57735.
2) 滝千尋：ソーダと塩素, **38**, 519(1987).
3) 北山司郎, 志田善明：鉄と鋼, **77**, 1495(1991).
4) 屋敷貴司, 上田啓司, 森康治郎, 杉崎康昭：チタン, **45**(4), 18(1997).
5) H.Satoh, F.Shimogori and F.Kamikubo：*Plat. Met. Rev.*, **31**(3), 115(1987).
6) 上田啓司, 杉崎康昭, 屋敷貴司, 佐藤廣士：鉄と鋼, **80**(4), 99(1994).
7) (株)神戸製鋼所：AKOT技術説明用資料(日本語版) 第1版 2003年5月.

第6章 耐腐食材料の開発

第4節　マテリアルズ・インフォマティクスによる金属材料の耐腐食性の向上技術

株式会社コベルコ科研　狩野　恒一

1. はじめに

近年，データ科学と材料科学を組み合わせた「マテリアルズ・インフォマティクス（MI）」の取り組みが盛んに行われ，材料の系統的な分析や材料探索が加速されている。本稿では電子状態計算によるナノシミュレーションと機械学習手法を組み合わせた，アルミニウム合金材料の腐食特性の解析事例を紹介する。ナノシミュレーションでは合金種や表面状態，溶媒濃度やpHを考慮した計算を行い，機械学習手法により計算結果の系統的な分析を行っている。

2. 概　要

現在，インフラの劣化に伴う構造物の補修は社会的な課題であり，あらかじめ構造物の補修時期を決めておく「予防保全」の思想を念頭に置いた耐久性の高い材料開発の重要性が増している。しかし現状では正確に構造物の劣化時期を特定することが困難であることから，構造物の補修時期が実際の劣化状況と合致しないことが多い。その結果，構造物の補修にかかる経済的コストの増加や，劣化による構造物の破損・崩壊によって生活の安全を脅かす事故へつながっている。したがって予防保全の価値を最大化するために，より正確な構造物の劣化時期を知る必要がある。

構造物の劣化の重要な要因の1つとして，構造物中の金属材料の腐食が挙げられる。腐食は，微視的な金属イオンの溶出に端を発し，金属材料全体の劣化が進行するマルチスケール現象であり，材料のみならず温度や溶液濃度，溶液pHなどの多くの環境要因に依存しながら進行する。したがって，材料と環境の両側面から系統的に調べた腐食特性の知見は予防保全の価値を高める上で必要不可欠となる。現在では巨視的な腐食反応を計算機援用工学（Computer Aided Engineering：CAE）によりシミュレートすることで，耐食性の高い材料やその反応機構に対して一定の現象論的理解がなされている。

しかしCAEは実験によって得られたパラメータを入力変数として扱うため，未知の材料の腐食特性の予測には向かない。また腐食反応は材料や環境要因に敏感に変化するため，現代の実験的アプローチのみでは均一にそろえた環境下で腐食特性を網羅的に調べることが困難である。たとえば実験時に用意する溶液の撹拌具合や材料のマクロな形状や析出物の有無によっても腐食反応が影響を受けることが経験的に知られている。

このような問題に対しては，経験的パラメータに依存しない第一原理電子状態理論[1)-5)]による

第4節　マテリアルズ・インフォマティクスによる金属材料の耐腐食性の向上技術

数値解析が腐食反応に対する基礎的な材料特性の予測に有効であると考えられる。一方でミクロスケールを対象とする理論のみではマクロスケールの腐食現象の予測は難しい。したがって，腐食反応の俯瞰的な理解のためにミクロスケールからボトムアップしてマクロな腐食現象を記述する統合的プラットフォームが必要となる。そこで本稿では，MI によるアプローチとして，アルミニウム（Al）合金材料を対象に，量子・古典融合手法によるデータ創出と機械学習手法を活用したデータ駆動型研究手法による腐食特性データベース構築を紹介する。本稿は腐食電位と交換電流密度の関係，すなわち分極曲線を微視的理論から予測することを目標としている。具体的にはナノスケールのシミュレーション手法の一種である密度汎関数法（Density Functional Theory：DFT）に基づく電気化学シミュレーション手法により網羅的に腐食反応解析を行うことで，腐食要因ごとに切り分けられた腐食電位の分析を行う。本稿においてはこの腐食要因とは材料の面指数（2 方位）や合金元素（6 種），および溶液の濃度（NaCl 0.1, 0.5, 1.0 mol/L）と温度（300, 350 K），pH（1, 3, 7, 11, 13）を考慮する。ただしこの時点では計算時に設定する腐食要因の変数に対応した離散的な計算結果が得られるのみになっているので，機械学習手法を適応することで計算結果の補間を実施した。これにより新たな計算を実施することなく連続的に任意の条件における腐食電位を取得することが可能になった。

3. ESM-RISM 法を用いた Tafel 外挿による腐食電位の計算方法

　金属表面における腐食は，主として金属が電子を放出して酸化されるアノード反応と環境因子が電子を受け取って還元されるカソード反応による電子の授受を伴う局部電池模型によって説明される。アノード反応速度（アノード反応電流密度）は電位がプラス側になるほど大きくなり，一方，カソード反応速度（カソード反応電流密度）は電位がマイナス側になるほど大きくなるので，両反応の反応速度（電流密度）が等しくなる電位は一通りに決まる。この電位が腐食電位である。本稿で対象とする Al と水溶液の界面では，酸性溶液において，Al 表面における Al 原子の溶出反応がアノード反応，水素発生反応がカソード反応である。これらの反応は以下のように表される。

$$Al(s) \rightarrow Al^{3+}(aq) + 3e^-(M), \tag{1}$$

$$H_3O^+(aq) + e^-(M) \rightarrow H_2O(aq) + \frac{1}{2}H_2(g). \tag{2}$$

ここで，(s)，(aq)，(M)，(g)はそれぞれ，固体，水和状態，金属電極，気体を表す。

　腐食電位を計算するためには，式(1)，(2)に対する平衡電位を計算する必要がある。溶液による溶媒和効果を効率良く計算に取り込むため，本稿では第一原理有効遮蔽媒質法（Effective Screening Medium：ESM）[6)7)] と古典溶液理論である参照相互作用サイトモデル（Reference Interaction Site Model：RISM）[8)-10)] を組み合わせた ESM-RISM 法を用いた[11)12)]。ESM-RISM 法では，全エネルギーをヘルムホルツの自由エネルギーとして，$A = E_{DFT} + \Delta\mu_{solv}$ と表す。ここで，E_{DFT} は密度汎関数法による全エネルギー，$\Delta\mu_{solv}$ は溶媒和による余剰化学ポテンシャルを意味する。さらに，ESM-RISM 法は，電子と RISM 粒子をグランドカノニカル統計の下で扱う形

— 219 —

式で定式化されている。すなわち，計算では電極電位の制御と表面電荷を遮蔽するカウンターイオンの効果を含んでいる。このため，全系のグランドポテンシャルは余剰電荷 ΔN と電子系の化学ポテンシャル μ_e を用いて $\Omega = A + \Delta N \mu_e$ と定義される。本稿では，Al 表面と水溶液の界面におけるアノードおよびカソード反応前後のグランドポテンシャルを，

$$\Omega_{\mathrm{L}}^{\mathrm{a}} = \frac{1}{3} A(\mathrm{Al}_{400}) + \Delta N \mu_{\mathrm{e}}, \tag{3}$$

$$\Omega_{\mathrm{R}}^{\mathrm{a}} = \frac{1}{3} A(\mathrm{Al}_{399}) + \frac{1}{3} A(\mathrm{Al}^{3+}) + (\Delta N + 1)\mu_{\mathrm{e}}, \tag{4}$$

$$\Omega_{\mathrm{L}}^{\mathrm{c}} = A(\mathrm{Al}_{400}) + A(\mathrm{H}_3\mathrm{O}^+) + E_{\mathrm{ZP}}(\mathrm{H}_3\mathrm{O}^+) + (\Delta N + 1)\mu_{\mathrm{e}}, \tag{5}$$

$$\Omega_{\mathrm{R}}^{\mathrm{c}} = A(\mathrm{Al}_{400}) + \frac{1}{2} E_{\mathrm{DFT}}(\mathrm{H}_2) + \frac{1}{2} E_{\mathrm{ZP}}(\mathrm{H}_2) - TS(\mathrm{H}_2) + A(\mathrm{H}_2\mathrm{O}) + E_{\mathrm{ZP}}(\mathrm{H}_2\mathrm{O}) + \Delta N \mu_{\mathrm{e}}, \tag{6}$$

と計算する。ここで Ω の下付き文字は反応の前後を表し，L が反応前，R が反応後である。Ω の上付き文字はアノードおよびカソード反応を意味している。E_{ZP}, T, S はそれぞれゼロ点振動エネルギー，温度，エントロピー項を表している。式(3),(4)では，式(1)を表面第一層の Al 原子 1 つが溶出する反応と解釈しており，この計算に後述の 400 原子から成るスラブ模型を用いている。

腐食に伴う電流密度は，現象論的な Butler-Volmer の式によって記述される。Butler-Volmer 式に対して高過電圧近似を導入したものを Tafel 式と呼び，アノード（カソード）反応の電流密度 $i^{\mathrm{a(c)}}$ は次のように表される。

$$i^{\mathrm{a(c)}} = i_0^{\mathrm{a(c)}} \exp(\pm \alpha^{\mathrm{a(c)}} F \eta^{\mathrm{a(c)}} / RT). \tag{7}$$

ここで，$i_0^{\mathrm{a(c)}}$, $\alpha^{\mathrm{a(c)}}$, $\eta^{\mathrm{a(c)}}$ はそれぞれアノード（カソード）反応における交換電流密度，電荷移動係数および平衡電位から測った過電圧を表す。F, R, T はそれぞれ Faraday 定数，気体定数，温度である。Tafel 式を用いて，i^{a} と i^{c} が釣り合う電位（腐食電位）を求めることを Tafel 外挿法と呼ぶ。本稿では，式(7)に対して $i_0^{\mathrm{a}} = i_0^{\mathrm{c}} = i_0$ および $\alpha^{\mathrm{a}} = \alpha^{\mathrm{c}} = \alpha = 0.5$ と仮定し，式(3)〜(6)のグランドポテンシャルを用いて，過電圧を近似的に，

$$F \eta^{\mathrm{a(c)}} = \Delta \Omega^{\mathrm{a(c)}} = \Omega_{\mathrm{R}}^{\mathrm{a(c)}} - \Omega_{\mathrm{L}}^{\mathrm{a(c)}}, \tag{8}$$

と求める。以上を Tafel 式に適用することで，

$$i^{\mathrm{a(c)}} = i_0 \exp(\alpha \Delta \Omega^{\mathrm{a(c)}}), \tag{9}$$

と書ける。ただし，式(7)の符号は $\Delta \Omega^{\mathrm{a(c)}}$ に含めた。

式(9)を使って Tafel 外挿法を行うことで，腐食電位の算出を行う[13]。具体的には表面の電荷を変化させながらエネルギー計算を行い，$\Delta \Omega^{\mathrm{a}}$ と $\Delta \Omega^{\mathrm{c}}$ の値が等しくなるときの電位（μ_{e}）を求める。

表1に実際に計算を行った環境条件の一覧を示した。本稿では，環境変数に加えて，異種元素添加の効果についても調べた。式(3)〜(6)で表したグランドポテンシャルの各成分の計算のために 3600 通りの ESM-RISM 法による計算を行った。上記の考え方を用いて欠陥の有無と表

— 220 —

面電位の依存性から腐食電位を算出した。その結果，面指数，添加物，pH，食塩水濃度と温度に対応した360通りの腐食電位データを網羅的に取得し，これらに対して後述の機械学習モデルによる回帰モデル構築を行った。

表1 計算条件一覧

条 件	ケース数	モデル
欠陥	2	あり，なし
添加物	6	清浄表面，Cu, Mn, Si, Mg, Zn
面指数	2	(001), (111)
食塩水濃度	3	0.1, 0.5, 1.0 mol/L
食塩水温度	2	300, 350 K
pH	5	1, 3, 7, 11, 13
表面電荷	5	-4, -2, 0, 2, 4

4. 材料/水溶液界面モデルの計算詳細

図1に計算に用いたAl(111)/NaCl水溶液界面モデルを示す。図1で示されている領域がDFTの計算領域となっている。Al電極表面を400原子から成るスラブ模型で近似した。これは4層から成るモデルとしており，一層あたりのAl原子数は100原子としている。またAl電極の右側に30 ÅのRISM領域（溶媒が存在する領域）を設けていて，計算上左側を10 Åの真空領域としている。図1で示しているDFT計算領域の右側に31.75 Å程度の拡張RISM領域を追加している。一方で，Al欠陥（V_{Al}）を考慮する計算では，最表面のAl原子1つを取り除き，異種元素を添加する計算では，欠陥位置の最近接Al原子1つを添加物原子に置換して計算を行う。

本稿では400原子から成るAlスラブ模型を対象に腐食電位の計算を，DFTとESM-RISMを

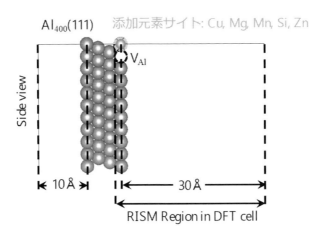

図1 Al(111)/NaCl水溶液DFT計算界面モデル

組み合わせた手法により行い，機械学習手法による腐食電位データベースを構築した。具体的には，面指数，添加物，pH，溶質濃度，電極電位および溶液温度を環境パラメータとして，3600通りの数値計算を行い，得られた平衡電位と過電圧から Tafel 外挿法を用いて腐食電位を計算した。これらの数値データに対して，機械学習手法による回帰モデルを構築することで，任意の条件における腐食電位の予測を可能とした。

5. 腐食電位の計算結果

腐食電位計算の例として図2に清浄表面，NaCl 0.1 mol/L，pH = 1，300 K の環境条件におけるグランドポテンシャルの計算結果を示した。図2(a)がアノード反応におけるグランドポテンシャルの化学ポテンシャル依存性であり，Ω_L が式(3)，Ω_R が式(4)に対応している。Ω の原点はゼロ電荷電位に対応した化学ポテンシャルにおける Ω である。図2(b)はアノード・カソード反応に対する $\Delta\Omega$ の化学ポテンシャル依存性である。アノードとカソード反応の $\Delta\Omega$ が0となる μ がそれぞれの反応の平衡電位に対応している。

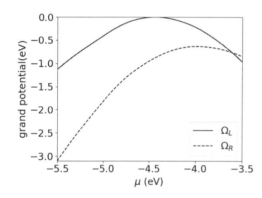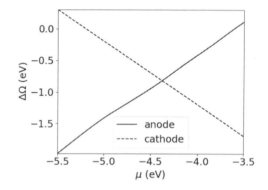

図2　清浄 Al(001)，NaCl 0.1 mol/L，pH = 1，300 K における計算結果
（a）アノード反応における反応前後のグランドポテンシャル，(b)アノード反応とカソード反応の $\Delta\Omega$

6. 機械学習モデルによる腐食電位の補完

腐食電位予測のための機械学習モデルについては，取得した腐食電位の離散的な数値データを用いて，機械学習手法の一種であるサポートベクトルマシンによる回帰モデルを Python の scikit-learn ライブラリ[14]を用いて以下の手続きから作成した。腐食電位の回帰モデル作成には次式で表される放射基底関数（Radial Basis Function：RBF）カーネルを採用した。この RBF カーネルは，入力変数ベクトル x を添加物，面指数，NaCl 濃度，pH，温度として，

$$K(x, x') = \exp(-\gamma \| x - x' \|^2) \tag{10}$$

と表せる。ここで，γ はハイパーパラメータである。実際に計算を行った学習データの条件 x_j と

式(10)のカーネルを用いて，新たな入力変数 x_0 の予測値である腐食電位 Φ_0 は a_j を重みとして，

$$\Phi_0 = \sum_j a_j K(x_0, x_j) \tag{11}$$

と表される。a_j によってカーネルの出力値が重みづけされている。式(10)の γ と式(11)の a_j は，学習データにより最適化されている。

結果の一例を図3に示す。ここでは，腐食電位のNaCl濃度およびpH依存性を例に示している。このようにして，本課題では，各種環境変数に対する腐食電位の傾向を連続的な数値データとして調べることを可能とした(本来の計算結果は図3においてNaCl濃度 = 0.1, 0.5, 1.0 および pH = 1, 3, 7, 11, 13 の15点が存在する)。次に異種元素添加によるAl(001)面からの腐食電位の変化分を表2に示す。防食の観点から，Al材料に微量の異種元素を添加することで腐食耐性の向上を図る試みがなされていることから産業応用上で重要となる。添加元素種に依存して腐食電位が変化することがわかる。本計算モデルでは最表面Al原子の欠陥形成を通して腐食を考えている。そのため今後は，最表面Al原子の安定性や電子状態に対する解析を通して，異種元素添加がAlの腐食に対してどのような影響を与えるかを微視的理論の立場から明らかにしていく。

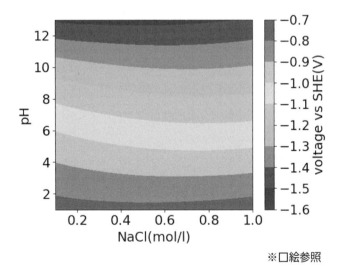

※口絵参照

図3 清浄Al(001)，300 KにおけるAl腐食電位の補間結果

表2 異種元素添加によるAl腐食電位の変化

単位(mV)	清浄	Cu	Mg	Si	Mn	Zn
001面	0.00	−13.70	−32.24	−15.85	47.71	−18.97
111面	23.44	20.18	3.09	9.84	45.05	15.04

ここでは，腐食電位を NaCl 濃度と pH に対して平均し，Al(001)清浄表面からの差分を表示している(mV 単位)。

 ## 7. おわりに

本稿では富岳[*1]を用いて腐食電位の算出を行い，機械学習手法によるデータベースを構築した。腐食電位の算出にあたっては，密度汎関数法と古典溶液理論を組み合わせた ESM-RISM 法を用いて腐食反応解析を行った。

この計算結果を用いることで，材料や温度，湿度や溶液 pH などのパラメータの要因を切り分けた腐食特性の分析を行うことが可能になり，腐食理解への一助となることが期待される。また計算結果をデータベース化したことによってマクロな腐食 CAE の高度化も期待される。具体的には任意の溶媒濃度や pH における腐食電位を取得することにより，環境の変化を詳細に反映した腐食現象の再現が可能となる。さらに不純物の有無の影響を考慮することで防食設計の高度化も期待される。

本稿では Al 材料における腐食特性のデータベース化についての紹介を行ったが，以下の 2 つの点で汎用性を持つことが優れた点である。1 点目は ESM-RISM 法による計算を行っていることである。この手法を用いることで固液界面の電気化学反応の再現が可能となり，腐食のみならず触媒反応，電池反応，キャパシタンスにおける溶液の濃度，pH 依存性や金属電位による従来手法では困難であった反応性の変化を調べることが可能である。2 点目は機械学習によるデータベース化である。ナノシミュレーション結果をデータベース化することで従来的な一対一の計算結果による知見だけでなく，より系統的な要因分析やマクロな CAE の高度化に利用することが可能となる。

謝 辞
本研究は，HPCI システム利用研究課題(課題番号：hp210058)を通じて，スーパーコンピュータ「富岳」の計算資源の提供を受け，実施しました。本研究の推進にあたり，筑波大学の大谷教授および(国研)日本原子力研究開発機構の五十嵐博士から研究の進め方や理論考察などに関する多くの助言をいただきました。ここに感謝いたします。

文 献
1) M. Ropo et al.: *Phys. Rev. B*, **76**(22), 220401(2007).
2) C.D. Taylor et al.: *J. Electrochem. Soc.*, **155**(8), C407 (2008).
3) M. Ropo et al.: *J. Phys.: Condens. Matter*, **23**(26), 265004(2011).
4) H. Ma et al.: *Acta Mater.*, **130**, 137(2017).
5) H. Ke and C.D. Taylor: *Corrosion*, **75**(7), 708(2019).
6) M. Otani and O. Sugino: *Phys. Rev. B*, **73**(11), 115407(2006).
7) I. Hamada et al.: *Phys. Rev. B*, **88**(15), 155427(2013).
8) F. Hirata and P.J. Rossky: *Chem. Phys. Lett.*, **83**(2), 329(1981).

*1 スーパーコンピュータ「富岳」 スーパーコンピュータ「京」の後継機として理化学研究所に設置された計算機。令和 2 年 6 月から令和 3 年 11 月にかけてスパコンランキング 4 部門で 1 位を 4 期連続で獲得するなど，世界トップの性能を持つ。令和 3 年 3 月 9 日に本格運用開始。

9) F. Hirata, B.M. Pettitt and P.J. Rossky: *J. Chem. Phys.*, **77**(1), 509(1982).

10) A. Kovalenko and F. Hirata: *Chem. Phys. Lett.*, **290**(1-3), 237(1988).

11) S. Nishihara and M. Otani: *Phys. Rev. B*, **96**(11), 115429(2017).

12) J. Haruyama, T. Ikeshoji and M. Otani: *Phys. Rev. Mater*, **2**(9), 095801(2018).

13) K. Kano et al.: *Electrochem. Acta*, **377**(1), 138121(2021).

14) scikit-learn: http://scikit-learn.org/stable/

第 7 章

金属・構造物の
腐食防止・維持管理技術

第7章　金属・構造物の腐食防止・維持管理技術

第1節　カソード防食

ISO/TC156/WG10／電食防止研究委員会　梶山　文夫

1. カソード防食の定義

ISO 8044：2020 によると，カソード防食（cathodic protection）は以下のように定義されている。「electrochemical protection created by decreasing the electrode potential to a level at which the corrosion rate of the metal is significantly reduced」[1]。

かつてカソード防食は，「陰極防食」と称されてきた。陽極，陰極，正極，負極と用語が混在することから，近年，陽極がアノードへ，陰極がカソードという用語が一般的に用いられるようになってきた。1974 年，松田と松島によって刊行された Uhlig の『Corrosion and Corrosion Control, Second Edition』の日本語版において，「Cathodic Protection」はカソード防食法と訳されている。

2. カソード防食の概念

カソード防食の概念を土壌に埋設された裸の Fe パイプラインを例に述べる。材料であるパイプラインは成分元素の分布が不均一であること，また，土壌は酸素濃度，溶解塩類などが不均一であるため図1のようにアノードとカソードが存在する。

アノードサイトでは，式(1)に示す Fe の溶出であるアノード反応が，

$$Fe \rightarrow Fe^{2+} + 2e^- \tag{1}$$

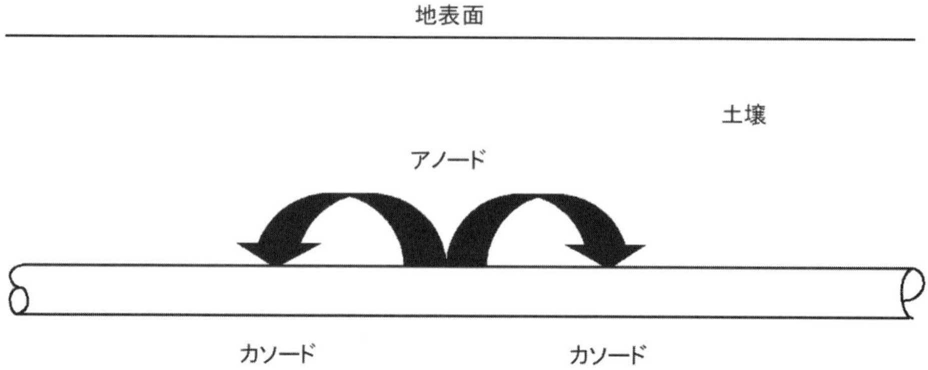

図1　土壌に埋設された裸の Fe パイプライン上に形成された腐食電流

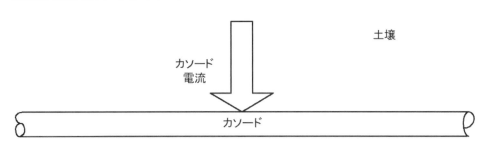

図2 裸のFeパイプラインに流入するカソード電流によりパイプライン全体がカソードになりパイプラインのカソード防食によってパイプラインの腐食が防止される状況

カソードサイトでは、式(2)に示す溶存酸素の還元または式(3)に示す水の還元であるカソード反応が起こる。

$$1/2 O_2 + H_2O + 2e^- \rightarrow 2OH^- \tag{2}$$

$$2H_2O + 2e^- \rightarrow H_2 + 2OH^- \tag{3}$$

ここで、重要なことは、いずれのカソード反応でも水酸化物イオン、OH^-、が生成することである。

埋設されたパイプラインのカソード防食は、パイプ表面のアルカリの蓄積による。そこで、図2のようにパイプライン全体がカソードになるように外部からパイプラインにカソード電流を流入させることでパイプラインのカソード防食が達成される。

3. カソード防食の原理

1938年、MearsとBrownは、「カソード防食を完全に有効にするために、腐食している試験片の局部カソードは、分極されない局部アノードの電位まで分極されなければならない」ことを報告した[2]。図3に示すように、全てのカソードサイトを、構造物で最も電位がマイナスのアノード平衡電位まで外部からカソード分極させることによって、腐食速度がゼロになるという理論である。

ここで注意しなければならないのは、構造物の最もマイナスのアノード開路電位は決定できないため、カソード防食基準は求めることができないということである。

第7章　金属・構造物の腐食防止・維持管理技術

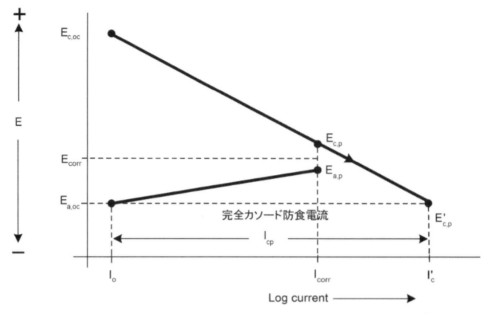

図3　Mears と Brown によるカソード防食達成の古典的メカニズム[2]
E：電位，$E_{c,oc}$：カソード平衡電位，$E_{a,oc}$：最も電位がマイナスのアノード平衡電位，E_{corr}：腐食電位，I_{corr}：腐食電流，$E_{a,p}$：腐食電流におけるカソードの電位，$E_{a,o}$：腐食電流におけるアノードの電位，$E_{c,p}'$：完全カソード防食電位，I_o：最も電位がマイナスのアノード平衡電位における電流，I_c'：完全カソード防食電位における電流，I_{cp}：完全カソード防食電流

4. カソード防食基準策定までの道のり

　カソード防食基準の策定は，まず経験的に提出された基準を腐食科学でその妥当性を裏付け，数値を示すことであった。以下にカソード防食基準策定までの道のりを時系列で述べる。

(1) 1933 年，Kuhn 提案の防食電位 $-0.850\,V_{CSE}$ の提案[3]

　1933 年，Kuhn は腐食を防止するために必要なパイプの飽和硫酸銅電極に対する下げるべき電位，すなわち防食電位は，多分 $-0.850\,V$ 付近にあると発表した[3]。

(2) Kuhn 提案の防食電位 $-0.850\,V_{CSE}$ の科学的妥当性[4]

　1951 年，Schwerdtfeger と McDorman は Kuhn によって経験的に提案された防食電位 $-0.85\,V_{CSE}$ を科学的に裏付けた[4]。彼らは，pH が 2.9〜9.6，抵抗率が 60〜17800 Ω・cm の範囲の 20ヵ所の空気のない土壌中の鋼電位を計測し，その結果を図4に示す電位 - pH 図で整理した。図4の水素電極と鋼電極の電位 - pH 図直線の交点である $-0.77\,V$（飽和カロメル電極基準）において，両電極の電位差がなくなるので鋼が腐食しないと考察した。$-0.77\,V$（飽和カロメル電極基準，SCE）は，$-0.85\,V$（飽和硫酸銅電極基準，CSE）になるので，Kuhn の提案から 18 年後に防食電位 $-0.85\,V_{CSE}$ は科学的に証明されたことになる。防食電位 $-0.85\,V_{CSE}$ は ISO 15589-

1：2015（Cathodic protection of pipeline systems – Part 1: On-land pipelines/パイプラインシステムのカソード防食—Part 1：陸上パイプライン）に策定されている[5]。

(3) 1966年，Pourbaixの電位－pH図から見たFeのカソード防食[6]

Feをカソード分極すると電位Eは，ボルト単位の飽和硫酸銅電極基準V_{CSE}で図5のように，

$$E = -0.320 - 0.0591\,pH\,(V_{CSE}) \tag{4}$$

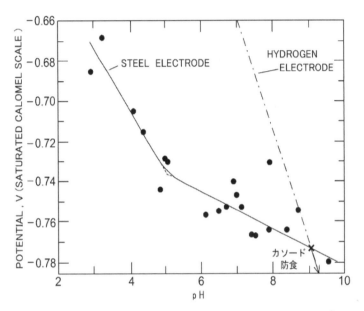

図4 空気のない土壌中の鋼の電極電位とpHとの関係[4]

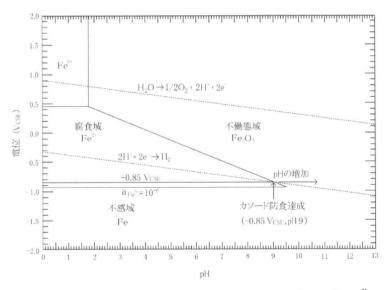

図5 不働態としてFe₂O₃とした場合のPourbaixダイアグラム[6]

と平衡論的に表わされる。EとpHは直線関係にある。E = -0.850とするとFe/電解質界面のpHは8.97となり、(2)で既述した-0.850 VのpHと一致する。pHが8.97より高くなるとFeのカソード防食が達成される。

　Feを防食電位よりもマイナスに保持したカソード防食によりFe表面はアルカリの生成・蓄積により経時的にpHが増加することになり、腐食が防止される。

(4) 1983年，Barloらによって求められた鋼の全面腐食速度が1 mpyより小さくなるpH[7]

　1983年，Barloらは，図6に示すように異なる酸素レベルの模擬地下水中の裸の鋼の全面腐食速度とpHとの関係を求めた。空気を除く環境でpH 9.3，空気を通す環境でpH 10，酸素を通す環境でpH 10.7で鋼の腐食速度が1 mpy未満になることを示した。Barloはアメリカの研究機関所属のため許容腐食速度を1 mpy(0.025 mm/y)として考えた。なお，ISOでは許容腐食速度は0.01 mm/yである。

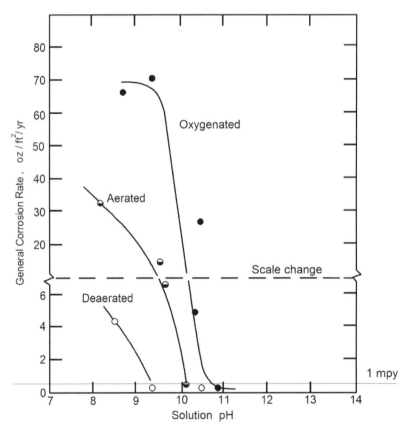

図6　異なる酸素レベルの模擬地下水中の裸の鋼の全面腐食速度とpHとの関係[7]
　1 oz/ft²/year = 0.0388 mm/y，Oxygenated：酸素を通す，Aerated：空気を通す，Deaerated：空気を除く

5. 2024年現在策定されているカソード防食基準

　腐食に関係する電流の向きが変化しない直流腐食と，電流の向きが変化する交流腐食に分類してそれぞれのカソード防食基準について述べる。

5.1　直流腐食防止を目的としたカソード防食基準
5.1.1　ISO 15589-1：2015が策定した土壌および水中（海水を除く）の一般に知れわたった金属材料の飽和硫酸銅電極に対する腐食電位，防食電位および限界臨界電位[5]

　表1は，ISO 15589-1：2015が策定した土壌および水中（海水を除く）の一般に知れわたった金属材料の飽和硫酸銅電極に対する腐食電位，防食電位および限界臨界電位[5]を示したものである。通常，飽和硫酸銅電極が土壌中の照合電極として用いられる。

表1　ISO 15589-1：2015が策定した土壌および水中（海水を除く）の一般に知れわたった金属材料の飽和硫酸銅電極に対する腐食電位，防食電位および限界臨界電位[5]

金属または合金	環境条件	腐食電位範囲 表示値 E_{corr} V	防食電位 （IRなし） E_p V	限界臨界電位 （IRなし） E_l V
炭素鋼， 低合金鋼および鋳鉄	下記を除く全ての状態の土と水	−0.65〜−0.40	−0.85	a
	40℃＜T＜60℃の土壌と水	—	b	a
	T＞60℃の土壌と水	−0.80〜−0.50	−0.95	a
	T＜40℃，100＜ρ＜1000 Ω・mの好気性状態の土壌と水	−0.50〜−0.30	−0.75	a
	T＜40℃，ρ＞1000 Ω・mの好気性状態の土壌と水	−0.40〜−0.20	−0.65	a
	硫酸塩還元菌による腐食リスクのある嫌気性状態の土壌と水	−0.80〜−0.65	−0.95	a
PREN＜40のオーステナイトステンレス鋼	周囲温度での中性とアルカリ性の土壌と水	−0.10〜＋0.20	−0.50	d
PREN＞40のオーステナイトステンレス鋼		−0.10〜＋0.20	−0.30	-
マルテンサイトまたは二相ステンレス鋼		−0.10〜＋0.20	−0.50	e
全てのステンレス鋼	周囲温度での酸性土壌と水	−0.10〜＋0.20	e	e
銅	周囲温度での土壌と水	−0.20〜0.00	−0.20	-
亜鉛めっき鋼		−1.10〜−0.90	−1.20	

注1　全ての電位は，IRなしで，銅-飽和硫酸銅電極基準で表示されている。銅-飽和硫酸銅電極電位基準の電位ECuと標準水素電極電位基準の電位EHとの関係は，ECu＝EH−0.32 Vである
注2　パイプラインの寿命の間，パイプの周りの電解質の抵抗率の変化は考慮されるべきである
　腐食電位（corrosion potential, E_{corr}）：与えられた腐食システムにおける金属の電極電位，フリー腐食電位（free corrosion potential, open-circuit potential）：金属表面へ，またはから流れる正味の（外部の）電気電流の存在しない腐食電位，IRフリー電位，分極電位（IR-free potential, polarized potential, （E_{IRfree}））：防食電流または他の電流によ

第 7 章　金属・構造物の腐食防止・維持管理技術

る IR ドロップによって引き起こされた電位誤差のないパイプ対電解質電位。IR フリー電位は，防食電位および限界臨界電位に適用される，防食電位（protection potential, E_p）：防食電位範囲に到達しなければならない腐食電位の閾値，限界臨界電位（limiting critical potential, E_l）：いくつかの金属は，非常にマイナスの電位において水素脆性を受け得る。また，非常にマイナスの電位においてコーティング損傷が増加し得る。そこで，防食電位範囲の下限値として限界臨界電位を定める。よって防食電位範囲は，$E_l \leq E_{lRfree} \leq E_p$ のようになる。ここで，防食電位 E_p は，炭素鋼と鋳鉄に対する腐食速度が 0.01 mm/y より小さい場合における管対電解質電位（電解質が土壌の場合，管対地電位と称する）を指す。PREM は，孔食抵抗等価数で，PREM の一例の式は，PREM = % Cr + 3.3［（% Mo) + 0.5(%W)］+ 16(%N) によって与えられる。一般に，PREM が高いほど孔食に対する抵抗は高くなる

a：高張力鋼と設計降伏応力が 550 N・mm^{-2} を超える低合金鋼の水素割れを避けるために，限界臨界電位は証拠書類で立証されるかまたは実験で決定されなければならない，b：40℃ ≤ T ≤ 60℃ に対して，防食電位は決定された 40℃ の電位値と 60℃ の電位値の間を直線的に補間，c：高 pH 応力腐食割れリスクは，温度の上昇と共に上昇する，d：オーステナイトまたは（例：硬化のために）二相が存在する場合，水素脆性のリスクは証拠書類で立証するか実験によって決定されるべきである，e：証拠書類で立証するか実験によって決定。コーティングの剥離かつまたはふくれを防止するために，現在用いられているコーティングに対して，限界臨界電位 E_l は－1.20 V（CSE）よりマイナスにすべきではない

5.1.2　ISO 15589-2：2024 が策定した海水と海底環境の全てのタイプに適用される沖合の炭素鋼，ステンレス鋼および自由に曲げられる金属パイプラインの防食基準[8]

　表 2 は，ISO 15589-2：2024 が策定した海水と海底環境の全てのタイプに適用される沖合の炭素鋼，ステンレス鋼および自由に曲げられる金属パイプラインの防食基準[8]を示したものである。照合電極として Ag/AgCl/seawater が最も用いられる。土壌でよく用いられる飽和硫酸銅電極は，海水では十分安定ではないので用いられない。

表 2　ISO 15589-2：2024 が策定した海水と海底環境の全てのタイプに適用される沖合の炭素鋼，ステンレス鋼および自由に曲げられる金属パイプラインの防食基準[8]

材　料	最小のマイナス電位	最大のマイナス電位
炭素鋼		
海水に浸漬された	－ 0.80^f	－ 1.10^b
埋設された	－ 0.90^f	－ 1.10^b
オーステナイトステンレス鋼		
PREN ≥ 40	－ 0.30^d	－ 1.10
PREN < 40	－ 0.50^d	－ 1.10
二相ステンレス鋼	－ 0.50^d	e
マルテンサイトステンレス（13% Cr）鋼	－ 0.50^d	e

電位は，銀/塩化銀照合電極（Ag/AgCl/海水）に対するものである。銀/塩化銀照合電極は，30 Ω・cm の海水において飽和カロメル電極と等価である（訳注：なお，ここで言う銀/塩化銀照合電極は，海水塩化銀電極を指す）

a：これらのマイナスの限界は，パイプラインのコーティングに対するカソード防食の無視できる衝撃も保証する

b：パイプラインシステムが高張力鋼（SMYS > 550 MPa）で製作される場合，水素脆性を引き起こさないことが許容され得る最もマイナスの電位は，確かめられなければならない

c：F_{PREN} = % Cr + 3.3 %（Mo + 0.5 W）+ 16 % Ni, F_{PREN} = W_{Cr} + 3.3(W_{Mo} + 0.5 W_w) + 16W_N, ここで F_{PREN} は PREN；W_{Cr}, W_{Mo}, W_w および W_n は，% で表示された各ステンレス鋼における Cr, Mo, W および N の質量分率である

d：ステンレス鋼に対して，最小のマイナス電位は好気性と嫌気性環境に適用する

e：操業中に遭遇する強度，細かく具体的な冶金(やきん)の条件，および応力レベルに依存して，これらの合金は水素脆性と割れを受けやすい。もしも水素脆性リスクが存在するならば，その時−0.8Vよりもマイナスの電位は避けるべきである
f：これは，SRBの活発さ，かつ又は高いパイプライン温度(T＞60℃)の可能性を網羅する
g：もしも金属組織が完全にオーステナイトでないならば，これらのステンレス鋼は，水素誘起応力割れ(HISC)を受けうるし，異なった限界を証明した試験が適用可能でないならば−0.9Vよりもマイナスの電位は高いと見なされ，避けるべきである

5.1.3 コンクリート中の鋼のカソード防食基準[9]

コンクリートまたはモルタルに埋められた鋼に対して，MnO_2 または Ag/AgCl/KCl(KClは0.1, 0.5, 3, 3.5 mol/l と飽和)が照合電極として適正であることがわかっている。普通鉄筋に対して，Ag/AgCl/0.5 mol/l KCl 基準で−1100 mV よりもマイナスのインスタントオフ鋼/コンクリート電位は許容されない，プレストレス鋼は−1100 mV よりもプラスの電位でも水素脆性感受性を有する。高降伏鋼(＞550 N/mm^2)またはプレストレス鋼は，安全な電位限界は設計の一部として決定され文書化されなければならない。

どんな構造体に対しても，コンクリートの場所にある代表的な鋼は，以下の(a)〜(c)のいずれかに合格しなければならない。

(a) インスタントオフ電位が Ag/AgCl/0.5 mol/l KCl に対して−720 mV よりもマイナスであること
(b) インスタントオフ電位から最大24時間の電位のプラス方向に対して少なくとも100 mV であること
(c) インスタントオフ電位から典型的に24時間またはより長い期間にわたって少なくとも150 mV であり，照合電極を用いること

なお，インスタントオフ電位(instant-off potential)とは，ISO 8044：2020 によれば分極電流遮断直後に計測された電極電位を指す。図7は，インスタントオフ電位(時間0)からの復極現象とカ

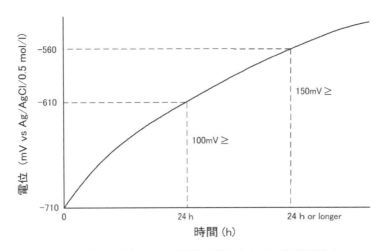

図7　インスタントオフ電位(時間0)からの復極現象と
　　　カソード防食基準

ソード防食基準を説明したものである。なお，25℃において標準水素電極に対するAg/AgCl/0.5 mol/l KCl電極の電位は，Ag/AgCl/seawaterと同じ+0.250 Vである。

インスタントオフ電位が，Ag/AgCl/0.5 mol/l KClに対して-720 mVよりもマイナスの電位を示せばカソード防食基準に合格であるが，図7に示すようにインスタントオフ電位が-720 mVよりもマイナスでなくともインスタントオフ電位からの復極量が24 hで100 mV以上，24 hよりも長い時間で150 mV以上であればカソード防食基準に合格するということになる。

5.2 パイプラインの交流腐食発生を受けて策定された交流腐食防止を目的としたカソード防食基準[10]

1980年代中頃より，欧米において，高圧交流送電線かつ，または交流電気鉄道輸送路と並行する土壌中に埋設された高抵抗率コーティングが施された鋼製パイプラインにおいて，防食基準を満足していたにもかかわらず，埋設後短期間でコーティング欠陥部において交流腐食が発生した。それまでの防食基準およびカソード防食の効果は直流の管対地電位によるものであったので，交流腐食リスク評価と交流防止基準の策定が必要となった。コーティング欠陥部の直流・交流電流は計測不可能であるので，図8のようにコーティング欠陥部を模擬したクーポンが用いられる。交流腐食防止基準は，ISO 15589-1：2015の防食基準に合格し，かつクーポン交流電流密度を30 A/m^{2}より低くすることを基本とする。なお，クーポンを用いた埋設パイプラインの

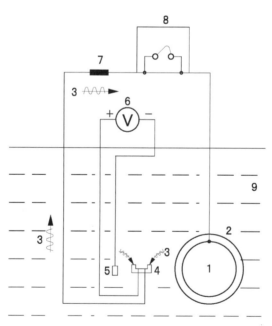

図8 クーポンを用いたパイプラインのカソード防食の有効性の評価[10]
1：パイプライン，2：コーティング，3：カソード防食電流＋交流電流，4：クーポン，5：照合電極，6：電圧計，7：シャント，8：半導体リレー，9：土壌

交流腐食リスク評価方法および交流腐食防止基準の詳細は，ISO 18086：2019（Determination of AC corrosion - Protection criteria/AC 腐食の測定 - 保護基準）で策定されている。ISO 18086（Corrosion of metals and alloys/金属及び合金の腐食）は，日本がプロジェクトリーダーとなって 2015 年 6 月 1 日に発行された。その後，フランスから軽微な改訂が ISO/FDIS（タイトルは同じ）として提案され，この改訂が盛り込まれたものが賛成多数で承認され，2019 年 12 月に ISO となった。軽微な内容は，主に許容可能な交流干渉レベルを構成するクーポン交流電流密度に平均を明記したことである。ISO 18086 では，「Acceptable interference levels」（許容可能な干渉レベル）と記述されているが，ここでは，意味を明確にするために「許容可能な交流干渉レベル」と記述する。

以下に ISO 18086 の許容可能な交流干渉レベルを示す。

カソード防食システムの設計，設置および維持管理は，交流電圧のレベルが交流腐食を引き起こさないことを保証しなければならない。状態はそれぞれの状況によって変わるので，単一の閾値を適用することはできない。

このことは，パイプラインの交流電圧を低下することと以下に特定された電流密度によって達成される。

—最初の段階として，パイプラインの交流電圧は，15 V rms（実効値）またはこれより低い目標値まで低下されるべきである。この値は，代表的な期間（例：24 時間）にわたる平均として計測される。
—2 番目の段階として，効果的な交流腐食緩和は，ISO 15589-1：2015 の表 1 で定義されたカソード防食電位に合格することによって達成され得る。かつ：
  —1 cm^2 のクーポンまたはプローブに対して，交流平均電流密度（実効値）を代表的な期間（例：24 時間）にわたって 30 A/m^2 よりも低く維持する。または：
  —もし交流平均電流密度（実効値）が 30 A/m^2 よりも大きいならば，1 cm^2 のクーポンまたはプローブに対して，平均カソード電流密度を代表的な期間（例：24 時間）にわたって 1 A/m^2 よりも低く維持する。または：
  —交流電流密度と直流電流密度の比を代表的な期間（例：24 時間）にわたって 5 よりも低く維持する。
注　3 と 5 の間の電流密度比は，交流腐食の小さいリスクを意味する。しかしながら，腐食リスクを最小値まで低下するために，3 より小さい電流密度比が好ましい。

効果的な交流腐食緩和は，腐食速度の計測によっても示すことができる。

6. カソード防食の適用例[11]

通常，土壌と海水は中性域近傍の（pH 6〜8）環境にあるため Fe は腐食する。そこで，カソード防食によって Fe/電解質界面をアルカリ性にし，Fe の腐食を抑制する。図 9〜図 12 に局部腐

第7章　金属・構造物の腐食防止・維持管理技術

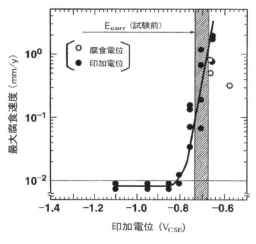

図9　砂中の鋼の印加電位に対する最大腐食速度

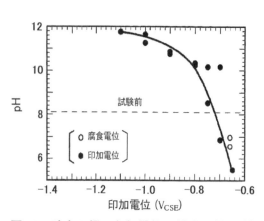

図10　砂中の鋼の印加電位に対する鋼/土壌界面のpHの変化

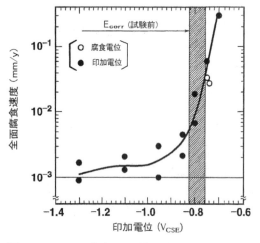

図11　SRBが生息する粘土中の鋼の印加電位に対する全面腐食速度

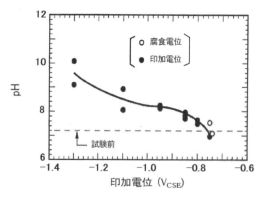

図12　SRBが生息する粘土中の鋼/土壌界面のpHの変化

食傾向にある砂と 10^5 cell/g-soil の SRB を含む粘土中に 90 日間埋設された炭素鋼クーポン（試験片）に対するカソード防食の適用例を示す。

　図9および図11より，$-0.850\,V_{CSE}$ よりマイナスの印加電位で 0.01 mm/y より小さいレベルで局部腐食と全面腐食が抑制されることがわかる。ここで，カソード印加電位は IR を補正しているのでカソード分極電位である。カソード印加電位がマイナスになるほど，鋼/土壌界面のpHが高くなる。図12より，カソード印加電位がマイナス側になってもpHの上昇率は図10と比較して小さい。カソード印加電位が $-0.950\,V_{CSE}$ よりもマイナスになるとpH＞8となる。カソード防食達成のために，さらなるpHの上昇が必要か否か，換言すると，さらなるカソード印

— 238 —

加電位のマイナス側へのシフトが必要か否か，今後の検討が求められる。

文 献

1) ISO 8044 : Corrosion of metals and alloys – Vocabulary (2020).
2) R.B. Mears and R.H. Brown : A theory of Cathodic Protection, *Journal of Electrochemical Society*, **74**, 519 (1938).
3) R. J. Kuhn : Cathodic Protection of Underground Pipe Lines from Soil Corrosion, API Proceedings [Ⅳ], **14**, Section 4 November 14, 153 (1933).
4) W. J. Schwerdtfeger and O. N. McDorman : Potential and Current Requirements for the Cathodic Protection of Steel in Soils, *Journal of Research of the National Bureau of Standards*, **47** (2), 104 (1951).
5) ISO 15589-1 : Petroleum, petrochemical and natural gas industries – Cathodic protection of pipeline systems – Part 1: On-land pipelines (2015).
6) M. Pourbaix : Electrochemical Equilibria, National Association of Corrosion Engineers (1966).
7) T. J. Barlo : An Assessment of the Criteria for Cathodic Protection of Buried Pipelines, AGA Corrosion Supervisory Committee, PR-3-129 Final report June 30, 2 (1983).
8) ISO 15589-2 : Oil and gas industries including lower carbon energy – Cathodic protection of pipeline transportation systems – Part 2: Offshore pipelines (2024).
9) ISO 12696 : Cathodic protection of steel in concrete (2022).
10) ISO 18086 : Corrosion of metals alloys – Determination of AC corrosion – Protection criteria (2019).
11) F. Kajiyama and K. Okamura : Evaluating Cathodic Protection Reliability on Steel Pipe in Microbially Active Soils, *Corrosion*, **55** (1), 74 (1999).

第 7 章　金属・構造物の腐食防止・維持管理技術

第 2 節　環境に配慮した防錆油の開発

ENEOS 株式会社　須田　聡

1. はじめに

　鉄鋼材料は，インフラ，産業機械，自動車，情報通信機器などの産業の基盤として，多く使用されている。ただし，最近では軽量化を目的にアルミ材料などのへの転換も進み，主要国では使用量は減少する傾向にあるが，世界の人口増加予想や経済成長予測などを踏まえると，粗鋼生産が 2022 年の 18.9 億トンから，2050 年に約 27 億トン，2100 年に約 38 億トンに増加するとの試算もある[1]。一方，金属材料の腐食による経済的損失は国民総所得（Gross National Income：GNI）の 1.27％に相当する 6 兆 6 千億円（2015 年度）に達して，産業界において腐食の影響は無視できないものとなっている[2]。特に錆が発生しやすい鉄鋼材料での"錆を防ぐ"ことは，これからも重要なテーマといえる。

　鉄鋼材料の錆を防ぐ対策として，半永久的に防錆処理を行う塗装やメッキと一時的に錆を防ぐ防錆油の塗布がある。鉄鋼材料の加工工程は，荒加工，熱処理，仕上げ加工，検査など複数の工程を経て部品を製造するため，工程間が長くなると工場内で保管や滞留が発生するため中間防錆（3 ヵ月以内）が必要になってくる。また，部品出荷後の錆を防ぐために，その保管期間や環境に合わせた長期防錆油も必要になってくる。

　本稿では，防錆油の組成について解説すると共に，環境に配慮し，かつ新たな付加価値付与した防錆油開発について紹介する。

2. 防錆油の組成

　防錆油は，金属表面に吸着する極性基を持つ防錆剤とその防錆剤の親油基に配合する増膜剤により防錆効果を発揮している（図 1）。この防錆膜は，単に金属表面を酸素や水分などの錆び因子から守るだけでなく，金属表面に付着した錆び因子を金属表面から剥がし除去し，ミセル化することで防錆膜中へ移動させ無毒化させる効果も有している。ミセルとは新油基（油になじみやすい部分）と新水基（水になじみやすい部分）を持つ分子が新油基を内側にして球状に集

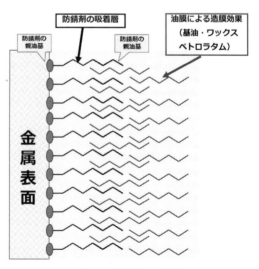

図 1　防錆膜の構造

まったものである。その他添加剤としては，油剤自身の劣化を防ぐ酸化防止剤や金属表面の変色を抑える金属不活性化剤，水などの分離を促進させる水置換剤なども使用される。

　防錆剤としては，スルホネート類，金属石鹸，エステル類，アルコール類，アミン類など金属表面への吸着基を持つ構造物が多く用いられる。一方，増膜剤としては，ペトロラタム，ワックス，高粘度鉱油などが用いられる[3]。

3. 防錆油の種類

　防錆剤と増膜剤やその他添加剤を溶剤に希釈し，塗布後は溶剤が揮発して強固な防錆膜を形成する溶剤希釈形防錆油（JIS K 2246 NP-1,2,3,19）と，鉱油系基油で希釈し，潤滑効果が必要な環境で使用可能な潤滑油形防錆油（JIS K 2246 NP-7,8,9,10），増膜剤であるペトロラタムを基材とし，グリース状となるペトロラタム形防錆油（JIS K 2246 NP-6）に大別される[4]。

　溶剤希釈形防錆油は動粘度が低く塗りやすく，溶剤揮発後は高い防錆性を発揮するため，精密部品の防錆油として多く使われている。ただし，溶剤を使用していることから，引火点が低くなる。潤滑油形防錆油は動粘度が高く潤滑性能が高いことから，鋼板防錆油やエンジン試運転兼用防錆油などで使用されている。一般的な鉱油を基材として使用していることから，引火点は高く扱いやすい。ペトロラタム形防錆油はグリース状で防錆膜が厚くなることから，主に長期に保管する部品の防錆油として使用される。

4. 環境に配慮した防錆油

　当社（ENEOS（株））では，環境に配慮した防錆油として，バリウム化合物を含有しない防錆油「アンチラストテラミシリーズ」を市場に展開している。表1に，「アンチラストテラミシリーズ」の商品体系を示す[5]。

　「アンチラストテラミシリーズ」は，単にバリウム化合物をその他金属化合物へ置き換えただけでなく，溶剤希釈形防錆油については，芳香族成分の総量を極限まで低減した溶剤を使用しているため，有機溶剤中毒予防規則に非該当となる。さらに，引火点も70℃以上となり（危険物分類が第3石油類となる），また毒物劇物に該当する添加剤は使用していないため，より安全に配慮した防錆油といえる。

表1 アンチラストテラミシリーズの商品体系

分類	種別	品名	防錆期間（屋内、目安）	動粘度（40℃）mm²/s	引火点（PM）℃	防錆性（A級/h）湿潤/塩水噴霧	膜厚（目安）、μm	塗膜の状態	JIS相当
洗浄兼短期防錆	指紋除去形	C-F	数日	1.9	90（COC）	360以上/-	-	-	-
	水置換強化形	C-W	数日	0.79	90	360以上/-	-	-	-
洗浄兼中間防錆	指紋除去形	SC-F	3ヵ月	2.7	104（COC）	1000以上/-	<1.0	半乾燥・透明	NP0/NP3-1
	水置換強化形	SC-W	2週間	1.9	84	720以上/-	<1.0	半乾燥・透明	NP3-1
	一般汎用形	SC	3ヵ月	2.4	85	720以上/-	1.5	半乾燥・透明	NP3-1
長期防錆	溶剤希釈形	LS	6ヵ月	5	87	1200以上/48以上	3	半乾燥・透明	NP3-1
		LS-S		3.8	85	1200以上/24以上	3	半乾燥・透明	NP3-1
		LS-H		12.5	95	1200以上/48以上	4.5	不乾燥・透明	NP3-1
		LS-F		4.9	84	1200以上/48以上	3	半乾燥・透明	NP3-1
		LS-W(N)		4.2	85	1200以上/24以上	3	半乾燥・透明	NP3-1
		LS-P		16mPa·s（@25℃）	84	1200以上/72以上	8	不乾燥・透明	NP3-1
		LS-PM	6ヵ月～1年	25mPa·s（@25℃）	96（COC）	1200以上/96以上	10～15	不乾燥・透明	NP3-1
		LS-PH	1年以上	32500mPa·s（@25℃）	101（COC）	1200以上/96以上	30～40	不乾燥・半透明	対象外（膜厚）
	潤滑油形	LN	6ヵ月	12.2	164（COC）	1200以上/48以上	4	不乾燥・透明	NP-9
		LN-H		28.8	154（COC）	1200以上/48以上	7	不乾燥・透明	対象外（動粘度）

第2節　環境に配慮した防錆油の開発

5. 新たな付加価値を付与した防錆油について

防錆油は，単に錆を防ぐだけでなく，使用時の利便性を向上させたり，錆の原因物質を積極的に除去する，新しい付加価値を持った防錆油が求められている。以下に，特徴ある環境配慮型防錆油を紹介する。

5.1　非ペト系潤滑油形長期防錆油アンチラストテラミ LS-PH

一般的に，精密部品や過酷な環境で保管される部品の防錆には，ペトロラタム形防錆油が使用される。ペトロラタム形防錆油は，グリース状で金属表面への付着性が非常に高く増膜効果が期待できる半面，粘調であり塗りづらく，付着した防錆膜を除去しにくいという問題点もある。

当社で開発したアンチラストテラミ LS-PH は，ペトロラタムを中心とする複数の増膜剤と最新技術で選定された防錆剤を組み合わせた溶剤希釈形長期防錆油である。常温（25℃）ではグリース状であることから可燃性固体類に分類されるため，消防法上の管理が容易になる。一方，40℃程度に加熱すると液状化し，スプレー塗布も可能となるため，均一な防錆膜を形成することが可能となる。

表2に，市販ペトロラタム形防錆油（NP-6）とアンチラストテラミ LS-PH を比較した防錆試験結果を示す。アンチラストテラミ LS-PH は，A級 /120 h 以上（NP-6 の JIS 規格値）の防錆性能を有することが確認された。

表2　中性塩水噴霧試験結果

	市販ペトロラタム形防錆油 (NP-6)	アンチラストテラミLS-PH
96h	A級：AAA	A級：AAA
150 h	A級：AAA	A級：AAA
360h	エッジ錆が 発生している　A級：AAA	A級：AAA

試験条件：JIS K2246 準拠

5.2　指紋除去性能を持つ溶剤希釈形長期防錆油アンチラストテラミ LS-F

さまざまな精密部品の製造工程では，製品の加工精度やバリの有無などを確認する検査が行われている。この検査工程では作業員が素手で製品を持つことが多く，その時に付着した指紋が原因となり錆が発生してしまう。また，旋盤などで重い材料を取り外す時も，素手や軍手で部品を取り扱うことがある。それらの部品はそのまま組み付けられ，防錆油を塗布したまま出荷される

— 243 —

第7章　金属・構造物の腐食防止・維持管理技術

ことが多いが，指紋に含まれる塩素化合物が原因で，錆が発生することがある。したがって，最終出荷防錆油には，指紋除去性と長期防錆性を兼ね備えることが求められている。

表3に，指紋除去形長期防錆油であるアンチラストテラミ LS-F の防錆試験結果と指紋除去性能に関する試験結果を示す。アンチラストテラミ LS-F は，複数の防錆剤と，界面活性効果のある添加剤を配合することで，高い指紋除去性と長期防錆性能を両立している。なお，アンチラストテラミ LS-F は金属系の添加剤を使用しておらず無灰系であることから，焼き入れ作業などが後工程にある部品の防錆油としても適している。

表3　アンチラストテラミ LS-F の各種評価結果

	塩水噴霧試験 （JIS K2246）	指紋除去試験 （JIS K2246）	指紋抑制試験* （鋼板）	異物の洗浄性
アンチラストテラミ LS-F	48 h 以上	錆なし	168 h 以上	良好
指紋除去形洗浄防錆油	2 h 錆発生	錆なし	120 h 錆発生	非常に良好
溶剤希釈形長期防錆油	48 h 以上	錆あり	24 h 錆発生	良好

＊ JIS 鋼板に人口指紋液をスタンプし，その上に防錆油を塗布する。その後，温度 50℃，湿度 95％の恒温槽に入れ，最長 160 時間まで錆の発生の有無を確認する。

5.3　水置換強化型長期防錆油アンチラストテラミ LS-W(N)

前工程で水溶性切削液が使用された金属製品の防錆では，金属表面に残存する水分が錆の発生原因となったり，防錆剤を劣化させて防錆性能を低下させてしまう懸念がある。このため，水置換性能に特化した洗浄防錆油を洗浄工程で使用し，その後長期防錆性能の優れる防錆油を塗布することが本来は望ましい。一方，製造工程が短く洗浄工程が入らない場合や防錆処理工程を効率化(簡略化)したい場合など，1種類の防錆油のみで洗浄と長期防錆を兼ねることが求められるが，水分の除去が不十分で錆が発生する事例が多い。

そこで，新たに見いだした耐水性に優れる防錆添加剤技術と水置換性能を強化する技術を併用し，これまで多量の水分が共存する使用環境下では困難とされていた優れた水置換性能と長期防錆性能を両立した水置換強化型洗浄防錆油アンチラストテラミ LS-W(N)を商品化した。

図2に，水溶性切削液が付着した部品をアンチラストテラミ LS-W(N)に浸漬した時の写真を示す。部品に付着した水溶性切削液が，きれいに部品から剥がれて落ちていくことがわかる。なお，JIS K 2246 で規定されている水置換性を有するという防錆油でも，水置換率(部品に付着した水分量から除去された水分量より算定)は 0〜80％である。一方，アンチラストテラミ LS-W(N)の水置換率は 95％以上である。

アンチラストテラミ LS-W(N)と市販されている各種防錆油の防錆性能と水分離性能について，比較した結果を表4に示す。これらの結果より，アンチラストテラミ LS-W(N)は，従来の水置換強化型洗浄防錆油に比べて防錆性能が優れ，また従来の長期防錆油に比べて水置換性能が強化されていることがわかる。つまり，1つの防錆油を塗布するだけで前工程の水溶性油剤の置換(除去)が容易で，効率的に長期防錆を行うことができ，工程の短縮が可能となる。

－ 244 －

(1)水溶性切削液に部品を浸漬　　(2)アンチラストテラミLS-W(N)に浸漬

図2　アンチラストテラミ LS-W(N)の水置換時の外観

表4　アンチラストテラミ LS-W(N)の各種評価結果

	水置換強化型 溶剤希釈形長期防錆油 アンチラストテラミ LS-W(N)	水置換強化型 溶剤希釈形洗浄防錆油 市販品 A	溶剤希釈形長期防錆油 (JIS K 2246 の水置換性合格) 市販品 B
塩水噴霧試験	A級/24 h 以上	A級/8 h	A級/24 h 以上
水置換率	95％以上	95％以上	60％

6. 将来の防錆油

　防錆油は金属表面に塗られているため，外気にさらされる場合が多い。特に，海洋や河川に近い環境で使用される部品の防錆には，生分解性が求められる場合がある。一方，生分解性を有するエステル類は加水分解や酸化による劣化を起こしやすいため，屋外での使用が難しい場合がある。そこで，複数の合成油を配合することで，生分解性を有しながら劣化に強い長期防錆油を開発することに成功した。表5に，生分解性長期防錆油アンチラストテラミ LN-4J の各種性状を示す。

第7章 金属・構造物の腐食防止・維持管理技術

表5 生分解性長期防錆油アンチラストテラミ LN-4J の各種性状

	単位		アンチラスト LN-4J
石油類分類			第4石油類
バリウム系添加剤			不使用
有機溶剤中毒予防規則			非該当
皮膜の状態			不乾燥透明
色 ASTM			L4.5
密度	15℃	g/cm^3	0.925
引火点 COC		℃	216
動粘度	40℃	mm^2/s	13.9
湿潤試験		A 級/h	1200 以上
中性塩水噴霧試験		A 級/h	48
水置換性（JISK2246）			合格
腐食性（JISK2246）			合格
膜厚（目安）		μm	4～5
生分解性試験（OECD 301B 法）		%	70

7. おわりに

　現在，防錆油に使用されているバリウム系化合物は厳格に規制されているものではないが，当社ではより安全性の高い商品を提供し，将来的にバリウム系化合物の規制が厳格化された場合を想定した新技術の確立を目指している。今後は，さらに CO_2 削減に向けたカーボンニュートラル基材を用いた防錆油などの開発を行っていく予定である。

文　献

1) 日本鉄鋼連盟 Special Site：
　https://job.rikunabi.com/media/theme/steel/future.html
2) 腐食コスト調査委員会：材料と環境，**69**，283（2020）.

3) 野瀬良治：石油製品添加剤，幸書房，233.
4) JIS K2246：防せい（錆）油（2018）.
5) 小松富士夫：ENEOS Technical Review, **52**(3), 30（2010）.

第7章　金属・構造物の腐食防止・維持管理技術

第3節　重防食塗装の開発

日塗化学株式会社　相賀　武英

1. 塗装による防食

　鋼材を腐食から守る種々の防食方法の中で，塗装の位置付けは重要である。表1に示すように，日本の腐食コスト[1]は国民総所得（Gross National Income：GNI）の0.78%とされている。その中の約6割が表面塗装である。国の防衛予算がGNIと同規模である国民総生産（Gross National Product：GNP）の1%であったことや，他の腐食コストと比較して，塗装技術を効率的に運用することは大きな経済効果があるといえる。

　塗装による防食は，塗膜が鋼材の腐食の原因である水と酸素，そして，腐食を促進する物質である海から飛来してくる塩分を遮断することによる。また，他の防食工法と比較して，安価でかつ対象物の大きさや形状，施工場所などの制約が少ないという利点がある。

表1　日本の腐食コスト（2015年）

	腐食対策費 （億円）	割合 （％）
表面塗装	24,925	57.7
防錆剤	461	1.1
防錆油	1,897	4.4
表面処理	11,738	27.2
耐食材料	3,589	8.3
電気防食	243	0.6
腐食研究	299	0.7
腐食診断	72	0.2
合計	43,225	100.0
対GNI（国民総所得）		0.78

2. 重防食塗装とは

　図1に塗装の防食機構を示す。大気環境においては鋼構造物は日光や風雨にさらされる。海岸地域では海からの飛来塩分が鋼材表面に付着して腐食を促進する。重防食塗装は，このような厳しい腐食環境に対応できる塗装である。下塗りには腐食の原因となる水分や酸素の浸透を抑える塗料が用いられ，上塗りには紫外線による減耗（チョーキング）が少ない塗料が適用される。鋼道路橋の場合には，さらに，第一層目に亜鉛粉末を含む塗料（ジンクリッチペイント）を使用し，亜鉛による犠牲防食の効果を付与している。

　重防食塗装という用語は，1988年に「海岸または海面上のような厳しい腐食環境に建設される鋼構造物の塗り替え周期が10年以上となる性能を有する塗装系」と定義[2]された。その後，より厳密な定義がいくつか[3,4]示されたが，総じて「飛来塩分の影響によって非常に腐食しやすい海岸環境におかれた鋼構造物に適用して長期の耐用性を有する塗装系」といえる。ここで，塗装系と

第7章　金属・構造物の腐食防止・維持管理技術

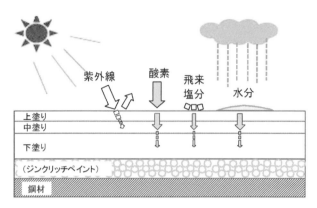

図1　重防食塗装の防食機構

は「被塗面の素地調整の方法・程度，下塗り塗料，中塗り塗料および上塗り塗料の組み合わせ」をいう。

　海岸地域には臨海工業地帯があり，防食すべき鋼構造物として，たとえば，プラント設備の岸壁クレーン，タンク類，配管類，鉄塔などが多く設置されている。徐々にではあるが年々確実に進行する腐食に対応せねばならない。その対応策である重防食塗装を適切に施工することは，重要な社会インフラや工業プラントをアセットマネージメントすることである。

3. 鋼構造物の防食塗装の進化

　鋼道路橋に適用されてきた塗装系と塗料の変遷を図2に示す。1950〜1970年代の日本は高度成長期であり，多くの鋼道路橋が建設され，主にA-1〜4塗装系が適用された。この時期の塗料は鉛を含む防錆顔料を添加した油性ペイントが主体であり，その塗膜寿命は10年未満と短いも

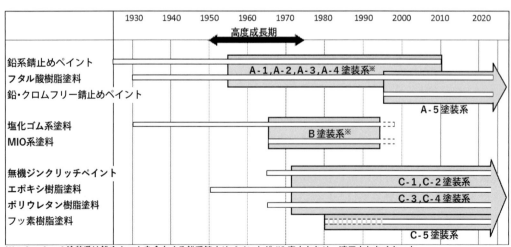

図2　鋼道路橋の塗装系と塗料の変遷

― 248 ―

のであった。その後、厳しい環境でもより長い寿命が期待できる塗装系が指向され、やや厳しい環境用に塩化ゴム系塗料を採用したB塗装系が、厳しい環境にはエポキシ樹脂塗料を用いたC塗装系が規定され[4]、徐々に広く適用されてきた。

1990年代となると安全衛生や環境への配慮が本格化し、鉛やクロム、PCBを含む塗料が事実上廃止となった。その結果、A-1〜4塗装系とB塗装系は適用されなくなり、新たに、鉛・クロムフリー錆止めペイントとそれを用いるA-5塗装系が生まれた。重防食塗装については、上塗りに紫外線による減耗が非常に少ないフッ素樹脂塗料を採用したC-5塗装系が示され[5]、多用されている。鋼道路橋以外の鋼構造物の重防食塗装については、上記の変遷の影響を受けつつ進化してきた。

4. 重防食塗装としてのC-5塗装系の詳細

現行のA-5塗装系(塗り替え塗装としてはRa塗装系と表す)とC-5塗装系(塗り替え塗装としてはRc塗装系と表す)の詳細を鋼道路橋防食便覧[6]に基づき図3に示す。

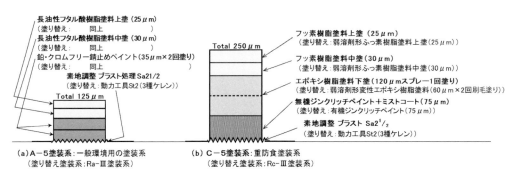

図3　鋼道路橋の塗装仕様

現在は通常、鋼道路橋の新設にはC-5塗装系が、塗り替えにはRc塗装系が適用される。

4.1　用語の説明

・塗装系(coating system)

素地調整の仕様および下塗りから中塗り、上塗りに至る各塗膜層の組み合わせの総称。

・素地調整(surface preparation)

塗装前に行う鋼面の処理であり、錆や油分の除去する方法と程度である。塗料の密着を助ける適度な粗度の付与を含む場合がある。ISOおよび日本の規定などの比較表を表2に示す。

第7章　金属・構造物の腐食防止・維持管理技術

表2　素地調整の各規格の比較表

| | ISO | アメリカ | | 日本 | | |
	ISO8501-1	SSPC (米国鋼構造塗装協会)	NACE(米国防食技術者協会)	ケレン	処理方法	錆 除去率
ブラスト	Sa 3	WHITE METAL BLAST CLEANING	SP-5	No.1	1種 ケレン	サンドブラスト グリッドブラスト ショットブラスト	99.9%以上
	Sa $2^1/_2$	NEAR WHITE BLAST CLEANING	SP-10	No.2		同上	95%以上 (~99%)
	Sa 2	COMMERCIAL BLAST CLEANING	SP-6	No.3		同上	67%以上 (~80%)
	Sa 1	BLUSH-OFF BLAST CLEANING	SP-7	No.4		同上	-
動力工具または手工具	St 3	POWER TOOL CLEANING	SP-3	-	2種 ケレン	ディスクサンダーやワイヤーホイールなどの動力工具と手工具の併用	旧塗膜，錆を除去し鋼面を出す
	St 2	HAND TOOL CLEANING	SP-2	-	3種 ケレン	同上	活膜は残すが，錆，割れ，フクレは除去
	-	-	-	-	4種 ケレン	同上	粉化物，汚れなどを除去

・ブラスト処理(blast cleaning)

　素地調整の1つの方法。専用の砂などの粒子状の研掃材を鋼材の表面に吹き付けて，錆や汚れなどを除去する処理方法。

・Sa $2^1/_2$

　素地調整の国際基準 ISO8501-1：2007[6] に基づくブラスト処理のグレードの1つ。「拡大鏡なしで，表面には，目に見えるミルスケール，さび，塗膜，異物，油，グリース及び泥土がない。残存するすべての汚れは，そのこん跡がはん(斑)点又はすじ状のわずかな染みだけとなって認められる程度である。」と定義されている。

・鉛・クロムフリー錆止めペイント(Lead-free, Chromium-free anticorrosive paints)

　一般的な大気環境での下塗りに用いられる塗料。空気中で乾燥する油脂(乾性油)をベースとし，鉛とクロムを含まない顔料を使用。JIS K 5674 に規定される。

・長油性フタル酸樹脂塗料(alkyd paint)

　フタル酸と多価アルコールを縮合反応させた合成樹脂に変性剤として乾性油などの油分を55~65%加えた塗料。JIS K 5516 に合成樹脂調合ペイントとして規定されている。アルキドペイ

— 250 —

ント（alkyd paint）とも呼ばれる。

・下塗り

　複数の塗膜の塗り重ねである塗装系の下部の塗膜を施工すること。下塗りに用いられる塗料は防食性能と付着性などが求められる。

・上塗り

　複数の塗膜の塗り重ねである塗装系の上部の塗膜を施工すること。上塗り用の塗料には，紫外線や風雨に耐えて美観を維持する性能（耐候性）が求められる。

・中塗り

　下塗りと上塗りの間に入る塗膜を施工すること。下塗りの塗膜とも上塗りの塗膜とも十分に付着する性能が求められる。上塗り塗料が下塗り塗料と十分付着する場合には省略される。

・無機ジンクリッチペイント

　ビヒクル（塗料の樹脂成分）がアルキルシリケート（アルキル基を含むケイ酸塩）であり，亜鉛の粉末（亜鉛末）を 70〜90 wt％含む塗料。塗装後に，亜鉛末間の空隙（void）を埋めるミストコートという処理が必要である。

・エポキシ樹脂塗料

　ビヒクルをエポキシ樹脂とした塗。通常は 2 液形である。2 液形とは，主剤と硬化剤の 2 液を所定の比率で混合し，撹拌してから使用する塗料である。通常，主剤はエポキシ，硬化剤はアミンが用いられ，混合すると架橋反応によって高分子化して塗膜を形成する。

・フッ素樹脂塗料

　ビヒクルをフッ素樹脂とした塗。フッ素（F）と炭素（C）との原子間距離は他の原子（O, C, Cl）と比較して短く，結合エネルギーが大きいため，外的要因によって分解劣化されにくい。その結果，紫外線による減耗（チョーキング）が非常に小さく，上塗りや中塗りの塗料に用いられる。

4.2　重防食塗装であるＣ塗装系の特徴

・特徴 1：全塗膜厚が厚い

　一般塗装（A-5 塗装系（125 μm））の倍の 250 μm である。厚膜化することで厳しい腐食環境に対応できるだけの環境遮断性を確保している。

・特徴 2：塗り回数が多い

　一般塗装（A-5）が 4 回塗りであるのに対して，C-5 はミストコートを含めると 5 回塗りである。塗り回数が多いと，その分労力と時間と費用がかかることになる。

・特徴 3：優れたライフサイクルコスト（LCC）を有する

　図 4 に A-1 塗装系の新設塗装費用を 1 とした場合の一般環境におけるライフサイクルコスト[7]を示す。一般塗装（A 塗装系）と比較して，重防食塗装であるＣ塗装系では耐用年数は 7 倍，100年間のライフサイクルコストで約 6 割の低減が期待できる。

・特徴 4：使用塗料が高価

　ジンクリッチペイントやフッ素樹脂塗料は高価である。文献8)によれば，鉛・クロムフリー錆止めペイントは 280 円/m²，長油性フタル酸樹脂塗料上塗り（中彩色）は 323 円/m²，エポキシ樹

第7章　金属・構造物の腐食防止・維持管理技術

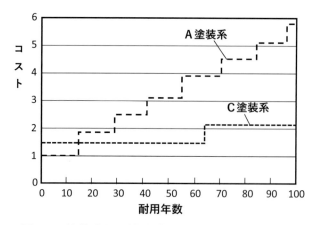

図4　A塗装系とC塗装系のライフサイクルコスト

脂塗料は1,516円/m^{2}に対して，無機ジンクリッチペイントは3,511円/m^2，フッ素樹脂塗料上塗り（中彩色）は2,362円/m^{2}である。

5. 安価重防食塗装の開発

5.1　重防食塗装の安価化のニーズと方法

　上述のように，鋼道路橋の新設では通常C-5塗装系を適用する。しかし，鋼道路橋以外の鋼構造物には規制はない。よって，その所有者は自ら塗装仕様を検討し，塗装工事を発注し，そのコストを負担せねばならない。企業にとってコストは収益を圧迫する経費である。長期的に鋼構造設備を利用するためには，LCCに優れる塗装系を見極めねばならない。そこで，C塗装系より安価で長寿命な重防食塗装系を探すことになる。

　安価で長寿命な重防食塗装を考えるために，製鉄所において鉄鉱石を荷役するアンローダー（高さ約45 m×全長約60 m）と呼ばれる屋外クレーンの塗装事例[9]を示す。図5はその塗り替え塗装工事の費用の内訳である。高さ40 mを超える大きなアンローダーの塗装では，相当の足場仮設費が必要となる。また，素地調整や塗装作業も大きな労務費がかかる。いわば，塗装工事とは巨大な労務費の塊である。よって，

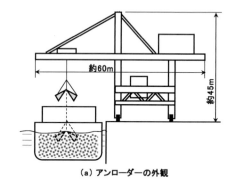

(a) アンローダーの外観

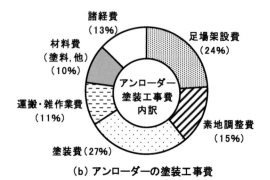

(b) アンローダーの塗装工事費

図5　塗装工事費内訳例[10]

— 252 —

LCC 低減のポイントは以下のように考えられる。

(1)足場仮設費の低減

高所作業車やゴンドラを可能な範囲で利用し，足場仮設を減らす。

(2)塗り回数の低減

塗装作業費は塗り回数に比例するので，C 塗装系の 5 回塗りより塗り回数を減らす。同時に，十分な防食性能を得るべく膜厚は C 塗装系と同等の 250 μm 以上を確保する。

(3)塗料費の低減

高価なジンクリッチペイントやフッ素樹脂塗料を使用しない塗装系を検討する。たとえば，ある程度の美観や光沢の劣化を許容して，上塗り塗料を高価なフッ素樹脂塗料に代えて，安価なポリウレタン樹脂塗料とする。

5.2 安価重防食塗装系の開発事例

5.2.1 開発項目

上述の **5.1**(2)(3)を実現するためには，下記の 2 つの塗料開発が必要である。

・塗料開発 1：厚膜形で防食性能を強化した変性エポキシ樹脂塗料（下塗り用）の開発

・塗料開発 2：厚膜形のポリウレタン樹脂塗料（上塗り用）の開発

塗料開発 1 については，1 回の刷毛塗りで 100 μm 以上の乾燥膜厚が得られる下塗り用の変性エポキシ樹脂塗料の開発を考える。なぜならば，C 塗装系の下塗りまでの塗り回数は 3 回，塗膜厚は 175 μm であるが，これを 2 回塗り，200 μm とすることができるからである。さらに，防食性能の強化も開発目標とする。高価なジンクリッチペイントを用いずに同等の LCC を確保するためである。ここで，変性エポキシ樹脂塗料とは，変性樹脂を添加することによって性能を改善したエポキシ樹脂塗料のことである。

塗料開発 2 についても同様であり，中塗りと上塗りの 2 回塗りを，1 回の塗装でその膜厚（約 60 μm）が確保できる塗料を開発する。

ここでも塗り回数を 1 つ減らすことを目指す。

しかし，重要な開発は塗料開発 1 である。塗料開発 2 は添加剤（特に揺変剤）の最適化などによって比較的容易に実現可能である。以後，塗料開発 1 について周辺技術と併せて述べていく。

5.2.2 厚膜形エポキシ樹脂塗料の開発

(1)塗膜厚と防食性能との関係確認

まず，塗り回数を減らすために厚膜化する必要性を塩水噴霧試験（salt spay test：SST）（**写真 1**）によって確認した。SST とは規格（JIS Z 2371）に定める NaCl 濃度（50 g/L）の塩水を 35 ± 2℃にて噴霧することによって腐食を促進する試験である。試験片は，塗り替え塗装を想定し，錆鋼板に素地調整 St2（表 2 参照）を施し，エポキシ樹脂塗料を 120 μm，180 μm，240 μm 塗布して，対角状に交差する切り込み傷（クロスカット）を付けて作成した。

結果を**図 6** に示す。塗膜厚が大きいほど，クロスカットからの塗膜の剥離幅は小さくなり，防食性能に優れることを確認した[9]。これより，開発塗装系は全塗膜厚 250 μm 以上が必要と考

第7章　金属・構造物の腐食防止・維持管理技術

写真1　塩水噴霧試験機
（日塗化学㈱提供）

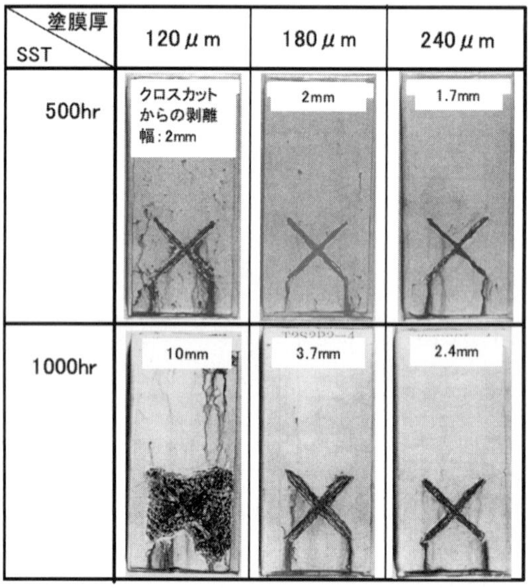

図6　エポキシ樹脂塗料の塗膜厚と防食性能と
　　　の関係（SST結果）

える。これは，C塗装系と同じ膜厚を確保するということであり，他の文献10)でも厳しい環境では250μm程度の膜厚が必要である，と言及されている。

(2)厚膜化と防食性能強化の塗料設計
　一般に，塗料の構成は図7のようになる。厚膜化し，防食性能を強化する塗料設計の手法として下記の2点を実施した。

— 254 —

①特定形状を有する鱗片状の顔料を添加する[11]。

②樹脂成分に変性樹脂として芳香族系オリゴマーを添加する[11]。

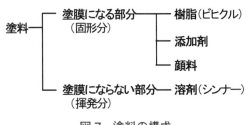

図7　塗料の構成

狙いとしては，①は鱗片状顔料の配向による刷毛塗りにおける厚膜化である。厚膜化の塗料設計の手法としては，固定分を多くして溶剤分を減らす方法(ハイソリッド化)があるが，温度による粘度変化が大きくなり，使いにくくなる欠点がある。開発塗料では，鱗片状顔料の形状を特定して，揃えることで厚膜化を実現とした。

②は，変性樹脂として芳香族オリゴマーの添加による物性値の改善である。物性値とは，水蒸気透過率，酸素透過率，塗膜の内部応力である。特に，一定レベルの水分や酸素の遮断性があれば，内部応力の低減が防食性能に有効であることは文献[12]でも言及されている。

(3)開発結果(厚膜形変性エポキシ樹脂塗料の性能)

①厚膜化の状況

塗装試験片の断面を写真2に示す。通常の変性エポキシ樹脂塗料では1回の刷毛塗りで乾燥膜厚60μmとされている。これに対して，開発した厚膜形変性エポキシ樹脂塗料では1回の刷毛塗りで十分かつ安定的に100μmを十分に超える塗装ができた。厚塗りを可能とした鱗片状顔料の配向も観察できる。

(a)開発した厚膜形塗料(刷毛塗り1回)

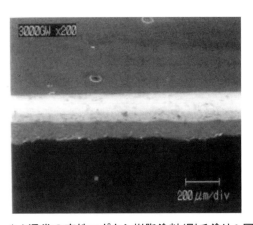
(b)通常の変性エポキシ樹脂塗料(刷毛塗り3回)

写真2　塗膜断面の比較[13]

②物性値の比較

開発した厚膜形変性エポキシ樹脂塗料と市販のエポキシ樹脂塗料，また，一般塗装系[14]との水蒸気透過度，酸素透過度，内部応力の比較を表3に示す。

第7章　金属・構造物の腐食防止・維持管理技術

表3　塗膜の物性値

	水蒸気透過度 （g/m²·d）	酸素透過度 （×10⁻¹⁷ mol·m/m²·s·Pa）	内部応力 （MPa）
（開発塗料） 　厚膜形変性エポキシ樹脂塗料	1.7	5	0.1
（市販品1） 　弱溶剤形エポキシ樹脂塗料	1.9	21	4.3
（市販品2） 　エポキシ樹脂塗料	3.9	3	0.6
一般塗装系[14]	8 以下	330 以下	－

注1　開発塗料と市販品1,2の物性値は塗膜厚300 μmにおける測定値（日塗化学㈱にて実施）
注2　一般塗装系塗膜は，A塗装系（フタル酸樹脂仕様）やB塗装系（塩化ゴム系）を想定している

③塩水噴霧促進試験（SST）の結果

　日塗化学㈱で実施したSSTの結果を図8に示す。各試験片の塗膜厚が完全には同じでないので，単純な比較はできないが，表3の各種物性値と対比して下記のように考察する。

【考察】
・一般錆止め塗装系（A塗装系）の試験片はSST 2000時間で全面剥離となった。これは全塗膜厚がやや薄いことと水蒸気透過度や酸素透過度が大きいことによると考える。

塗装仕様	（参考） 一般錆止めペイント （30μm×2回） ＋フタル酸樹脂塗料中 上塗（30μm＋30μm）	（開発塗料） 厚膜形変性エポキシ樹脂塗料（200μm×1回）	（市販品1） 弱溶剤形エポキシ樹脂塗料（60μm×2回） ＋塩化ゴム系塗料中上塗（35μm＋30μm）	（市販品2） エポキシ樹脂塗料（60μm×2回） ＋塩化ゴム系塗料中上塗（35μm＋30μm）
塗り回数（塗り方）	4回（刷毛塗り）	1回（刷毛塗り）	4回（刷毛塗り）	4回（刷毛塗り）
試験片（素地調整）	錆鋼板（3種ケレン）	（同左）	（同左）	（同左）
全塗膜厚	120μm	200μm	185μm	185μm
SST 2000時間後の 試験片の状態	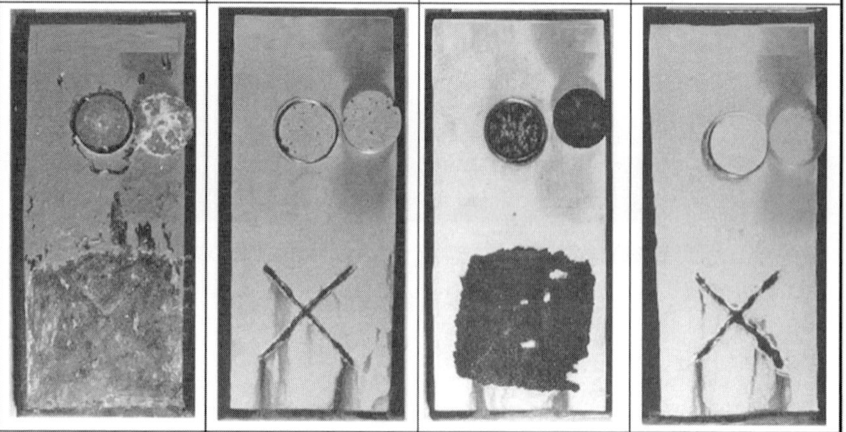			
カット部の剥離幅	全面剥離	2.8 mm	全面剥離	5.0 mm
付着力	1.9MPa	4.1MPa	0.3 MPa	1.2 MPa

図8　促進試験（SST/2000時間）の結果

－ 256 －

- 市販品1の弱溶剤形エポキシ樹脂塗料をベースとした塗装仕様は全面剥離となった。これは物性値の中でも内部応力が大きいことが主な原因と考えられる。
- 市販品2のエポキシ樹脂塗料をベースとした塗装仕様はカット部からの剥離幅は小さいが，付着力に低下が見られる。
- 開発塗料である厚膜形変性エポキシ樹脂塗料200μmの場合は，他の塗装仕様よりやや塗膜が厚く，各物性値とも低い値であり，特に内部応力が低く抑えられていることがカット部からの剥離幅を抑制し，付着力も維持されたものと考える。

5.2.3 プラント向け安価重防食塗装

　鋼道路橋のC-5塗装系と同レベルの耐久性と防食性能を保有し，光沢度保持率はやや劣っても安価な塗装系が企業のプラント設備には求められている。開発した厚膜形塗料を活用した安価重防食塗装系を図9に示す。5.1で述べたように塗装工事は労務費の占める割合が非常に大きい。その中で塗装コストを塗り回数を減らして安価化した塗装系である。その特徴を以下に列記する。

- 安価重防食塗装系(b)は，C-5塗装系と比較してほぼ同じ全塗膜厚で塗り回数を2回減らした3回である。そのコスト低減効果は図10のように試算した。材工を含めた塗装作業費（素地調整費を除く）をほぼ半減にできる。
- 安価重防食塗装系(c)は送電鉄塔の補修塗装に適用されているものである。送電鉄塔は亜鉛メッキされた鋼構造物である。亜鉛メッキの期待耐用年数は50年程度とされていたが，実際には20年程度で腐食が発生し，補修塗装されている。劣化した残存メッキの表面に3種ケレンを施し，厚膜形塗料の下塗・上塗りの2回塗りとしている。膜厚が薄くなりやすい角部の多い構造において確実に全塗膜厚120μm以上を確保している。
- 現場における塗り替え塗装や補修塗装では，工場塗装のようにエアレススプレーによるのではなく，刷毛塗り塗装となる。開発した刷毛塗り用厚膜塗料は確実に十分な膜厚を確保する上で有効である。
- 写真3[15]のように，送電鉄塔の補修塗装は高所での刷毛塗り作業となる。少ない塗り回数で目

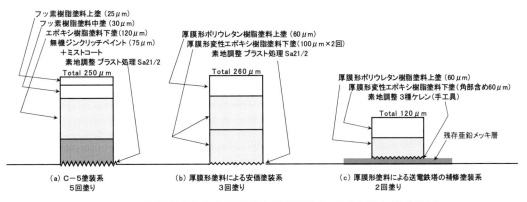

図9　C-5塗装系(a)と安価重防食塗装系(b)，(c)の塗り回数比較

― 257 ―

第7章　金属・構造物の腐食防止・維持管理技術

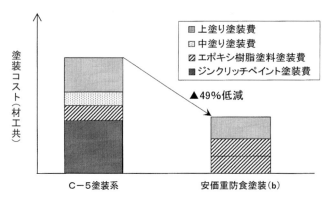

図10　塗装コスト（材工共）低減効果の試算

写真3　送電鉄塔の塗装作業状況

標膜厚を確保するために，開発した厚膜形変性エポキシ樹脂塗料は有効である。

6. まとめ

　重防食塗装について鋼道路橋における技術の変遷を基礎として，民間企業のプラント設備や送電鉄塔などの鋼構造設備に求められる安価重防食塗装の開発について述べた。その内容を以下にまとめる。

・日本における重防食塗装は主に鋼道路橋防食便覧[6]に定めるC-5塗装系，もしくはこれに相当するものである。

・C-5塗装系やRc塗装系は優れた耐久性と防食性能を有するが，塗り回数が4～5回と多く，また，高価なジンクリッチペイントやフッ素樹脂塗料を用いている。

・鋼道路橋以外の鋼構造物，たとえば民間企業のプラント設備や送電鉄塔についてはC-5塗装系を採用する規定はなく，同等レベルの防食性能で安価な塗装系が求められてる。

・筆者らは安価重防食塗装を実現するために，刷毛塗り用の厚膜形変性エポキシ樹脂塗料を開発[9)13)15)]し，製鉄プラント設備や送電鉄塔などを対象として実用化した。

今後の重防食塗装の技術動向については以下のように考えている。

・環境負荷に配慮して，VOC(Volatile Organic Compounds，揮発性有機化合物)を低減した塗料，たとえば，溶剤の添加量を低減したハイソリッド塗料，溶剤を用いない無溶剤塗料，水を溶剤に置き換えた水性塗料の開発と実用化が進展する。

・さらなる LCC 低減。さらに塗り回数を減らすことができる塗料として，下塗りの防食性能と上塗りの耐紫外線劣化(耐候性)の性能を兼ね備えた下上兼用塗料の開発と実用化が進展する。

文　献

1)腐食コスト調査委員会：わが国における腐食コスト，材料と環境，**69**，283(2020).

2)日本鋼構造協会(編)：重防食塗装の実際，山海堂(1998).

3)JIS Z0103：防せい防食用語，用語番号3026(1996).

4)日本道路協会(編)：鋼道路橋塗装便覧 第9版，20(1996).

5)日本道路協会(編)：鋼道路橋防食便覧 第7版，Ⅱ-33(2022).

6)ISO8501-1：Preparation of steel substrates before application of paints and related products(2007).

7)林田宏，田口史雄，嶋田久俊：鋼橋塗装の耐用年数及びライフサイクルコストに関する研究，北海道開発土木研究所月報，629，18(2005).

8)関西ペイント㈱：重防食塗料　積算価格表(2023).

9)相賀武英，田内茂顕，志垣仁：製鉄所の屋外荷役機械の安価重防食塗装，**45**(5)，11(2001).

10)桐村勝也，橋本達知，佐藤靖，大川敏夫：海洋環境における防食塗装，鉄道技術研究報告，1070(1978).

11)特許 153838.

12)守屋進，浜村寿弘，後藤宏明，藤城正樹，内藤義巳，山本基弘，齊藤誠：鋼道路橋重防食塗装系の性能評価に関する研究，土木学会論文集，**66**(3)，221(2010).

13)日塗化学㈱テクニカルレポート：
https://www.nitto-c.co.jp/wp-content/uploads/2023/05/nbcoat_super3000gw.pdf

14)岩見勉，糟谷誠，門田進，守屋進：鋼構造物塗替塗装の性能規定化，Structure Painting，**32**(2)，36(2004).

15)日塗化学㈱テクニカルレポート：
https://www.nitto-c.co.jp/wp-content/uploads/2023/05/nbcoat_3000gwt.pdf

第7章　金属・構造物の腐食防止・維持管理技術

第4節　溶射による金属の防食技術

トーカロ株式会社　髙谷　泰之

1. はじめに

溶射法を用いるとあらゆる基材にその基材を腐食から守るあるいは高耐食性を付与する物質を被覆することができる[1)2)]。近年，溶射材料と溶射装置の組み合わせによって，ほとんどの物質が被覆できるといえる。

溶射材料は，金属またはその他の無機物質が主である。材料適用にあたっては使用される環境の腐食性および要求される耐食性かつ耐摩耗性能を十分に考慮し，溶射皮膜の機能特性を把握した上で選定する必要がある。日本産業規格（以下，JIS）に規格化されている溶射材料と溶射可能な材料を取りまとめ，主に水溶液中における耐食性に関する各種材料の特性をまとめた。

溶射皮膜の種類はJIS H8250:1998によって定義され，腐食防食に関する溶射を分類すると次のようになる。

「防食溶射は素材金属（基材）が腐食されることを防止する。防せい溶射は鉄鋼にさびが発生することを防止する。耐食溶射は腐食に対して抵抗性のある皮膜を形成させ，基材の腐食を防止する。」

その他に，高温酸化防止溶射（高温環境雰囲気での材料の高温酸化を防止），耐熱溶射，耐摩耗性溶射がある。

2. 溶射材料

鉄鋼を守るための防食溶射皮膜に加えて，高硬度で耐食性のある金属溶射皮膜には肉盛溶射，自溶合金溶射，サーメット溶射がある。これら溶射材料は**表1**のように「溶射用粉末材料」（JIS H8260）と「溶射用の線材，棒材及びコード材」（JIS H8261）がある。これらの溶射材料に関するJISはISO 14232:2002（粉末関連）とISO 14929:2001（線材関連）に基づいて設定されており，それに加えて日本独自の溶射材料が追加された。旧規格も参考に適用目的に応じた溶射材料を記載した。溶射の種類による性能を**表2**に示す。

肉盛溶射材料（**表3**）は鉄鋼材料である。自溶合金溶射（**表4**）は溶射後再溶融して溶着金属とするものであり，Ni基，Ni-Cr基またはCo基合金にB，Siが含まれている。また，(b)の表は日本独自の成分規格である。

自溶合金溶射皮膜のヒュージングは，Ni-Cr-Si-B-Fe-Cu-Mo粉末を溶射し，その後約1000℃で再溶融させる。ピンホールがなくなり，基材との密着性も良好となる。

表1 溶射材料に関する日本産業規格（JIS）

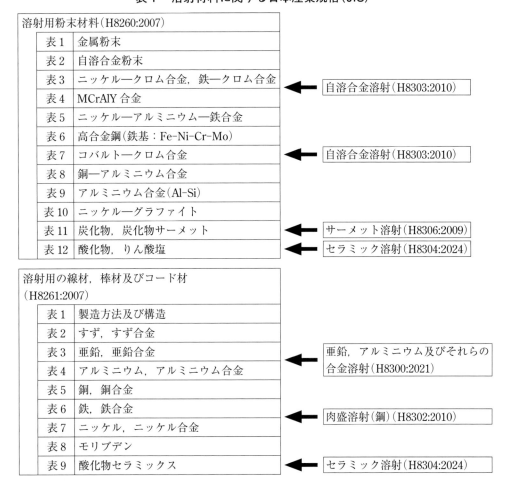

　サーメット溶射材料は酸化物，炭化タングステン，炭化クロム，窒化物，ほう化物またはけい化物の硬質粒子と金属の持つ耐食性，たとえばNi-Cr，Co，Ni-Co，Co-Cr合金とを組み合わせる。そのことによって高硬度と耐食性を兼ね備えた複合材料となる。皮膜に耐摩耗性，耐食性，耐熱性などを付与させる目的で，両者の混合比や成分比が多岐に選別される[3]。炭化物粉末（**表5**）およびW炭化物系およびCr炭化物系溶射皮膜の化学組成を**表6**と**表7**に示す。(b)は日本独自の成分規格である。サーメット材料の成膜によく用いられる高速フレーム溶射法で得られる溶射皮膜は，鉄鋼基材との密着性を高めるために，合金皮膜（アンダーコート）を施した後，サーメット皮膜（トップコート）が成膜される。皮膜の断面組織は積層された形態を示し，皮膜中の空孔が連続して基材/皮膜界面まで通じていると貫通気孔（ピンホール）となる。

第7章　金属・構造物の腐食防止・維持管理技術

表2　溶射の種類と性能

溶射の種類		防食性	耐食性	耐薬品性	耐摩耗性	耐熱性	断熱性	その他
亜鉛・アルミニウム溶射	亜鉛溶射	○						
	アルミニウム溶射	○						
	亜鉛・アルミニウム溶射	○						
	アルミニウム・マグネシウム合金溶射	○						
自溶合金溶射	ニッケル自溶合金		○		○	○		
	コバルト自溶合金		○		○	○		
	タングステンカーバイド自溶合金		○		○			
セラミック溶射	酸化アルミニウム溶射			○	○	○	○	
	酸化アルミニウム・酸化チタン溶射			○	○			
	酸化チタン溶射			○	○			
	酸化クロム溶射			○	○			
	スピネル溶射					○	○	
	酸化ジルコニウム溶射				○	○	○	
肉盛溶射	炭素鋼溶射				○			巣埋め,表面硬化
	低合金鋼溶射				○			巣埋め
	ステンレス鋼溶射		○		○			表面硬化
	特殊合金溶射		○			○		
サーメット溶射			○		○			
プラスチック溶射								

表3　肉盛溶射（鋼）（JIS H8302）

種　類	溶射材料	用　途
炭素鋼溶射	軟鋼線材（0.1〜0.25％C）	軸類，鋳物
	炭素鋼（0.25〜0.65％C）	軸類，内面溶射
	ピアノ線（0.65〜0.95％C）	表面硬化，軸類，内面溶射
	炭素工具鋼鋼材（0.95％C 以上）	表面硬化，軸類，内面溶射
低合金鋼溶射	1.5％Cr, 4％Ni, 1〜3％Mo 鋼	厚い皮膜
	0.9％C, 1.8％Mo, 2.0％Cr 鋼	
	1.0％Cr, 1.5％Cr 鋼	
ステンレス鋼溶射	13Cr（SUS420J2）	耐衝撃性，表面硬化
	18Cr-8Ni（SUS304）	耐食性，耐磨耗性
	8.5％Mn, 4〜6％Ni, 18Cr	耐食性，耐磨耗性
	18Cr-12Ni-Mo（SUS316）	耐食性
特殊合金溶射	60Ni-15Cr（電熱用合金線）	耐熱性，耐食性

第4節　溶射による金属の防食技術

表4　自溶合金粉末およびそれを混合した粉末（JIS H8260）

(a) 種類の区分

コード番号	記号	化学成分　%（質量分率）								
		C	Ni	Co	Cr	Cu	Fe	B	Si	その他
2.1	NiCuBSi 76 20	0.05 以下	残部	-	-	19~20	0.5 以下	0.9~1.3	1.8~2.0	0.5 以下
2.2	NiBSi 96	0.05 以下	残部	-	-	-	0.5 以下	1.0~1.5	2.0~2.5	0.5 以下
2.3	NiBSi 94	0.1 以下	残部	-	-	-	0.5 以下	1.5~2.0	2.8~3.7	0.5 以下
2.4	NiBSi 95	0.1~0.2	残部	-	-	-	2 以下	1.2~1.7	2.2~2.8	0.5 以下
2.5	NiCrBSi 90 4	0.1~0.2	残部	-	3~5	-	1 以下	1.4~1.8	2.8~3.5	0.5 以下
2.6	NiCrBSi 86 5	0.15~0.25	残部	-	4~6	-	3.0~3.5	0.8~1.2	2.8~3.2	0.5 以下
2.7	NiCrBSi 88 5	0.15~0.25	残部	-	4~6	-	1.0~2.0	1.0~1.5	3.5~4.0	0.5 以下
2.8	NiCrBSi 83 10	0.15~0.25	残部	-	8~12	-	1.5~3.5	2.0~2.5	2.3~2.8	0.5 以下
2.9	NiCrBSi 85 8	0.15~0.25	残部	-	6~10	-	1.5~2.0	1.5~2.0	2.6~3.4	0.5 以下
2.1	NiCrBSi 84 8	0.25~0.4	残部	-	7~10	-	1.7~2.5	1.5~2.2	3.2~4.0	0.5 以下
2.11	NiCrBSi 88 4	0.3~0.4	残部	-	3.5~4.5	-	2 以下	1.6~2.0	3.0~3.5	0.5 以下
2.12	NiCrBSi 80 11	0.35~0.6	残部	-	10~12	-	2.5~3.5	2.0~2.5	3.5~4.0	0.6 以下

(b) 種類の区分

コード番号	記号	化学成分　%（質量分率）								
		C	Ni	Co	Cr	Cu	Fe	B	Si	その他
2.1A	NiCuBSi 76 20A	0.25 以下	残部	1 以下	0~10	18~21	4 以下	0.8~2.5	1.5~4	
2.7A	NiCrBSi 86 5A	0.25 以下	残部	1 以下	0~10	4 以下	4 以下	0.8~2.5	1.5~4	
2.11A	NiCrBSi 84 8A	0.5 以下	残部	1 以下	3.5~12	-	4 以下	1.5~2.5	2.0~4	
2.12A	NiCrBSi 79 12A	0.35~0.7	残部	1 以下	10~15	-	5 以下	2.0~3	3.0~4.5	

(b)は日本独自の規格である

第7章　金属・構造物の腐食防止・維持管理技術

表5　炭化物粉末および炭化物サーメット粉末（JIS H8260）

種類の区分		化学成分　%（質量分率）					
コード番号	記　号	W	Cr	Ti	C	Fe	Si
11.1	TiC*	－	－	79.5 以上	19～20	－	－
11.2	WC*	残部	－	－	6.0～6.2	－	－
11.3	W₂C/WC*	残部	－	－	3.8～4.3	－	－
11.4	W₂C*	残部	－	－	3.1～3.3	－	－
11.5	Cr₃C₂*	－	86 以上	－	12.5 以上	0.7 以下	0.1 以下

＊この粉末材料は，他の粉末と混合して使用する

表6　WC 炭化物粉末および炭化物サーメット粉末（JIS H8260:2007）

(a)種類の区分		化学成分　%（質量分率）				
コード番号	記　号	W	Cr	Co	Ni	C
11.10	WC/Co 94 6	残部	－	5～7	－	5.2 以上
11.11	WC/Co 88 12	残部	－	11～13	－	3.6～4.2
11.12	WC/Co 88 12	残部	－	11～13	－	4.8～5.5
11.13	WC/Co 83 17	残部	－	16～18	－	4.8 以上
11.14	WC/Co 80 20	残部	－	18～20	－	4.5～5.0
11.15	W₂C/Co	残部	－	18～21	－	2.4～2.6
11.16	WC/Ni 92 8	残部	－	－	6～8	3.5～4.0
11.17	WC/Ni 88 12	残部	－	－	11～13	5.0～5.5
11.18	WC/Ni 85 15	残部	－	－	14～16	3～4
11.19	WC/Ni 83 17	残部	－	－	16～19	4.5～5.5
11.19	WC/Ni 83 17	残部	－	－	16～19	4.5～5.5
11.20	WC/Co/Cr 86 10 4	残部	3.5～4.5	9～11	－	3.5～4.5
11.21	WCrC/Ni 93 7	残部	22～28	－	6～8	5～7
(b)種類の区分		化学成分　%（質量分率）				
コード番号	記　号	W	Cr	Co	Ni	C
11.10A	WC/Co 92 8A	残部	－	6～10	－	5.2～6.0
11.12A	WC/Co 88 12A	残部	－	10～14	－	5.0～5.8
11.13A	WC/Co 83 17A	残部	－	15～19	－	4.6～5.6
11.14A	WC/Co 80 20A	残部	－	18～22	－	4.5～5.5
11.16A	WC/Ni 92 8A	残部	－	－	6～10	5.2～6.0
11,17A	WC/Ni 88 12A	残部	－	－	10～14	5.0～5.8
11.18A	WC/Ni 85 15A	残部	－	－	13～17	4.8～5.6
11.19A	WC/Ni 83 17A	残部	－	－	15～20	4.6～5.6
11.19A	WC/Ni 83 17A	残部	－	－	15～20	4.6～5.6
11.20A	WC/Co/Cr 86 10 4A	残部	3.5～4.5	8～12	－	4.9～5.7
11.21A	WC/CrC/Ni 73 20 7A	残部	15～20	－	5～9	6.4～7.9
11.22A	WC/NiCr 85 15A	残部	2.5～3.5	－	10～14	4.7～5.7
11.23A	WC/NiCr 75 25A	残部	4.5～5.5	－	18～22	4.1～5.1

(b)は日本独自の規格である

第4節　溶射による金属の防食技術

表7　クロム系炭化物サーメット粉末（JIS H8260）

(a) 種類の区分		化学成分　％（質量分率）		
コード番号	記　号	Cr	Ni	C
11.3	Cr_3C_2/NiCr 75 25	残部	16～19	10～11
11.31	Cr_3C_2/NiCr 75 25	残部	19～21	9～11
11.32	Cr_3C_2/NiCr 80 20	残部	14～18	9～11
(b) 種類の区分		化学成分　％（質量分率）		
コード番号	記　号	Cr	Ni	C
11.31A	Cr_3C_2/NiCr 75 25A	残部	18～22	9～11
11.32A	Cr_3C_2/NiCr 80 20A	残部	14～18	9～12
11.33A	Cr_3C_2/NiCr 93 7A	残部	4～7	11～14
11.34A	Cr_3C_2/NiCr 70 30A	残部	22～26	8～11
11.35A	Cr_3C_2/NiCr 50 50A	残部	38～42	5～8
11.36A	Cr_3C_2/Ni 85 15A	残部	13～17	9～13

(b)は日本独自の規格である

3. 溶射法

　溶射法には電気アーク，可燃性ガスの燃焼フレーム，プラズマジェットなどの熱源によって，金属材料，非金属系材料(セラミックスなど)，ガラス，プラスチックなどを溶融あるいは半溶融状態の微粒子体として被処理体(基材)表面に吹き付けて成膜する。

　現在使用されている各種溶射法の特徴[4)5)]，各種溶射装置に対する材料の種類，形状，得られる皮膜の性状を表8にまとめた。なお，プラズマ粉体肉盛溶接法[6)]は溶射法と異なるが，基材を溶融させて金属あるいはセラミックス粒子を表面に積層する方法であり，冶金学的に基材と接合しており，高耐摩耗性，高耐食性皮膜が得られる。

第7章　金属・構造物の腐食防止・維持管理技術

表8　溶射法の種類

溶射プロセス	熱源	火炎温度 (K)	粒子速度 (m/sec)	溶射材料 形態	金属	合金	セラミックス	サーメット	樹脂	皮膜の特徴 密着性	緻密性	気孔率 (%)	生産性 制御	成膜速度	コスト 設備	ライニング	備考
ガス燃焼式 溶線式 (Wire)	酸素-アセチレン、酸素-水素、酸素-プロパン	~3300	~200	線	○	○				△	△	5~15	△	○	◎	○	装置が簡単 出張施工可
溶棒式 (Rod)	酸素-アセチレン	~3300	~200	棒			○			△	△	5~18	△	△	○	○	出張施工可
粉末式 低速フレーム	酸素-アセチレン、酸素-水素、酸素-プロパン	~3300	~100	粉末	○	○	○	○	○	△	△	10~20	△	△	◎	△	
粉末式 高速フレーム	酸素-アセチレン、酸素-水素、酸素-プロパン	~3300	~900	粉末線	○	○	○	○		◎	◎		△	○	△	△	
爆発	酸素-アセチレンなどの爆発エネルギー	~3300	~900	粉末	○	○	○	○		◎	◎	3以下	△	△	▼	△	皮膜密度が高い
電気式 アーク式 (Arc)	アーク	~5500	~250	線	○	○				△	△	5~10	△	◎	◎	◎	比較的厚膜が可能
プラズマ 大気圧 (APS)	窒素-水素、アルゴン-水素、アルゴン-ヘリウムなどのプラズマ炎	~16000	~450	粉末線	○	○	○	○		○	○		△	○	△	△	
プラズマ 減圧 (VPS)		~5000	~700	粉末	○	○	○	○		◎	◎	3~15	△	○	▼	△	皮膜密度が高い
プラズマ 水圧 (WPS)	水分解による酸素-水素のプラズマ炎	~30000	~300	粉末	○	○	○	○		◎	○	10~20	△	◎	△	○	
爆発式 線 (Wire)	放電エネルギー	~5500	~800	線	○	○				△	○		△	▼	△	○	内面溶射可
爆発式 複合チューブ		~5500	~900	チューブ (粉末)	○	○	○	○		◎	◎	1以下	▼	▼	▼	▼	
レーザー式 (Laser)	レーザー光エネルギー		~250	粉末線	○	○	○	○		△	△		▼	△	▼	△	
溶射溶融法	酸素-アセチレン	~3300		粉末	○	○				◎	◎	0					熱による変形
プラズマ粉体肉盛溶接法 (PTA)	アルゴンプラズマアーク			粉末	○	○	○	○		◎	○	0	△	○	△	△	熱による変形

◎：優れている，○：良い，△：普通，▼：悪い

4. 溶射皮膜の腐食メカニズム

溶射皮膜の腐食電位を測定し，鉄鋼基材よりも腐食電位が酸化されやすい溶射皮膜は防食皮膜であり，基材に通じる貫通孔の存在や皮膜が剥離するなどして基材が環境に露出した場合に基材と皮膜の間で異種金属接触腐食（ガルバニ腐食）が生じる。防食皮膜がアノードとなり，基材がカソードとなる。一方，電位が基材鉄よりも酸化されにくい溶射皮膜は耐食溶射皮膜であり，そのもの自体が高耐食性機能を有するものである。この場合も溶射皮膜に基材まで貫通した欠陥が存在すると，その欠陥部で局部的な基材（アノード）の溶解が生じ，皮膜（カソード）が高耐食性であっても部材の耐食性の性能を決定づけることになる。

5. 溶射皮膜の耐食性評価[7]

溶射皮膜の耐食性を評価するために，めっきの耐食性試験方法（JIS H8502:1999）に準拠した防食溶射皮膜の複合サイクル試験，耐食溶射皮膜の分極特性，浸漬試験における溶射皮膜の腐食電位や電気化学インピーダンス特性の測定がある。溶射皮膜の耐食性を評価するのに大気曝露試験が行われているが定量的評価ができていない。浸漬腐食試験を実施する場合，腐食電位の連続測定はもちろん電気化学インピーダンス測定は溶射皮膜の耐食性評価に有効な方法である[8]。

5.1 防食溶射皮膜の耐久性
5.1.1 浸漬試験と腐食電位[9]

3.5 mass% NaCl 水溶液中での浸漬試験時の防食溶射皮膜の腐食電位の経時変化を**図1**に示す。(a)アーク溶射法と(b)フレーム溶射法で成膜した溶射皮膜である。浸漬試験前後のそれぞれ

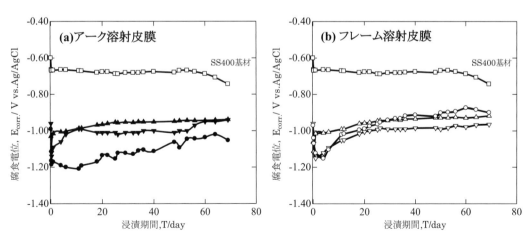

図1 防食溶射皮膜の腐食電位
3.5 mass%NaCl(pH6.5)，303 K，大気開放静止状態
(a)アーク溶射皮膜，(b)フレーム溶射皮膜
○●：Al-5Mg，△▲：Zn-15Al，▽▼：Al，□：SS400

の皮膜断面を比較すると，防食溶射皮膜の形状に変化が見られないが，Zn-15Al皮膜のみが膨潤して厚くなる[10]。

防食溶射皮膜は鉄基材の腐食電位より酸化されやすい電位である。アーク溶射皮膜の腐食電位はフレーム溶射皮膜のものより若干酸化されにくい値になる傾向がある。

5.1.2 防食溶射皮膜の電気化学インピーダンス特性[11]

炭素鋼（SS400）基材に溶射を施したZn，Zn-15Al，AlとAl-5Mg溶射皮膜の3.5 mass% NaCl水溶液中における電気化学インピーダンス特性を図2に示す。アーク溶射法とフレーム溶射法による溶射皮膜を比較した。電気化学インピーダンス図形はナイキスト線図（$Z_{re} - -Z_{im}$）であり，全ての溶射皮膜において，容量性半円の軌跡となる。これらのインピーダンス軌跡は等価回路を設定してフィッティングし，反応抵抗値を求めるが，近似的には描かれる半円の直径を反応抵抗（腐食抵抗）とする[12]。腐食抵抗値の逆数が腐食電流に比例するので，その半円の直径が大きいほど耐食性があると判断する。

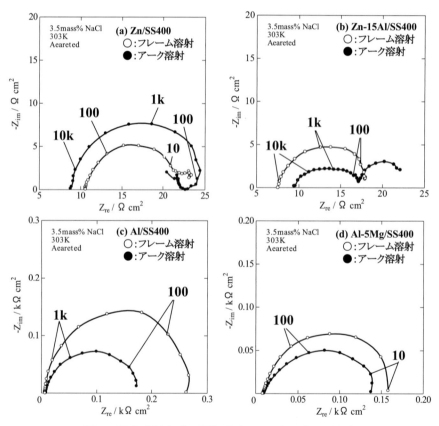

図2 防食溶食皮膜の電気化学インピーダンス特性
3.5 mass% NaCl（pH6.5），303 K，大気開放静止状態
(a) Zn/SS400, (b) Zn-15Al/SS400, (c) Al/SS400, (d) Al-5Mg/SS400
図中の数字：測定周波数 Hz
○：フレーム溶射皮膜, ●：アーク溶射皮膜

ZnとZn-15Alは半円が小さく,AlとAl-5Mgは約10倍大きい半円である。また,アーク溶射皮膜よりもフレーム溶射皮膜の半円が大きくなる傾向がある。すなわち,溶射施工においては,Zn合金溶射皮膜はAl合金溶射皮膜よりも溶解しやすく,犠牲アノードとしては優れているが耐久性に乏しいことが示唆される。

5.1.3 浸漬に伴う防食溶射皮膜の電気化学インピーダンス特性の経時変化

Al-5Mg/SS400溶射皮膜の3.5 mass% NaCl水溶液中における電気化学インピーダンス特性を図3に示す[13]。ここでもアーク溶射法とフレーム溶射法によるAl-5Mg溶射皮膜を比較した。電気化学インピーダンス図形はナイキスト線図($Z_{re} - -Z_{im}$)であり,浸漬直後では,Al-5Mgアーク溶射皮膜は小さい半円であり,浸漬に伴って半円が大きくなる。一方,Al-5Mgフレーム溶射は浸漬直後には大きな半円を描き,浸漬に伴って半円は著しく小さくなる。さらにナイキスト線図は2つの半円となってその後インピーダンスの軌跡の変化は少ない。低周波数側(右側)における第二の半円は拡散に伴うものと推定される[8]。

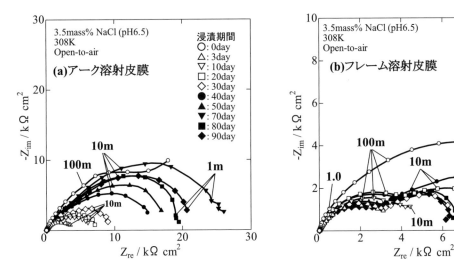

図3 Al-5Mg/SS400溶射皮膜の浸漬に伴う電気化学インピーダンス特性の経時変化
3.5 mass%NaCl(pH6.5),303 K,大気開放静止状態
図中の数字:測定周波数Hz
(a)アーク溶射皮膜,(b)フレーム溶射皮膜

5.2 サーメット溶射皮膜の耐食性

通常,浸漬前後の質量差を測定して腐食速度を求めることが基本である。しかしながら,数ヵ月以内の短期間試験で質量差を求め,耐食性を評価すると測定値が誤差内となり明確な差が測定されない。逆に,短期間の試験で大きな腐食質量減が得られるような材料では耐食性があるとは言えず,実際には使用できないことを意味する。

5.2.1 WC炭化物系サーメット[14)15)]

WC炭化物系サーメット溶射皮膜は環境のpHによってその耐食性が大きく変わる。溶射皮膜の原料粉末および成膜した表面のSEM像が図4である。炭素鋼(SS400)に高速フレーム溶射法により成膜した。その表面は10 μmの粒子が分散されている。炭素鋼から剥がした2 mm厚さの溶射皮膜単独の浸漬試験すなわちpHの異なる水溶液に1ヵ月間浸漬した。その後，浸漬した水溶液中に溶出した金属イオンを高周波プラズマ発光分光分析装置で定量分析した。前述したように，浸漬試験前後の質量差が求められない。水溶液中に溶出したイオン量が図5である。こ

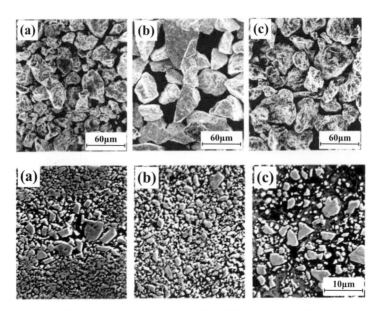

図4 WC系サーメット溶射皮膜の材料形態(上段)と皮膜表面(下段)
(a)WC-11.5Co，(b)WC-10Co4Cr，(c)WC-17.2Cr8.0Ni

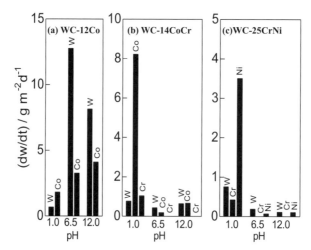

図5 WC系サーメット溶射皮膜の溶出イオン量
0.05 mol/dm³ Na$_2$SO$_4$ 水溶液，303 K

第 4 節　溶射による金属の防食技術

れら溶出イオン量の大小は水溶液の pH と金属の化学種の安定性を示した Pourbaix の電位 – pH 図[16]を参考にする。W は酸性側で安定であり，中性およびアルカリ性側では Cr，Co，Ni が安定であることがわかる。金属成分の Co を CoCr に，さらに CrNi に変えると，皮膜からの溶出量が少なくなり，耐食性が向上する。なお，溶射皮膜の硬さは逆に低くなる。

次に，炭素鋼(SS400)基材上に成膜した WC 炭化物系サーメット/SS400 溶射皮膜の分極特性を図 6 に示す。水溶液は 0.05 mol/dm^3 Na$_2$SO$_4$ 溶液を H$_2$SO$_4$ および NaOH 溶液により pH を調整し，高純度アルゴン脱気と空気飽和状態である。なお，炭素鋼基材の分極挙動は，溶射皮膜よりわずかに酸化しやすい腐食電位を示し，酸性，中性とアルカリ性水溶液においてアノード電流が急激に増加する。このことは溶射皮膜の欠陥部を通して水溶液が浸入すると基材鉄(ここではアノード)の溶解が起きる。

アノード分極曲線では腐食電位，アノード電流の大きさ，不働態化電流値を，カソード分極曲線では溶存酸素の還元電流(拡散限界電流値)と水素発生電流を比較評価すると良い。これらの挙

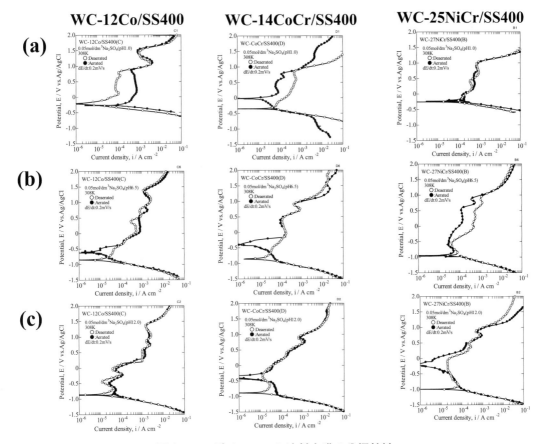

図 6　WC 系サーメット溶射皮膜の分極特性
0.05 mol/dm^3 Na$_2$SO$_4$，308 K
○：脱気，●：空気飽和
dV/dt：0.2 mV/sec
(a) pH1.0，(b) pH6.5，(c) pH12.0

動から，浸漬試験の結果と同様に，金属マトリックス(バインダー)に Cr を合金化することによって溶射皮膜の耐食性が向上する。

次に，同じ溶液で浸漬試験を行いながら測定した WC 系サーメット/SS400 溶射皮膜の浸漬試験時における電気化学インピーダンス特性の経時変化を図7に示す。電気化学インピーダンス図形はナイキスト線図(Z_{re} - $-Z_{im}$)であり，5.1.2 で述べたように近似的には描かれる半円の直径が腐食抵抗とする。その半円の直径が大きいほど耐食性があると判断できる。

同様に測定した浸漬試験中におけるクロム炭化物系サーメット/SS400 溶射皮膜の電気化学インピーダンス特性を図8に示す。WC の場合と同様にナイキスト線図(Z_{re} - $-Z_{im}$)の半円の直径を求めてそれらを比較し，耐食性を評価すると良い。

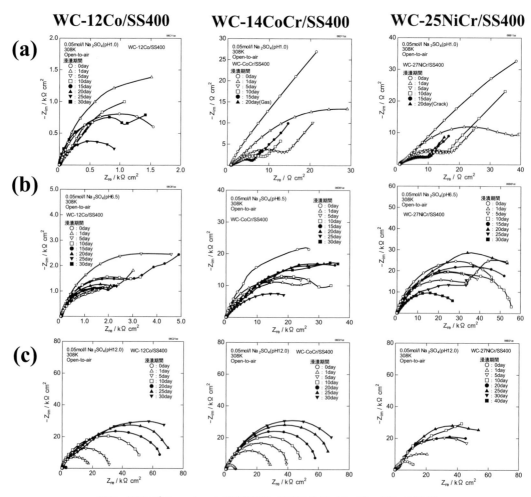

図7　WC 系サーメット溶射皮膜の電気化学インピーダンス特性
0.05 mol/dm³ Na₂SO₄，308 K，測定周波数：100 kHz～1 mHz
(a)pH1.0，(b)pH6.5，(c)pH12.0

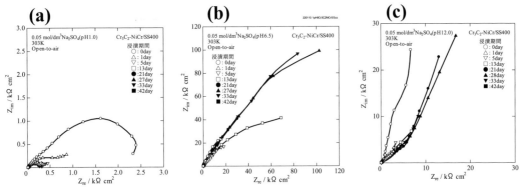

図8 Cr₃C₂-43.5Ni2.8Cr/SS400溶射皮膜の電気化学インピーダンス特性
0.05 mol/dm³ Na₂SO₄, 303 K, 測定周波数：100 kHz～1 mHz
(a)pH1.0, (b)pH6.5, (c)pH12.0

5.2.2 クロム炭化物系サーメット皮膜[17)18)]

　脱気したNaCl水溶液中におけるCr₃C₂-NiCr/SS400溶射皮膜の分極特性を図9に示す。水溶液は0.05 mol/dm³ Na₂SO₄溶液を基準にし，所定のNaClを含ませた。

　その分極特性を見ると，NaClを含まない場合(○印)，2つの不働態域(-0.5 Vvs.Ag/AgCl付近と0.1 V付近)が確認できる。NaClの濃度が高くなると，0.1 V付近の不働態電流が大きくなるが孔食の発生は起きない。

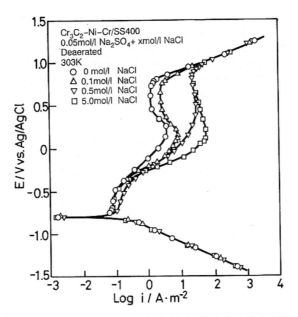

図9 Cr₃C₂-43.5Ni2.8Cr/SS400溶射皮膜の分極特性
0.05 mol/dm³ Na₂SO₄水溶液，脱気，303 K
NaCl(mol/dm³)：○ 0, △ 0.1, ▽ 0.5, □ 5.0

5.2.3 溶射皮膜構成成分の耐食性[18]

　Cr_3C_2-NiCr/SS400 サーメット溶射皮膜を構成する Ni-Cr, Cr_3C_2(ペレット), Cr と Ni の分極特性を測定しておくと,溶射皮膜を設計施工するのに都合が良い。使用環境中における各成分元素のアノード分極曲線の形状から活性態,不働態化などの現象がわかる。カソード分極曲線から環境側の酸化性(腐食性)が評価できる。

　Cr-Ni/SS400 皮膜(図10)のアノード分極特性にも2つの不働態域が現れる。カソード分極では水素発生の電流増加である。NaCl を含ませた場合,0 V付近より急激に電流が増加し,孔食が発生する。Cr/SS400 単独皮膜(図10(b))では Ni-Cr/SS400 皮膜と同様に2つの不働態域があり,孔食は発生しない。Ni 単独皮膜(図10(d))の分極特性は,NaCl を含まない場合と同様に-0.5 V付近から急激に電流が増加し続ける。Ni 単独皮膜は急激に電流が増加し続け,不働態域

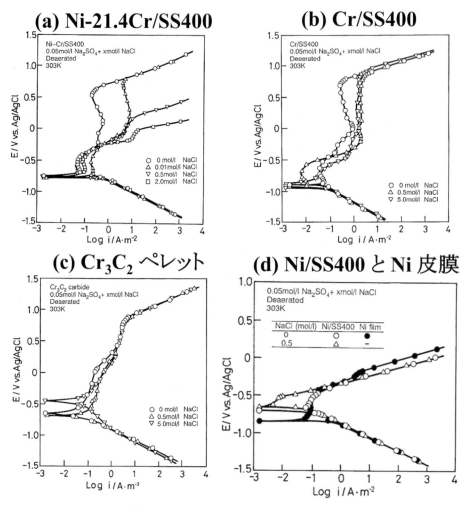

図10　Cr 炭化物系サーメット溶射皮膜構成金属類の分極特性
0.05 mol/dm³ Na_2SO_4 + x mol/dm³ NaCl 水溶液,脱気,303 K

が現れない。Cr_3C_2 炭化物(図10(c))は，NaCl を含んでも2つの不働態域を示し，塩化物イオンの影響は少ない。すなわち，塩化物イオンを含まない水溶液中では，Cr-Ni 皮膜，Cr 皮膜と Cr_3C_2 は不働態化し，高耐食性である。Cr-Ni 皮膜は塩化物イオンにより孔食が発生する。Ni 単独皮膜は不働態域が狭く耐食性に乏しい。

5.2.4 炭化物の耐食性[19]

脱気した中性 0.5 mol/dm³ NaCl 水溶液中において各種炭化物(ペレット)をおのおのの電位に1時間保持して定電位電解し，そのときに溶出した元素をプラズマ発光分光分析(ICP)で定量する。設定電位に対する溶出イオン量を図11に示す。これも一種の分極曲線と見なせる。

それによると，Cr_3C_2 と TiC は 0.6 V 以上で溶解が始まり，NbC は測定電位範囲(−0.5〜1.5 V)では溶解せず，VC と WC は全測定電位領域において溶解する。NbC が最も耐食性を有する。

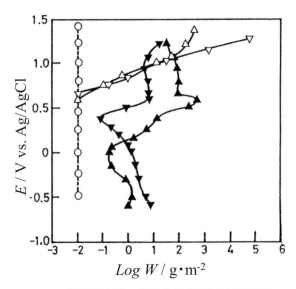

図11　各種炭化物の分極特性(電位と溶解量*)
0.5 mol/dm³ NaCl(pH6.5)，脱気，323 K
○：NbC，△：Cr_3C_2，▽：TiC，▲：VC，▼：WC
＊定電位電解試験後の溶液分析から求める。

6. 溶射皮膜の欠陥および封孔処理

表面処理ではその皮膜に全く欠陥がないとはいえない。溶射皮膜は金属粉末などが半溶融されて基材上にスプラット(扁平状粒子)が積層して成膜される[20]。溶射皮膜は積層構造となる。考えられる溶射皮膜欠陥および腐食反応の課題を図12に示す。

その欠陥を補うのが封孔処理である。封孔に用いられる各種樹脂類を表9に示す[21]。防食溶射皮膜ではそのもの自体の腐食反応を抑制させるが，耐食溶射皮膜では貫通気孔を封じて，基材とのガルバニ腐食を起こさせずに皮膜の耐食性を保持する。

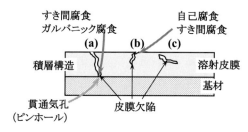

図12　溶射皮膜の欠陥の種類と腐食形態
(a)貫通気孔(ピンホール)，(b)開気孔，(c)閉気孔

表9　封孔(処理)剤の主な種類

封孔剤特性	封孔剤の種類	処理方法
乾燥しない封孔剤	(a)ワックス(植物性，鉱物性) (b)潤滑油類(植物性，鉱物性)	90℃に溶射皮膜を加熱して浸透させる 竹，木，金属材料などの平ごてを用いる
大気中で自然乾燥する封孔剤	(a)常温型フェノール樹脂類 (b)常温型エポキシ，フェノール樹脂類 (c)常温型ビニール樹脂類 (d)常温型ポリエステル樹脂類 (e)常温型シリコーン樹脂類 (f)常温型ポリウレタン樹脂類	浸漬，刷毛塗り，スプレー塗布および真空中含浸
焼付け型封孔剤	(a)フェノール樹脂類 (b)エポキシ，フェノール樹脂類 (c)エポキシ樹脂類 (d)ポリエステル樹脂類 (e)シリコーン樹脂類 (f)ふっ素樹脂類 (g)フラン樹脂類	浸漬，刷毛塗り，スプレー塗布，エヤーレス，静電塗装などで塗布し，焼成炉(加熱乾燥炉)に入れる
触媒反応型	(a)エポキシ樹脂類 (b)ポリエステル樹脂類 (c)ポリウレタン樹脂類 (d)フラン樹脂類	浸漬，刷毛塗り，エヤーレス塗り，スプレー，竹，木，金属などの平ごてを用いる(加熱炉などを用いない時に用いる)
その他の封孔剤	(a)ナトリウムけい酸塩類 (b)エチルけい酸塩類 (c)嫌気性メタクリル酸類	浸漬，刷毛塗りなど

・封孔処理は，溶射直後，できる限り速く封孔浸透させることが望ましい
・封孔剤成膜を放置すると，結露の可能性および汚れた汚染物(ごみ)などを気孔の孔に入りやすい
・封孔剤には，顔料(染料)などが含まれる場合がある．浸透性を良くするために同一溶剤で薄めて使用する

文　献

1) 日本溶射協会：溶射技術入門，**24**(2006).
2) 日本溶射協会：溶射工学便覧，**3**(2010).
3) ㈱フジミインコーポレーテッド：技術資料．
4) 腐食防食協会：腐食・防食ハンドブック，**467**，丸善(2000).
5) 日本溶射協会：溶射技術入門，**143**(2006).
6) 冨田友樹，髙谷泰之，原田良夫：日本金属学会会報，**31**(2)，1056(1992).
7) 髙谷泰之，戸越健一郎，原田良夫：溶射，**52**(1)，26(2015).

8）板垣正幸：電気化学インピーダンス法第3版原理・測定・解析, 92, 丸善(2022).

9）日本溶射工業会防食溶射委員会：防食溶射委員会の活動と成果, 70(2016).

10）高谷泰之, 戸越健一郎, 原田良夫, 関直孝：溶射, **51**(4), 134(2014).

12）J.A.Grandle and S.R.Taylor：Corrosion, **50**(10), 792 (1994).

13）高谷泰之, 原田良夫：日本材料学会腐食防食部門委員会例会資料, **217**(40), 20(2000).

14）高谷泰之, 富田友樹, 谷和美, 稲葉光晴, 原田良夫：表面技術, **49**(4), 396(1998).

15）高谷泰之, 富田友樹, 谷和美, 原田良夫：材料,

48(1), 1249(1999).

16）E.Deltombe, N.D.Zoubov and M.Pourbaix：Atlas of Electrochemical Equilibria in Aqueous Solutions, NACE, 280(1974).

17）高谷泰之, 富田友樹, 谷和美, 稲葉光晴, 原田良夫：材料, **44**(506), 1326(1995).

18）高谷泰之, 富田友樹, 谷和美, 原田良夫：高温学会誌, **23**(Suppl.), 216(1997).

19）高谷泰之, 富田友樹, 原田良夫：材料, **41**(468), 1348(1992).

20）日本溶射協会：溶射工学便覧, 5(2010).

21）日本溶射協会：溶射工学便覧, 476(2010).

第7章　金属・構造物の腐食防止・維持管理技術

第5節　高速道路における鋼橋の防食技術

中日本高速道路株式会社　山口　岳思

1. はじめに

1956年4月に特殊法人日本道路公団（Japan Highway Public Corporation，以下，JH）が設立され，その後40数年にわたり日本の高速道路の建設および管理にあたってきたが，2004年に道路関係四公団民営化関係四法案が成立され，東日本高速道路（株），中日本高速道路（株），西日本高速道路（株）（以下，NEXCO）に分割，民営化された。

現在，NEXCO3社が管理する高速道路延長は9663 km（2022年3月末時点）に達しており，高速道路ネットワークの整備と共に高速道路機能の強化の一環として，ダブルネットワークの形成，ミッシングリンクの解消および4車線化・6車線化といった新設・改築事業も合わせて進められている。

一方で，管理橋梁数は約20000橋（上下線別）を超え，供用後の経過年数が40年以上経過した

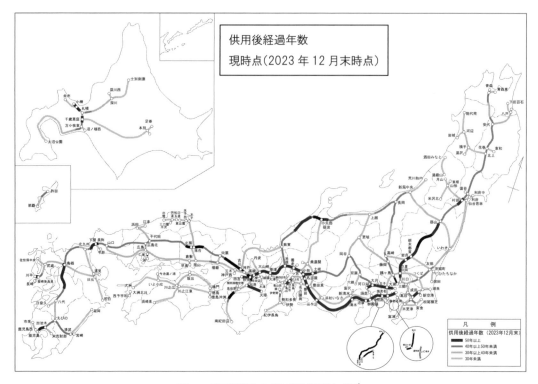

図1　高速道路の供用後経過年数[1]

第5節　高速道路における鋼橋の防食技術

延長が約4割を占めており，大型車交通量の増加や海岸部や積雪寒冷地を通過するなど厳しい環境条件下で橋梁の老朽化や劣化が顕在化している(**図1**)。これらの橋梁構造物に対して構造物の性能や機能を保持，回復する維持管理を実施すると共に，長期的な保全の観点から既設構造物の取り替えや補強などを実施する高速道路リニューアルプロジェクトも進められている。

本稿は，高速道路橋の維持管理における，とりわけ鋼材を主構造とする鋼橋の腐食劣化に対して，腐食環境から守る防食技術に関する技術開発や技術基準の変遷，維持管理の効率化に向けた取り組み，新技術の採用について紹介するものである。

2. NEXCOの管理道路の現状

2.1　高速道路における腐食環境

高速道路橋に置かれている環境は，日本特有の高温多湿環境に加え，海岸部や積雪寒冷地の通過による塩害環境下に置かれている。海岸部では，海からの飛来塩分により塩害影響があり，中には地形の制約などにより波しぶきを直接受ける厳しい環境下を通過する路線もある(**図2**)。

また，積雪寒冷地の供用延長は，半数程度となる約4000 kmにわたっている。積雪寒冷地における道路管理では，冬期の路面凍結を防止する目的として主に塩化ナトリウムを原料とした凍

図2　海岸線通過路線の厳しい自然環境[2]

図3　凍結防止剤散布状況[2]

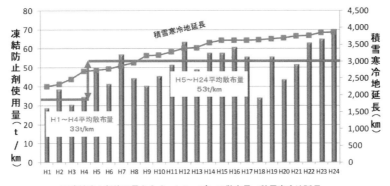

図4　凍結防止剤使用量の推移[2]

— 279 —

結防止剤を散布することから，橋桁に塩分が付着することで変状リスクが高くなっている（図3）。その中，1992年のスパイクタイヤ全面禁止（スパイクタイヤ粉じん防止法制定後，1992年以降罰則規定施行）の影響を受けて，図4に示す通り凍結防止剤の散布量が平均33 t/kmから53 t/kmに増大し，全国的により一層厳しい腐食環境下に置かれている状態である。

2.2 鋼橋における健全度

NEXCOでは，国の法令に従い5年に1回の頻度で近接目視による点検を実施している。点検結果に基づき，健全度を診断し，その後の措置など維持管理計画を策定している。また，健全度評価の区分は，表1に示す通り部材ごとにⅠ～Ⅳに変状グレードで評価している。図5に鋼橋の主桁における供用年数ごとの健全度評価の割合を示す。供用年数が40年を超えると措置を検討するⅡ-2以上の割合が大幅に増え，5割を超えている。Ⅱ-2以上となる主な劣化要因としては，2.3に示すおおむね塗装の剥がれに伴う塩害による鋼材腐食であり，経過年数と共に腐食による部材の変状リスクが高まっていることから，塗装など防食の適切な対処が必要であると考えられる。

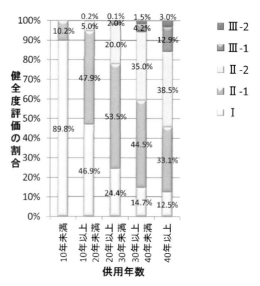

図5　鋼橋の健全度評価の割合（2022年度）

表1　健全度評価における変状グレード[3]

変状グレード	定義
Ⅳ	耐荷性能または走行性能の低下が生じている，または生じる可能性が著しく高く，緊急措置が必要な状態
Ⅲ-2	耐荷性能または走行性能の低下が生じる可能性が高く，速やかな措置が必要な状態
Ⅲ-1	耐荷性能または走行性能の低下が生じる可能性があり，早期に措置が必要な状態
Ⅱ-2	耐荷性能または走行性能に対する注意が必要で予防保全の観点から適切な時期に措置を行うことが望ましい状態
Ⅱ-1	耐荷性能または走行性能に対する注意が必要で予防保全の観点から適切な時期に対策検討を行うことが望ましい状態
Ⅰ	耐荷性能および走行性能の低下がない状態

2.3 鋼橋の腐食状況

鋼橋の腐食による劣化に伴い，部材の断面は欠損し，構造物としての耐荷性能は低下することから，腐食状況を把握することは重要となる。

高速道路橋で最も一般的な橋梁形式である鋼Ｉ桁橋（図6）における代表的な腐食状況を図7に示している。なお，鋼Ｉ桁橋は，Ｉ型の形状をした鋼主桁を複数配置し，自動車が走行するコンクリート製の床版を支持する構造である。その他，主桁と主桁の遊間上の走行面に設置される伸縮装置や主桁が受ける荷重を橋脚・橋台に伝達する支承などの橋梁付属物から構成される。

腐食しやすい部位としては，桁端部や支承周辺部，主桁下フランジの上面，橋桁同士の接合部

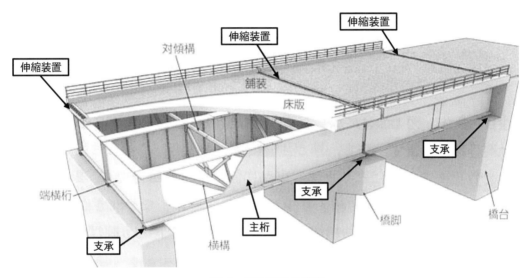

図6　鋼Ｉ桁橋の構造

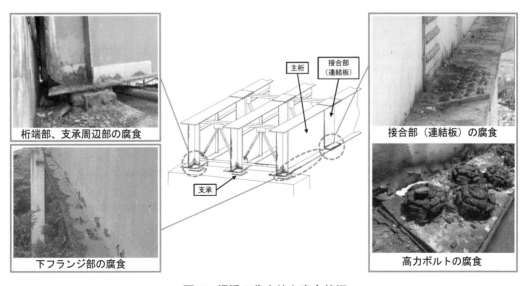

図7　鋼橋の代表的な腐食状況

第7章　金属・構造物の腐食防止・維持管理技術

（連結板）などである。その理由は，桁端部や支承周辺部，下フランジでは，伸縮装置の不具合などを原因とする凍結防止剤を含む路面水が漏水，滞水することや，土砂堆積や橋梁周辺の植生の影響で長期間湿潤状態になりやすい環境となるためである。また，接合部における連結板（添接部材）や高力ボルトの凹凸では，水はけが悪く滞水しやすいことや，防食のための塗装が桁接合後の現場でのはけ塗りとなるため，他の部位に比べて角部への膜厚確保は困難であることなどから腐食しやすい状態となる。

3. 鋼橋の防食技術

　鋼橋に使用する鋼材は，母材のままでは外部環境の影響を直接受けて腐食するため，鋼材の腐食を防止し，または腐食の進行を抑制するために防食を行う必要がある。一般的な鋼材の防食としては，①表面被覆（塗装，めっき，金属溶射，耐食性金属被覆など），②耐食性金属材料の使用（耐候性鋼，ステンレス鋼など），③電気防食（カソード防食），④水分や塩分の付着防止（換気，漏水防止，排水など）などの方法があり，NEXCO における鋼橋では標準的に①の表面被覆に加え，④を組み合わせて適用している。

　図8に NEXCO における鋼橋の防食技術の変遷の概要を示し，参考までに代表的な高速道路の整備の変遷も併記する。防食技術は主に表面被覆となる塗装，溶融亜鉛めっき，金属溶射，耐候性鋼材に関する技術であり，以降にその概要，研究開発やこれを踏まえた技術基準の変遷について記載する。

　なお，塗装は，塗料の他に塗り替え時などの下地処理（素地調整）に関する技術も重要であるが，本稿では新設における塗料に着目して紹介する。

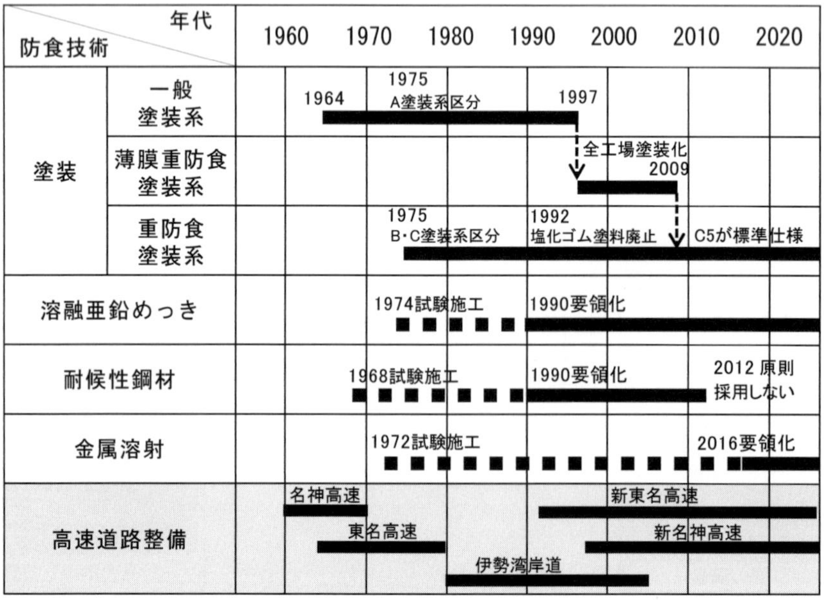

図8　鋼橋の防食技術の変遷

— 282 —

3.1 塗装

3.1.1 塗装仕様の変遷

3.1.1.1 高速道路初期の塗装仕様

　高速道路橋の建設初期における塗装系は，1964年に制定された「高速自動車国道　設計要領」において使用が望ましい塗装系として規定された。この塗装系は，下塗り塗料には鉛丹および鉛系錆止め塗料，上塗りには長油性フタル酸樹脂塗料を用いて，工場において下塗り塗料1回，現場塗装で下塗り塗料1回，上塗り塗料2回の計4層が標準とされた。

3.1.1.2 塗装系の区分

　1971年には，社団法人日本道路協会(現(公社)日本道路協会)より「鋼道路橋塗装便覧」の初版が発刊され，ポリウレタン樹脂塗料を適用した仕様などさまざまな塗装系が規定された。ここでは，一般地域に適用するA塗装系，海岸地域や重工業地域など腐食環境の厳しい地域に適用するB塗装系とC塗装系に区分され，各塗装系において多数の仕様が示された。JHではこの区分に準じて1975年に「鋼橋塗装基準」を制定し，一般塗装系となるA塗装系で鉛系錆止め塗料と長油性フタル酸樹脂塗料とを組み合わせた仕様が主流となった。また，重防食塗装系となるB塗装系およびC塗装系では，塩化ゴム系塗料を用いた塗装系が適用されたが，その後環境への配慮から1992年に廃止された。ただし，塩化ゴム系塗料は1966～1972年にかけて製造された一部の塗料にPCB(ポリ塩化ビフェニル)が可塑剤として使用されており，毒性が強いためその後の塗り替えに慎重な対策が必要となっている。

3.1.1.3 全工場塗装の標準化

　1997年より，塗り替え塗装費のさらなる増大に対する懸念事項を解消するために，全ての塗装系で全工場塗装が採用された。これは，現場での塗装の数量の低減による現場効率化の観点に加えて，塗装の寿命を延ばす方策として屋内施工での塗装品質の向上を図ったものである。しかし，当時のA塗装系は塗膜の硬度が十分でなく，主桁の現場への運搬，架設中に塗膜が損傷を受けやすいため，全工場塗装には適さなかった。こうした課題を解決するため，JH試験研究所ではC塗装系ほどの防食性能を要しない環境下での新設橋を対象として，全工場塗装が可能で，かつ経済的な薄膜重防食塗装系の開発に着手した。この塗装系はI塗装系として，下塗りは有機ジンクリッチペイント，上塗りにはポリウレタン樹脂塗料またはシリコン変性アクリル樹脂塗料を用いた仕様である。薄膜重防食塗装系の開発によって，従来10年以下であった塗り替え周期を15～20年まで引き延ばすことができ，塗り替え塗装費の軽減に貢献した。

3.1.1.4 重防食塗装の標準化

　2005年に「鋼道路橋塗装便覧」が「鋼道路橋塗装・防食便覧」に改定され，現在における重防食塗装であるC5塗装系が規定された。C5塗装系は，従前のC4塗装系において60 μmのエポキシ樹脂塗料下塗を2回にわたり塗装していたところ，1回で120 μm塗装することで塗装の省工程化を図ったものである。また，上塗り塗料をふっ素樹脂塗料とすることで塗り替え周期の延

長を図った。NEXCOとして，建設から保全が重視される時代背景に沿って独自に実施したライフサイクルコストの比較検証を経て，2009年に設計要領第二集［橋梁建設編］（以下，設計要領）においてI塗装系が廃止され，C5塗装系に一本化され，現在の新設塗装系の標準となっている。

3.1.2　塗装の防食性能評価

高速道路の供用延長の増加に伴って鋼橋の塗り替え塗装費は年々増加を続けていたことから，合理的な塗料の選定のために，塗料の防食性能を推定する方法の確立が求められた。こうした背景から，JH独自の基準として1992年に短期間で防食性を推定する耐複合サイクル防食性試験が導入された。

耐複合サイクル防食性試験は，海浜および一般環境用（A法）と沖縄環境用（B法）のそれぞれのサイクル条件（表2，表3）に基づき，図9に示す試験体を用いて所定のサイクル日数の試験を実施した後，一般部の塗膜に異常がないと共に，カット部からの錆やふくれの幅が所定の範囲であることで判定するものである。

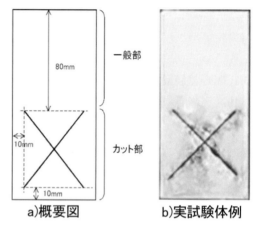

図9　耐複合サイクル防食性試験における試験体[4]

なお，A法は東京や北陸での暴露試験結果と相関性が高いサイクル条件として，B法は亜熱帯地域である沖縄での暴露試験結果と相関性が高いサイクル条件として設定され，現在においても設計要領（NEXCO試験方法）で規定されている。

表2　耐複合サイクル防食性試験（A法）におけるサイクル条件

段階	時間(h)	温度(℃)	環境条件	サイクル条件
1	0.5	30 ± 2	塩水噴霧	段階1～4で 1サイクル(6時間) 4サイクル/日
2	1.5	30 ± 2	湿潤(95%)	
3	2	50 ± 2	熱風乾燥	
4	2	30 ± 2	温風乾燥	

表3　耐複合サイクル防食性試験（B法）におけるサイクル条件

段階	時間(h)	温度(℃)	環境条件	サイクル条件
1	4	30 ± 2	塩水噴霧	段階1～3で 1サイクル(24時間) 1サイクル/日
2	18	38 ± 2	湿潤(95%)	
3	2	−23 ± 2	凍結	

3.1.3　維持管理に配慮した塗装細目
3.1.3.1　増塗り範囲の設定

桁端部や下フランジ部では，他の部位と比較して湿潤環境にあり，また塗装作業が困難である

第5節　高速道路における鋼橋の防食技術

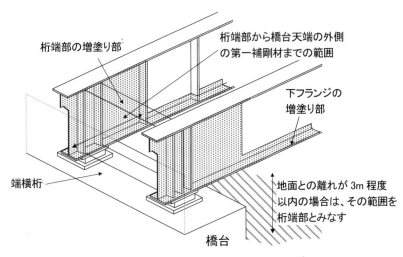

図10　維持管理に配慮した塗装範囲[5)]

ことから品質が低下しやすい。このため，腐食の進行の速い部位の対策として，図10に示す通り塗膜厚をあらかじめ厚くする増塗りをすることで，橋梁の全体の塗膜劣化進行を一様にすることができる。また，湿潤環境を避けるために地面との離隔を3m程度確保することを推奨としているが，離隔が確保できない場合は，増塗りを実施することとした。

3.1.3.2　部材の角部処理

部材の角部では，塗膜厚が確保されづらく，防錆上の弱点となる場合が多いことから，下フランジ部などの主部材縁端は曲面加工を行うこととしている。また，曲面加工が困難な場合でも，塗膜厚が確保できるよう2R相当以上の端部加工を施すことを原則とした。

3.2　溶融亜鉛めっき[6)]

溶融亜鉛めっきは，鋼材表面に亜鉛めっき層を形成させるもので，亜鉛が鋼に対して犠牲防食効果を発揮することにより鋼の腐食を防ぐものである。高速道路では1974年に鋼Ⅰ桁橋で試験的に採用され，その後多くの実績を経て1990年に設計要領に規定された。

溶融亜鉛めっきを採用した橋梁の追跡調査において，海岸付近に建設された橋梁では主桁でめっき皮膜は残存していたものの腐食生成物が厚く，腐食が進行していたことが確認された。一方，市街地に建設され25年経過した橋梁では，主桁のみでなく付属物を含めて著しい白錆の発生もなく良好な外観であり，腐食減量も軽微であったことから，塩分の影響が小さい地域では十分な耐久性を有することが判明した。

近年では，耐久性30年以上をうたう重防食塗装の標準化，金属溶射の技術開発など，耐久性の高い防食技術の導入が進んだこともあり，採用機会は少なくなっている。しかし，塩分の影響が小さい環境では有用な防食技術の1つであり，点検のための検査路をはじめとした橋梁付属物などに広く活用されている。また，凍結防止剤の飛散など部分的に塩分の影響を強く受ける環境

— 285 —

第7章　金属・構造物の腐食防止・維持管理技術

下でも、めっき面へ塗装することで大幅に耐久性が高まることが確認されており、2012年に亜鉛めっき面への塗装仕様(Z1塗装系)が規定され、付属物などに採用されている。

3.3　耐候性鋼材[7]

耐候性鋼材は、普通鋼材に適量の銅、リン、クロムなどの合金元素を添加することによって、鋼材表面に緻密な錆層を形成させ、これが鋼材表面を保護することで錆の進展を抑制するものである。国内の道路橋では1967年に試験的に採用され、その後、メンテナンスフリーを目指していた高速道路橋においても多くの耐候性鋼材が採用された。

耐候性鋼材は、保護性錆が形成されるための架橋地点の良好な環境、排水対策のための構造詳細に対する配慮などが必要である。し

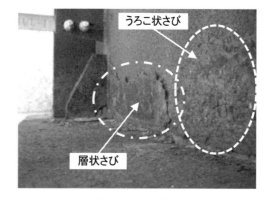

図11　耐候性鋼材の層状錆・うろこ状錆

かし、全国の凍結防止剤を散布する高速道路橋では、耐候性鋼橋梁において層状錆やうろこ状の錆が各地で確認された(**図11**)。そのため、溶融亜鉛めっきと同様に耐久性の高い防食技術の導入が進んだことで採用機会の喪失と共に、2012年には設計要領の規定から耐候性鋼材の記述が削除され、凍結防止剤の散布が行われる路線では、耐候性鋼材の採用は原則控えるようになった。

3.4　金属溶射[8]

金属溶射は、鋼材に対して電気化学的にマイナス側の電位を示す金属(亜鉛、アルミニウム、マグネシウムなど)を熱源によって加熱溶融し、溶融状の微粒子として適度な粗度に素地調整した鋼材に吹き付けることで、これらの金属を物理的に付着させて皮膜とするものである。

1971年に金属溶射の作業標準がJIS化されるなどの環境が整い、鋼構造物への採用が増えてきたが、高速道路における鋼橋に対しては、コストが高いことや高度なブラスト技術を必要とすることなどから、採用実績は限定的であった。一方、近年の技術開発などによりコストが低下してきたことや、長寿命化への要求が高まってきたことを受け、2016年の設計要領に金属溶射が規定された。

設計要領では、溶射方法、溶射金属、溶射金属上の塗装仕様、素地調整程度をパラメータとした耐複合サイクル防食性試験を実施した結果より防食仕様が決定された。また、金属溶射を使用する部位として、維持管理が困難となることが想定される箇所への採用を検討することとしている。たとえば、海岸付近の腐食環境が特に厳しい箇所や腐食事例の多い桁端部などの重防食塗装系でも十分な防食性を確保できない箇所や鉄道、高速道路、重交通道路との交差箇所などの交通規制を実施することが困難で塗り替え周期を長く設定したい箇所において採用を検討することを推奨している。

4. 維持管理の効率化

4.1 点検の効率化[9]

鋼橋塗装においては，適切な点検・劣化診断に基づき，現時点における塗膜の定量的な性能評価を実施し，塗膜劣化の将来予測を行い，ライフサイクルコストを最小とするための塗り替えの最適な時期・方法を選定する維持管理計画を策定する必要がある。JHでは塗膜劣化度の定量化研究や自動判定，システム化などの検討を行い，塗膜劣化度診断システム（Paint View）を1999年に開発・運用を開始し，2001年には全国的に導入された。

従来，鋼橋塗装の塗り替え時期の判定は，目視観察に依存していたため，点検者の個人差が大きいことも課題として指摘されており，また塗膜の現状を数値的に把握することが困難であった。

Paint Viewは，デジタルカメラで撮影された画像から，画像処理機能を用いて画像面の濃淡差を塗膜劣化現象として抽出するものであり，錆を対象とした塗膜の劣化度を定量的に判断するシステムである（図12）。また，さらなる高度化を目指し，近年ではPaint ViewにAI技術による機械学習やディープラーニングを導入し，錆のみだけではなく，塗膜の割れ，剥がれ，ふくれ，白亜化などその他の劣化現象の自動検出・分類することも検討している。

a) 原画像　　　　　　　b) 劣化部抽出例

図12　Paint Viewシステムの画像処理[9]

4.2 維持管理に配慮した構造細目

桁端部の腐食事象が多いため，桁端部では点検作業を効率良くできるスペースの確保や，塗装の塗り替えおよび支承の取り替えなどの維持管理に必要な通路の確保のために図13に示す通り，500 mm程度の切り欠きを設けることとした。また，切り欠きを設けることで，桁端部の風通しが良くなり腐食に対する環境を良好に保つことができる。さらに，切り欠き上部に水切りを設けることとし

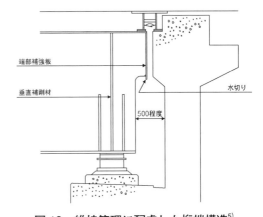

図13　維持管理に配慮した桁端構造[5]

ており，これにより伸縮装置からの漏水が桁端部に付着することを軽減できる。

5. 新技術の採用

　高速道路リニューアルプロジェクトにおいて桁の架替えを実施する北陸自動車の手取川橋は，1972年に供用後50年以上経過している橋長約550 mのプレストレストコンクリート8径間ラーメン箱桁橋である。この架橋地点では，冬期の凍結防止剤散布や日本海の飛来塩分の影響を大きく受けると共に，飛砂によりコンクリート製の橋桁表面が摩耗しやすい厳しい環境下である。そのため，供用後約10年という早期に塩害劣化によるコンクリート桁の浮きや剥離などが発生し，これに対して補修・補強してきたが再劣化を繰り返してきた。

　そこで，長期保全の観点から主桁部材にステンレスクラッド鋼を用いた鋼橋への架替えが計画（**図14**）され，現在施工中である。ステンレスクラッド鋼は，溶接構造用圧延鋼材（炭素鋼）を母

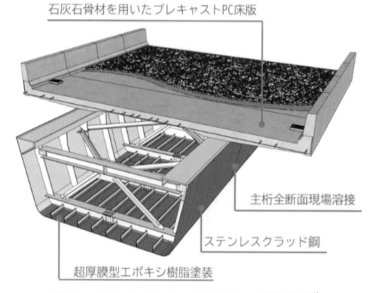

図14　ステンレスクラッド鋼を用いた橋梁計画[10]

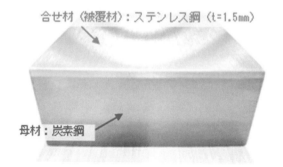

図15　ステンレスクラッド鋼の概要[10]

材とし，合わせ材(被覆材)としてオーステナイト系ステンレス鋼を重ね合わせた複合鋼板であり，道路橋での採用は国内初となる(図15)[10]。合わせ材のステンレス鋼には，耐海水性ステンレス鋼に位置付けられるJSL310Moを採用しており，JIS規格品の中ではSUS312Lに相当する塩害環境下に耐え得る耐食性を有している。また，ステンレスクラッド鋼は金属による被覆であるため，高い耐摩耗性も有している材料である。本技術は，厳しい海洋環境においても耐用年数100年以上を目指しており，塗り替え塗装や補修を不要とすることでメンテナンスフリーが可能となる防食法である。

6. おわりに

高速道路における鋼橋に維持管理において，腐食劣化に対して対策を講ずることが，橋梁構造の健全度を維持するために重要である。そのため，高速道路特有の厳しい塩害環境条件下において，鋼橋を腐食から守り，耐久性を向上させてライフサイクルコストの縮減を図る試みが過去から繰り返し行われ，現場での腐食状況に応じて塗装仕様の改善が行われてきた。これまで培われてきた防食技術を活用して，維持管理サイクルをより確実かつ効率的・効果的に回すことで，長期にわたる安全・安心な高速道路空間を提供できると考える。将来にわたり高速道路ネットワークの機能が，その価値を高めながら，永続的にその役割を果たすことに不断の努力を重ねたい。

文 献

1) 高速道路資産の長期保全及び更新のあり方に関する技術検討委員会：第9回委員会資料(2024).
2) 高速道路資産の長期保全及び更新のあり方に関する技術検討委員会：報告書(2014).
3) 東日本高速道路(株)，中日本高速道路(株)，西日本高速道路(株)：保全点検要領(構造物編)，100 (2024).
4) 東日本高速道路(株)，中日本高速道路(株)，西日本高速道路(株)：NEXCO試験方法第4編(構造物関係試験方法)，1(2023).
5) 東日本高速道路(株)，中日本高速道路(株)，西日本高速道路(株)：設計要領第二集(橋梁建設編) (2016).
6) 酒井修平：高速道路の溶融亜鉛めっき橋梁，橋梁と基礎，**44**(8)，29(2010).
7) 樅山好幸ほか：高知自動車道における無塗装耐候性橋梁の現状と課題，橋梁と基礎，**34**(5)，19 (2000).
8) 服部雅史ほか：金属溶射鋼板の促進試験による傷・仕上げ・溶射方法の影響評価，日本鋼構造協会鋼構造年次論文報告集，24，715(2016).
9) 岡本拓他：Paint Viewシステムを用いた鋼橋塗膜の劣化予測手法の検討，土木学会第57回年次学術講演会，Ⅵ，465(2002).
10) 牧野卓也ほか：ステンレスクラッド鋼橋の計画・設計-手取川橋の上部工更新工事(その3)-，土木学会第79回年次学術講演会，CS(2024).

第7章　金属・構造物の腐食防止・維持管理技術

第6節　鋼鉄道橋の維持管理

公益財団法人鉄道総合技術研究所　坂本　達朗

1. はじめに

　鉄道の運行に必要となる建物，土木構造物などの鉄道構造物の維持管理は，国土交通省令である「鉄道に関する技術上の基準を定める省令」に対応して通達されている「鉄道構造物維持管理標準」に基づいて行われている。鋼鉄道橋は，鉄道構造物の中において鋼・合成構造物に該当し，上述の維持管理標準に解釈を加えた「鉄道構造物維持管理標準・同解説（構造物編）鋼・合成構造物」を参考にして維持管理されている[1]。文献[1]では，維持管理を「構造物の供用期間において，構造物に要求される性能を満足させるための技術行為」と定義しており，構造物は外力や環境の影響によって経年と共に性能が低下するため，構造物の維持管理にあたっては定期的な検査を実施し，要求される性能を満足しているかを適宜確認することとしている。

　鋼鉄道橋に要求される基本的な性能の項目は，安全性，使用性，復旧性である。鋼鉄道橋の部材を構成する鋼材の腐食は主として安全性に影響し，その程度を考慮して鋼鉄道橋の健全度が判定されている。ただし，鋼材の腐食と鋼鉄道橋の健全度との関係性は，腐食箇所の腐食形態や，鋼鉄道橋の形状，材質，防食方法，さらには鋼鉄道橋の架設環境などによって異なる。文献[1]においても，鋼鉄道橋の腐食状態に対する健全度の判定事例が複数掲載されているが，標準的な事例を示したものであり，特殊な構造形式の場合や判定困難な場合は別途検討することとしている。このため，鋼鉄道橋においては一般的に，架設環境や維持管理する期間などに合わせて適切な方法によって各部材を防食し，腐食させないことを原則とした維持管理が行われている。

　鋼鉄道橋を防食する上で，最も一般的な手法が塗装である。そこで，ここでは鋼鉄道橋の塗装に関する維持管理について解説する。

2. 鋼鉄道橋の塗装方法

　鋼鉄道橋において初めて制定された塗装要領は，1943年に日本国有鉄道（以下，国鉄）が制定した「土木工事標準仕方書」である。その後，国鉄では塗料・塗装技術の発展や塗装への要求性能の変化と共に塗装要領の改編が行われ，1981年に，それまでの塗装関連の規定類を集約した「鉄けた塗装工事設計施工指針（案）」が制定された。これらの各規程類において，これまでに制定された塗装系の概要を表1に示す[2]。

　「鉄けた塗装工事設計施工指針（案）」は1987年に「鋼構造物塗装設計施工指針」（以下，塗装指針）として刷新され，現在に至るまで，鋼鉄道橋の防食に関する技術マニュアルの位置付けとし

表1 これまでに制定された塗装系の概要[2]

制定文書	塗装系記号	廃止年	仕様の概要
土木工事標準示方書，1943年	−	1981年	現場調合鉛丹さび止めペイント＋現場調合赤錆ペイント
鉄桁塗装工事示方書，1950年	−	1981年	現場調合鉛丹さび止めペイント＋既調合ペイント
鉄ケタ塗装工事設計施工指針，1965年	新−イ	1981年	エッチングプライマ＋鉛丹さび止めペイント＋長油性フタル酸樹脂塗料
	新−ロ	1981年	エッチングプライマ＋塩化ビニルプライマ＋塩化ビニルエナメル
	替−イ	1981年	鉛系さび止めペイント＋長油性フタル酸樹脂塗料
	替−ロ	1981年	一般さび止めペイント＋フタル酸樹脂塗料
	替−ハ	1981年	塩化ビニルプライマ＋塩化ビニルエナメル
工事設計施工指針，1968年	−	1981年	タールエポキシ樹脂塗料（塗替え時箱桁内面用）
	−	1981年	フェノール樹脂系塗料（塗替え時箱桁内面用）
JRS0500，1975年	−	1981年	エッチングプライマ＋タールエポキシ樹脂塗料（新設時箱桁内面用）
新幹線鉄けた内部塗装工事設計施工指針，1976年	−	1981年	無溶剤型タールエポキシ樹脂塗料（塗替え時箱桁内面用）
鉄けた塗装工事設計施工指針，1981年（これまでの鉄けたの塗装方法，鋼橋暫定仕様，土木工事標準示方書などの塗装関連の規定類を集約）	A-1	1985年	エッチングプライマ＋鉛丹さび止めペイント＋長油性フタル酸樹脂塗料
	B-1	2005年	エッチングプライマ＋鉛系さび止めペイント＋長油性フタル酸樹脂塗料
	B-7	2005年	鉛系さび止めペイント＋長油性フタル酸樹脂塗料
	C-1	1985年	エッチングプライマ＋鉛丹さび止めペイント＋結露面用塗料
	D-1	2005年	エッチングプライマ＋鉛系さび止めペイント＋結露面用塗料
	D-7	2005年	鉛系さび止めペイント＋結露面用塗料
	E-2	2005年	タールエポキシ樹脂塗料
	F-7	2005年	無溶剤型タールエポキシ樹脂塗料
	G-7	−	厚膜型変性エポキシ樹脂系塗料
	H-1,2,6,7	2005年	厚膜型無機ジンクリッチペイント＋厚膜型エポキシ樹脂系塗料＋ポリウレタン樹脂塗料
	J-1,2,6,7	−	厚膜型エポキシ樹脂ジンクリッチペイント＋厚膜型エポキシ樹脂系塗料＋ポリウレタン樹脂塗料
	L-1,2	−	無機ジンクリッチプライマ＋厚膜型変性エポキシ樹脂系塗料
	K-1,2,6,7	1993年改訂	厚膜型無機ジンクリッチペイント＋エッチングプライマ＋フェノール系ジンククロメート塗料＋フェノール樹脂系MIO塗料＋塩化ゴム塗料
	M-2	2005年	無機ジンクリッチプライマ＋タールエポキシ樹脂塗料

＊塗装系記号の後に続く数字の意味は次の通り。-1…新設時仕様（現場中・上塗り），-2…新設時仕様（全工場塗装），-6…塗替え仕様（部分塗替え），-7…塗替え仕様（全面塗替え）

第7章　金属・構造物の腐食防止・維持管理技術

表2　塗装指針において制定された塗装系の概要[2)]

制定文書	塗装系記号	廃止年	仕様の概要
鋼構造物塗装設計施工指針，1987年	G-2	2005年	エッチングプライマ＋厚膜型変性エポキシ樹脂系塗料
	E-7	2005年	タールエポキシ樹脂塗料
	S-7	–	専用プライマ＋ガラスフレーク塗料（上フランジ上面用）
鋼構造物塗装設計施工指針，1993年	K-1,2,6,7	2005年	厚膜型無機ジンクリッチペイント＋エッチングプライマ＋フェノール系ジンククロメート塗料＋フェノール樹脂系MIO塗料＋シリコンアルキド樹脂塗料
	B-2	2005年	エッチングプライマ＋鉛系さび止めペイント＋長油性フタル酸樹脂塗料
	R-6	–	専用プライマ＋超厚膜エポキシ樹脂塗料（桁端部用）
鋼構造物塗装設計施工指針，2005年（従来の塗装系である仕様規定に加えて性能規定を導入）	BSU-1,2	–	鉛・クロムフリーエッチングプライマ＋鉛・クロムフリーさび止めペイント＋長油性フタル酸樹脂塗料
	BMU-1,2	–	無機ジンクリッチプライマ＋厚膜型変性エポキシ樹脂系塗料
	BMU1-7	–	厚膜型変性エポキシ樹脂系塗料＋厚膜型ポリウレタン樹脂塗料
	BMU2-7	–	厚膜型変性エポキシ樹脂系塗料＋長油性フタル酸樹脂塗料
	LN-2	–	厚膜型変性エポキシ樹脂系塗料（新設時の箱桁内面用）
	S-2	–	専用プライマ＋ガラスフレーク塗料（上フランジ上面用）
	R-2	–	専用プライマ＋超厚膜エポキシ樹脂塗料（桁端部用）
	T-7	–	厚膜型変性エポキシ樹脂系塗料＋厚膜型ポリウレタン樹脂塗料
	W-7	–	無溶剤型変性エポキシ樹脂塗料
	ZP-7	–	劣化亜鉛面用厚膜型エポキシ樹脂系塗料＋劣化亜鉛面用厚膜型ポリウレタン樹脂塗料
	WS1-6	–	厚膜型エポキシ樹脂ジンクリッチペイント＋厚膜型エポキシ樹脂系塗料
	WS2-6	–	厚膜型エポキシ樹脂系塗料
鋼構造物塗装設計施工指針，2013年（○-1（現場中・上塗り仕様）の廃止（BSU-1は除く））	JECO-2	–	厚膜型エポキシ樹脂ジンクリッチペイント＋厚膜型エポキシ樹脂系塗料＋水系ポリウレタン樹脂塗料
	WS1-2	–	無機ジンクリッチプライマ＋厚膜型変性エポキシ樹脂系塗料＋厚膜型得ポリウレタン樹脂塗料
	ZP1-2	–	亜鉛めっき面用変性エポキシ樹脂系塗料＋ポリウレタン樹脂塗料

＊塗装系記号の後に続く数字の意味は次の通り。-1…新設時仕様（現場中・上塗り），-2…新設時仕様（全工場塗装），-6…塗替え仕様（部分塗替え），-7…塗替え仕様（全面塗替え）

— 292 —

て活用されている。文献[1]においても，塗膜の劣化や局所的な腐食などに対する塗装については塗装指針を参考にするのがよいと記載されている。表2に，塗装指針において制定された塗装系の概要を示す。

表に挙げた塗装系のうち，現行の「鋼構造物塗装設計施工指針」2013年版のものについては，鋼道路橋で使用されている塗装系と比較して大きく変わるものではない。ただし，その中には鋼鉄道橋特有の塗装系が存在するので，いくつかの塗装系の概要を紹介する。

・ガラスフレーク塗料を用いた塗装系

鋼鉄道橋には，まくらぎおよびレールを鋼けたに直載した開床式構造と呼ばれる構造形式があり，まくらぎの接する上フランジ上面には列車通過時に外力が生じる。このため，当該形式の上フランジ上面に対する塗装系として，防食性に加えて耐衝撃性，耐摩耗性に優れたガラスフレーク塗料を用いた塗装系が規定されている。

・ポリウレタン樹脂塗料を上塗りに用いた塗装系

鋼道路橋では主に高い景観性・減耗性を有するふっ素樹脂塗料を上塗りとした塗装系が採用されている。一方，鉄道構造物では列車通過時に架線やレールから生じる摩耗粉の影響による鉄道固有の汚れが発生しやすく，これらの汚れは洗浄し難いことから，鋼鉄道橋においては高い景観性を要求されることが少ない。このため「鋼構造物塗装設計施工指針」では，主にポリウレタン樹脂塗料を上塗りに用いた塗装系が規定されている。また，過去に塗装施工試験を行った日本海沿岸に敷設されている鋼鉄道橋の追跡調査から，ポリウレタン樹脂塗料を上塗りに用いた塗装系の上塗り塗膜が40年弱経過した段階においても顕著に減耗しておらず，塗膜の減耗程度よりも，塗膜の初期欠陥や部材の形状に起因する腐食の程度によって塗替え時期を決定する必要があることが判明している[2]。

・厚膜型無機ジンクリッチペイントの廃止

厚膜型無機ジンクリッチペイントはその硬化機構上，他の一般的な塗料と異なり，相対湿度の高い状態で塗装する必要がある。この塗装条件が遵守されない場合には，塗膜が十分に硬化しない状態で次層の塗料を塗り重ねることになり，塗膜剥離などの変状の発生が懸念される。このため，「鋼構造物塗装設計施工指針」の2005年版では，無機ジンクリッチペイントの使用が添接部の接触面のみに限定され，それ以外の部材で高い防食性を付与する場合には，目標とする膜厚が極めて小さい無機ジンクリッチプライマもしくは無機ジンクリッチペイントと同程度の性能を有する厚膜型エポキシ樹脂ジンクリッチペイントが適用されるように改訂された。

3. 塗替え施工

3.1 塗替え時期の判定方法

前述したように，鋼鉄道橋の維持管理では，鋼材を腐食させないことが基本とされている。こ

第7章　金属・構造物の腐食防止・維持管理技術

判定法Pの対象例（全面的に腐食が発生）

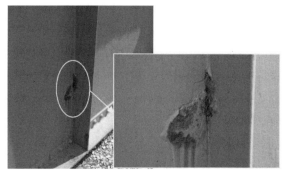
判定法Qの対象例（局所的に腐食が発生）

図1　各判定法の適用対象になる鋼鉄道橋の事例[2]

のため，「鋼構造物塗装設計施工指針」に記載される塗替え時期の判定では，2年を超えない範囲での実施が義務付けられている鋼鉄道橋の検査にあたり，既存塗膜の劣化程度を目視で確認し，その劣化状態から塗替えの可否を判断することとしている。

　塗替え時期の判定方法は大きく2種類に大別されており，鋼鉄道橋全体の既存塗膜の劣化程度から塗替え時期を判定する判定法Pと，すでに局所的な腐食が生じた場合に，その程度に応じて塗替え時期を判定する判定法Qが規定されている。各判定法の適用対象になる鋼鉄道橋の事例を図1に示す。判定法Pは，鋼鉄道橋全体で既存塗膜が劣化することを想定しているため，判定法Pによって塗替え時期と判断された場合には，鋼鉄道橋全面での塗替えが行われることになる。一方，判定法Qは局所的な腐食箇所に対する塗替えを対象としているため，部分的な塗替えが基本となる。鋼鉄道橋では，全面塗替え時期を判定するための判定法Pが主に用いられている。そこで，ここでは判定法Pの概要を以下に述べる。

　判定法Pは，鋼鉄道橋の各部材における既存塗膜の劣化状態を6段階で評価し，その評価に対応する評点を用いて鋼鉄道橋全体としての劣化状態を総計するものである。表3に塗膜劣化状態の評価とその評点を示し，表4に鋼鉄道橋の構造による評点の換算を示す。また，表5には各部材の評点の換算結果の総計と鋼鉄道橋全体の塗膜劣化度との関係を示す。鋼材を腐食させないためには，過度に腐食していない段階での塗替えが必要となり，判定法Pでは塗膜劣化度

表3　塗膜劣化状態の評価とその評点[2]

評価記号	塗膜劣化状態の評価	評点
劣5	全面に著しいさびが発生し，塗膜がほとんど残存しない状態	5
劣4	全面に，さびおよび鋼素地に達する塗膜の割れ，剥がれが発生しているか，部材の大部分にさびが発生し，防錆効果が失効し，さびが立体的に進行しつつある状態	4
劣3	かなり大きな点さびが点在しているか，小さい点さびが全面に存在している状態	3
変2	大きい点さびが点在しているか，点さびが全面にわたって少し点在している状態	2
変1	塗膜に発錆はほとんどないが，白亜化が著しいか，白亜化と層間剥離（鋼素地に達していない）が著しく進行して，上塗り塗膜が消失している状態	1
健全	異状なし	0

P-III の時点で塗替えることを推奨している。

表4　鋼鉄道橋の構造による評点の換算[2]

桁の構造	検査対象部材	換算
トラス，アーチ	上弦材，下弦材，斜(垂直)材，縦桁，横桁	8/5
下路プレートガーダ	上フランジ，下フランジ，腹板，縦桁，横桁	
Ｉビーム，上路プレートガーダ，ラーメン，合成桁	上フランジ，下フランジ，腹板	8/3
鋼橋脚	主柱と梁，その他	1

表5　各部材の評点の換算結果の総計と塗膜劣化度の関係[2]

塗膜劣化度	P-Ⅰ	P-Ⅱ	P-Ⅲ	P-Ⅳ
換算結果	32 以上	24 以上 32 未満	16 以上 24 未満	8 以上 16 未満

3.2　塗替え施工

　塗替え施工では，既存塗膜の劣化状態に応じた素地調整作業が行われた後，塗替え塗装系の塗装作業が行われる。このとき，素地調整の品質は塗替え塗装系の塗膜性能に大きく影響する。塗替え対象となる鋼鉄道橋には，さびや劣化した既存塗膜が存在しており，これらが残った状態で塗装した場合，被塗装面への塗膜の付着性低下に伴う塗膜の早期劣化や，塗膜下での鋼材の腐食進行などが懸念される。このため，素地調整作業ではさびや劣化した既存塗膜を入念に除去する必要がある。

　鋼鉄道橋は複数の部材から構成されており，塗装による防食では，狭隘部や角部，添接部や部材下面などで腐食や塗膜変状が発生しやすい[3]。このため，構造物全体が均一に変状をきたすことはまれであり，素地調整作業時に既存塗膜を全て除去するのは経済的ではない。また，過去に国鉄で実施された現地塗替え試験では，さびの発生した部分だけ鋼材を露出させた方が塗膜欠陥の発生率が少ないとの結果が報告されている[4]。これらを考慮して，鋼鉄道橋の塗替え工事では，健全と考えられる既存塗膜を活膜と称して残す方法が一般的に採用されている。

　活膜の残存割合が小さい場合，すなわち素地調整後の鋼材の露出面積率が大きい場合には，腐食の進行による鋼材の減肉が進行しているなどの理由により，作業量の増大や入念な素地調整が困難といった問題が生じる。このため「鋼構造物塗装設計施工指針」では替ケレン種別と呼ばれる区分を規定し，それぞれの区分に応じて作業時間や費用を勘案する必要があることを示している(表6)。「構造物塗装設計施工指針」では替ケレン-3での素地調整を推奨している。なお，替ケレン-3を適用する場合の鋼鉄道橋の塗膜劣化状態は，前述した判定法Pでは塗膜劣化度P-Ⅲに相当する。

表6 替ケレン種別による鋼材の露出面積率の目安と作業量比（目安）[2]

ケレン種別	鋼材の露出面積率（目安）	作業量比の目安 一般環境	作業量比の目安 腐食環境
替ケレン-1	70%～	8	12
替ケレン-2	30～50%	4	6
替ケレン-3	15～25%	2	2.5
替ケレン-4	5%	1	1

4. 近年の鋼鉄道橋の維持管理上の課題

4.1 繰り返し腐食を受ける部材への対応

　近年，鋼鉄道橋では維持管理費用の削減を目的に，長期耐久性の期待できる塗替え塗装系を適用するケースが多い。しかしながら，3.2で述べたように構造物全体が均一に変状することは少ない。そのため，沿岸のような腐食性の高い環境に設置された鋼鉄道橋に対して長期耐久性の期待できる塗替え塗装系を適用し，かつ判定法Pによって塗替え時期を判断する場合には，局所的な腐食が発生すると長期間その腐食箇所が放置されることになる。こうした箇所では図2に示すような部材の欠損に至るまで腐食が進行している場合があり，手工具や動力工具を用いて素地調整を行ってもさびを完全に除去し難く，塗替えを実施しても塗膜下での鋼材の腐食が早期に進行しやすい。そのため，このような腐食が構造上安全性に影響する部位・部材に発生した場合には，当て板による補修・補強工事の実施を検討しなければならない。

　上述の腐食への対策の1つとしては，判定法Qによる部分塗替えの導入が挙げられる。また，局所的な腐食が発生しやすい鋼鉄道橋を推定する手法として，構造物の架設環境を簡易に評価する手法が種々検討されており[5]，これらの手法を用いて局所的な腐食が発生しやすい鋼鉄道橋に対して個別の防食設計を導入することにより，維持管理の適正化が期待される。

　局所的な腐食箇所に対する素地調整の観点では，現在最もさび除去性能が高い素地調整手法であるブラスト工法を適切に用いるのが望ましい。ただし，ブラスト工法の適用にあたっては養生によって隙間のない密閉された作業空間を構築する必要があり，開床式構造の鋼鉄道橋ではその

図2　局所的な腐食により部材の欠損に至った事例[2]

第6節　鋼鉄道橋の維持管理

図3　熱収縮シートの施工状況例[6]

養生が困難である。近年では，隙間を生じにくいシート状材料として，加熱によってシート同士を融着させることが可能な熱収縮シートが開発されており(図3)，ブラスト工法を適用可能な塗替え足場構造や養生方法の確立が望まれている[6]。

4.2　既存塗膜の厚膜化に起因する塗膜変状への対応

　近年，塗替え後の早期の段階で，既存塗膜を残して塗り重ねた箇所からの剥がれや割れといった塗膜変状の発生が散見されている(図4)。このような塗膜変状が生じる要因の1つに，活膜として残した既存塗膜が，外観上の問題はなくとも，実際には劣化していたことが挙げられる。このため，鋼鉄道橋の塗替えにあたっては，既存塗膜の健全性を把握した上で，劣化した既存塗膜を確実に除去する必要がある。

　「鋼構造物塗装設計施工指針」では，塗替え時の素地調整作業において活膜の判定を行うこととしているが，その基準が「スクレーパでこすってもはく離せず，かつ付着性がよく，じん性を有しているか」といった定性的な判定によるものである。定量的な評価方法としては，JIS K 5600-5-6「塗料一般試験方法 −第5部：塗膜の機械的性質− 第6節：付着性(クロスカット法)」に記載される碁盤目試験や，JIS K 5600-5-7「塗料一般試験方法 −第5部：塗膜の機械的性質−

割れの発生事例　　　　　　　　　剥がれの発生事例

図4　鋼鉄道橋で生じた塗膜の早期の割れや剥がれの発生例[2]

— 297 —

第7章　金属・構造物の腐食防止・維持管理技術

第7節：付着性(プルオフ法)」に記載されるアドヒジョン試験などが挙げられる。ただし，いずれも定点での塗膜破壊手法であり，鋼鉄道橋全体の既存塗膜の状態を評価するのは困難である他，おのおのの試験結果には既存塗膜の塗装履歴が影響するなどの理由により，既存塗膜の健全性を判断するための閾値は提案されていない。このため，鋼鉄道橋の維持管理にあたって既存塗膜を有効に活用するためには，既存塗膜の健全性に大きく影響する塗料種の特定や，当該塗料の劣化特性を把握し，既存塗膜の健全性を判断するための閾値の決定が必要と考える。

文　献

1) 鉄道総合技術研究所：鉄道構造物維持管理標準・同解説(構造物編)鋼・合成構造物(2007).
2) 鉄道総合技術研究所：鋼構造物塗装設計施工指針(2013).
3) 清水善行，伊藤義人，金仁泰：構造工学論文集，53A(2007).
4) 為広重雄，菅原操，吉田真一，鈴木淳一：鉄道技術研究所速報，59(1959).
5) 土木学会：鋼構造シリーズ30(2018).
6) 坂本達朗，鈴木慧，鈴木隼人：鉄構塗装技術討論会発表予稿集，43(2021).

第7章 金属・構造物の腐食防止・維持管理技術

第7節　海外の水道管の維持管理動向

ISO/TC156/WG10／電食防止研究委員会　梶山　文夫

1. 水道管の歴史[1]

　鋳鉄管の建設の歴史によると，1455年，ドイツのDillenburg鉄管が建設されたのが最初である。鋳鉄管は接合に溶接を必要としない。鋳鉄は一般にはFe-C-Si系合金であり，2〜4％程度のCと2％前後のSiを含むものが多い。1664年，フランス国王が水を供給するために24kmの鋳鉄管の建設を命じた。この鋳鉄管の区間は，2005年現在，340年を超えていまだ機能している。

　鋳鉄管は，アメリカ・フィラデルフィア・ペンシルベニアにおいて1804年に建設された。現在，アメリカとカナダで600より多くの箇所で鋳鉄管が供給されており，そのうち22の箇所で150年を超えて連続的に供給されている。

2. ダクタイル鉄管の導入

　1979年までにそれまでの片状黒鉛鋳鉄からそれよりも強度の高い球状黒鉛鋳鉄であるダクタイルに置き換わることになった。鋳鉄管は腐食すれば黒鉛化腐食する。ISO 8044：2020は黒鉛化腐食（graphitic corrosion）を以下のように定義している，「selective corrosion of gray cast iron resulting in the partial removal of metallic constituents and leaving graphite（部分的金属成分の溶出と炭素の残留に帰着する片状黒鉛鋳鉄の選択腐食）」[2]。ここで，部分的な金属成分とは，Feを指す。また，黒鉛化腐食は，片状黒鉛鋳鉄のみで発生するのではなく，球状黒鉛（ダクタイル鋳鉄）においても発生する[3]。ダクタイル鉄管は片状黒鉛鋳鉄よりも強度が高いので管厚が小さくなった。たとえば管厚が半分で，ダクタイル鉄管と片状黒鉛鋳鉄管が裸の状態で同じ腐食性環境に置かれたとすると，両者のパイプラインは黒鉛化腐食しながら，ダクタイル鉄管は片状黒鉛鋳鉄管の2倍の速度で穿孔に至ることになる。

3. 海外の水道管維持管理動向

3.1　10点土壌評価システムの作成

　世界的に受け入れられた腐食リスク評価方法はない。土壌の腐食性対抵抗率に対する大まかな指標がPeabodyによって一覧表となっている。抵抗率以外を考慮した土壌腐食性評価方法として，1951年，鋳鉄管研究協会（Cast Iron Research Association：CIPRA），（現）ダクタイル鉄管研究協会（Ductile Iron Pipe Research Association：DIPRA）によって10点土壌評価システムが作成

第 7 章　金属・構造物の腐食防止・維持管理技術

された[4]。10 点土壌評価システムは，**表 1**[5]に示すように土壌抵抗率，pH，酸化還元電位，硫化
物，および水分の因子に対し点数を付け，合計の点数が 10 点以上の場合，土壌の腐食性が高い
と判定するものである。なお，これらの因子は，鉄管の埋設深さの値および水分状態の評価でな
ければならない点に注意する必要がある。これらの土壌の腐食性が高いと判定された場合，後述
するポリエチレンスリーブをパイプラインに巻き付ける。さらにカソード防食の適用が検討され
る。10 点土壌評価システムは「10-point soil evaluation system」の訳であるが，正確には「10-point
soil evaluation system for corrosivity to ductile-iron」(ダクタイル鉄管への腐食性に対する 10 点土
壌評価システム)であろう。

Bonds らは 10 点土壌評価システムの作成の背景には，1928 年以来，CIPRA による非常に広範
囲にわたる(片状黒鉛)鋳鉄管およびダクタイル鉄管の腐食および腐食防止研究の実績があると述
べている[6]。

表 1　AWWA C105-10 10 点土壌評価システム[5]

計測項目	計測値	評価点数
抵抗率 （Ω・cm）	＜ 1500	10
	1500〜1800	8
	1800〜2100	5
	2100〜2500	2
	2500〜3000	1
	＞ 3000	0
pH ＊ pH が 6.5〜7.5 の場合，硫化物が存在(検出または痕跡)して，Redox 電位が 100 mV 以下であれば，3 点を加算する	0〜2	5
	2〜4	3
	4〜6.5	0
	6.5〜7.5	0＊
	7.5〜8.5	0
	＞ 8.5	3
Redox 電位 （mV）	＞ 100	0
	50〜100	3.5
	0〜50	4
	＜ 0	5
硫化物	検出	3.5
	痕跡	2
	なし	0
水分	排水悪く，常に湿潤	2
	排水かなり良く，一般に湿っている	1
	排水良く，一般に乾燥	0

－ 300 －

3.2 ポリエチレンスリーブの導入

ポリエチレンを鋳鉄管の外面を覆う方法が1951年CIPRAによって最初に実験的に用いられた。ダクタイル鉄管に対するポリエチレンスリーブの防食効果は，既述したBondsらの報告[6]，また，たとえばダクタイル鉄管協会のCrabtreeとBreslinによる[7]フィールド調査結果に示されている。

一方，Gummow[8]およびSzeliga[9]は，ダクタイル鉄管の腐食活動を予測する10点システムは無能という評価を下している。Szeliga[9]は稼働している幹線のデータ解析から10点システムはダクタイル鉄管の実際腐食速度と関連を持たなかったことを腐食報告した。

10点土壌評価システムについて，2017年にダクタイル鉄管研究協会が発行した『Corrosion Control Polyethylene Encasement（腐食防止ポリエチレンスリーブ）』は，「It is important to note that the 10 point system like any evaluation procedure is intended as a guide in determining a soil's potential to corrode ductile iron pipe（10点システムはいかなる評価手順同様，ダクタイル鉄管を腐食させる土壌の可能性を決定する手引きとして意図されたことに注意することが重要である）」と述べている。

4. ダクタイル鉄管の外面腐食防止システム

現在，ダクタイル鉄管の腐食防止法として，管にスリーブを巻き，継手を銅ストラップで導通にカソード防食を施工することが最も確実であるといわれている。ここで，ダクタイル鉄管の継手は絶縁であるので，カソード防食効果を導入するために，継手の導通は必要である。日本において，ダクタイル鉄管に対するカソード防食の適用実績はほとんどないものと見なされる。

5. 日本の水道事業

1804年，アメリカ・フィラデルフィア・ペンシルベニアに鋳鉄管が建設されてから83年後の1887年10月17日，横浜市で日本の近代水道が始まったといわれている。2020年度，上水道事業と水道用水供給事業の管路総延長は739.403 kmで，ダクタイル鉄管の管路構成比は54.1％となっている[10]。海外において，現在そしてこれからも日本よりも鋳鉄管の適用の歴史が古く，膨大な距離数を有する経年化した鋳鉄管の維持管理費の効率的な運用が求められるが，この状況は日本も同じである。

文　献

1) NACE International：Corrosion and Corrosion Control for Buried Cast-and Ductile-Iron Pipe, NACE International Publication 10A292, 24250 (2013).
2) ISO 8044：Corrosion of metals and alloys - Vocabulary (2020).
3) F, Kajiyama and Y. Koyama：Field Studies on Tubercular Forming Microbiologically Influenced Corrosion of Buried ductile Cast iron Pipes, 1995 International Conference on Microbially Influenced Corrosion, New Orleans (1995).
4) Ductile Iron Pipe Research Association：Corrosion

第7章　金属・構造物の腐食防止・維持管理技術

Control Polyethylene Encasement, 7(2017).

5) American Water Works Association(AWWA)：AWWA C 106-10 Polyethylene encasement for ductile-iron pipe systems(2010).

6) R. W. Bonds, L. M. Barnard, A. M. Horton and G. L. Oliver：Corrosion and Corrosion Control of Iron Pipe: 75 years of research, *journal AWWA*, **97**(6), 88 (2005).

7) D. W. Crabtree and M. R. Breslin：Investigating Polyethylene-Encased Ductile Iron Pipelines, *Materials Performance*, **47**(10), 49(2008).

8) R. A. Gummow：Corrosion Control of iron and Steel Water piping – A Historical Perspective, NACE International Northern Area Eastern conference, Quebec City, Canada(2002).

9) M. Szeliga and D. Simpson：Corrosion of Ductile Iron Pipe Case Histories, *Materials Performance*, **40**(7), 22(2001).

10) (公社)日本水道協会(編)：水道統計総論, 46 (2022).

第7章　金属・構造物の腐食防止・維持管理技術

第8節　AIを用いた桟橋の残存耐力評価技術

五洋建設株式会社　宇野　州彦

1. はじめに

　建設から50年以上経過する公共の港湾施設の割合は，2040年3月には約66％に達すると予測されており，適切な維持管理はより重要となってきている[1]。係留施設の1つである桟橋は，一般に梁や床版といった上部工と杭から構成され，梁や杭は桟橋全体の構造要素として機能するものである。桟橋は塩害に対し非常に厳しい環境にさらされるため，構造部材である鋼管杭や梁の鉄筋といった金属材料においては，腐食に対する対策を講じることが必要となる。鋼管杭については腐食状況が外観目視調査で把握でき防食技術も進んでいるが，梁については鉄筋の腐食状況を容易に確認するために実用化された技術がほとんどないのが現状である。

　港湾法の改正に伴い港湾施設の点検が義務化されたものの，施設に不具合が生じてから対策を講じる「事後保全」とする場合も多い。国土交通省が所管する社会基盤施設を対象に推計した維持管理・更新費用は，「事後保全」を「予防保全」に転換することで，1年あたりの費用は2048年度には約5割減少し，2019～2048年度の30年間の累計でも約3割減少する見込みといわれており[2]，民間の港湾施設においても同様の傾向にあると推測される。「予防保全」によりコストを抑えることで，民間の港湾施設の維持管理や補修補強が積極的に進むものと考えられる。しかし，維持管理の調査で得られる劣化度や性能低下度は，調査時点における施設の状態を表すものであり，構造物の残存耐力に基づいて供用継続の可否や補修補強を行うタイミングの合理的な判断指標を示す技術はこれまで存在しなかった。

　そこで，桟橋を対象に，調査結果に基づき評価した残存耐力から構造物の寿命を推定し，施設管理者が意思決定しやすい情報を提供する技術を開発した。本稿では，その開発技術について紹介する。

2. 開発技術の概要

2.1　残存耐力評価の流れと劣化度に応じた骨格モデルの構築

　桟橋の残存耐力を評価するためには，図1に示す手順が一般に想定される。残存耐力の評価には梁の鉄筋の腐食程度を把握する必要があるため，まず梁下面のコンクリートを斫り，鉄筋を表面に露出した上でノギスなどにより鉄筋径を測定し鉄筋の腐食量を算定する。あるいは腐食鉄筋を取り出し，錆を除去した上で質量計測を実施する。梁ごとに鉄筋腐食量を算定することができれば，次に鉄筋腐食を模擬した個々の梁部材の骨格モデルをFEM解析により算定する。梁部材

第7章　金属・構造物の腐食防止・維持管理技術

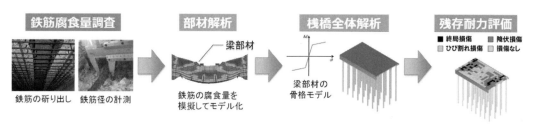

図1　桟橋の残存耐力を評価するための手順

の骨格モデルは，残存耐力評価を行うための桟橋全体系の構造解析を行う際に必要となる。FEM解析で梁部材の骨格モデルが求まれば，桟橋全体系の解析モデルでモデル化を行い，地震応答解析を実施することで地震により生じる梁の損傷といった残存耐力を求めることができる。しかし，鉄筋腐食が想定される梁が多くなると，斫り出すコンクリートの箇所や量が膨大となり現実的ではなくなる。また，FEM解析を行う際には，先述したように鉄筋の腐食量を模擬してモデル化する必要があり，単に鉄筋径を減少させるだけでなく，鉄筋が腐食する際の膨張圧なども考慮できる解析コードを用いることが望ましく，考慮可能な解析コードが限られ，かつ高度な解析技術を要することとなる。これらのことから残存耐力評価を行うことは非常に困難であった。

そこで，まず一般定期点検から得られる劣化度a〜dを用いて残存耐力を評価できる技術を開発した（図2）[3]。劣化度から残存耐力を評価できるようにするには，それぞれの劣化度から梁部材の骨格モデルを算定し，劣化度dを耐力の低下なし（残存耐力100％）とした上で，劣化度a〜cについては耐力の低減率を設定する必要がある。そこで，各劣化度と梁部材の部材耐力との関係を明らかにするために，構造実験を行った。梁の最下段鉄筋を外部からの電気回路により強制的に加速腐食させ，各劣化度に相当する試験体を製作した。鉄筋の腐食状況は，試験体が想定通りに腐食しているかどうかをテストピースにより適宜確認を行った。構造実験により劣化度によって破壊形態が異なることや，部材耐力に違いがあることを明らかにした。またFEM解析も実施し，実験を再現できることも確認した（図3）。一方，この構造実験では，外部からの電気回路により強制的に鉄筋を加速腐食させたことから，自然暴露環境により腐食した鉄筋と異なり，腐食生成物の相違により，腐食時の膨張量にも違いがあること，また構造実験に用いた試験体寸法が

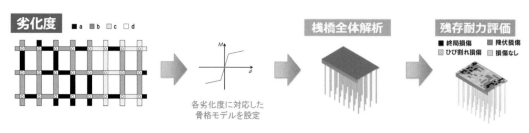

図2　劣化度判定結果から構造解析により残存耐力を評価する技術

第 8 節　AI を用いた桟橋の残存耐力評価技術

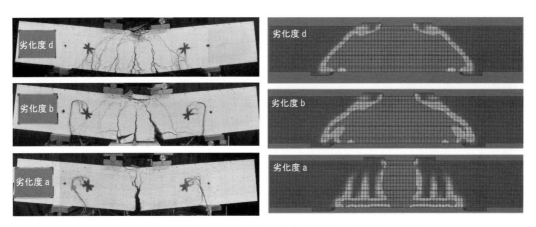

図3　実験・解析による劣化度と部材耐力の関係性の把握

実物梁に比べ小さかったことから，寸法効果の影響が排除できないことなどの課題が残されていた。そこで，桟橋更新工事に伴い，実際に老朽化した桟橋梁の一部を撤去する機会を活用して載荷実験を行い，自然環境で腐食した梁の劣化度と部材耐力との関係性を明らかにした。また，試験体，実物寸法による試験体，撤去した実物の梁という3つの梁の構造性能を比較することで寸法効果の影響も考察し，課題であった腐食方法と寸法の影響を考慮した骨格モデルを構築し，各劣化度の修正低減率を新たに設定した[4]。

2.2　AI を用いた残存耐力評価技術

2.1 に示したように，梁の劣化度がわかれば残存耐力評価が可能となったものの，桟橋全体系の構造解析は都度行う必要があることから，コストや時間の面で課題が残っていた。また，構造物の寿命を推定するために，点検診断時の残存耐力評価だけでなく，点検から年数が経過した時の残存耐力評価を複数年予測することが必要になることから，都度構造解析を実施するのは現実的ではなかった。

そこで，人工知能（AI）を用いて，構造解析を行うことなく残存耐力を評価できる技術を開発した（図4）[5)6)]。桟橋の劣化度判定結果から AI により残存耐力を出力するためには，画像処理の制約から，劣化度判定結果を画像ではなく数値情報に変換する必要がある[6]。一方，数値情報に変換することで，たとえば任意の梁の劣化度から残存耐力を評価する場合に，当該梁の配置情報

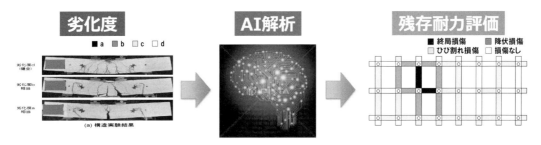

図4　AI を用いた桟橋の残存耐力評価

だけでなく，周囲の梁の劣化度情報も失ってしまう懸念がある。そこで，図5に示すチェビシェフ距離による距離の概念を導入して，当該梁のみではなく周囲の梁の劣化度も重み付けをして考慮した上で(図6)，当該梁の残存耐力を評価する手法を考案した。これにより，より精度の高い残存耐力の評価が可能となる。

各梁の損傷評価手法には，勾配ブースティング木[7]（Gradient Boosting Decision Tree：GBDT）を用いた。GBDTアルゴリズムの基礎となる決定木は，図7に示すように，複数のノードと枝で構成される階層的な木構造を学習するモデルであり，分類や回帰のタスクに用いられる。各ノードは，たとえば「対象梁の劣化度はaであるか否か」，「対象梁は法線直角方向を向いているか否か」，「対象梁のチェビシェフ距離は5か否か」などといった真偽テストを表しており，この結果に基づいて分岐する。対象とする梁がどのような条件，状況であるのかを真偽テストを行っていくことで，目的変数に最も影響すると考えられる説明変数についてクロス集計を繰り返すことなく明らかにできるという特徴がある。また，分岐を階層的に繰り返すことで，複雑な分離も可能となる。つまり，決定木の構造は真偽テストによる分岐を複数保有する構造となる。

損傷評価手法で用いたGBDTとは，複数の決定木を構築してアンサンブル学習を行うモデルである。アンサンブル学習のイメージを図8に示す。アンサンブル学習とは，複数のモデルを組み合わせて精度を高める手法である。ランダムフォレスト法のように，複数の異なる決定木を並列に構築するのではなく，1つ前に作成した決定木の精度を上回るように逐次的に，直列に学習するモデルである。GBDTの特徴として，パラメータチューニングをさほど必要とせずに精度が得られるという利点があり，正規化を行う必要がないことから説明変数のスケールを直接使

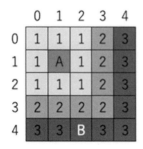

図5　チェビシェフ距離の例

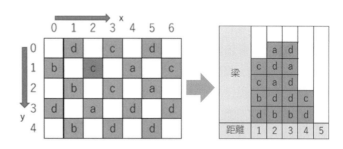

図6　梁の劣化度と分類結果の例

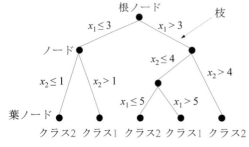

図7　決定木の構造

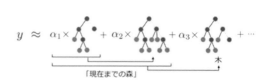

図8　アンサンブル学習のイメージ

第8節 AIを用いた桟橋の残存耐力評価技術

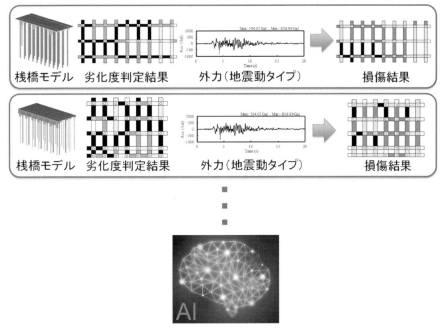

図9 AI モデルの学習方法イメージ

用することができる。さらに機械学習モデルの中でも比較的高速に結果が出るという利点もある。本研究では，GBDT の実装として用いられる XGBoost[7]を使用した。

AI モデルの構築には，約 2000 ケースの構造解析条件と構造解析結果の組み合わせを教師データとして AI に学習させた（図9）。教師データの構造解析条件（説明変数）として，桟橋の種類や劣化度，外力をランダムに組み合わせた上で構造解析を実施し，その組み合わせにおける目的変数となる構造解析結果を取得する。これら説明変数と目的変数をセットにした教師データを作成した。

3. 開発技術を用いた残存耐力の評価

3.1 AI モデルの精度検証

構築した AI モデルで残存耐力を評価した事例について，劣化した桟橋 A および桟橋 B の残存耐力の評価結果を図10に示す。AI モデルによる評価結果と合わせて，正解となる構造解析を実施した結果および正解率も示している。この結果から，本開発技術は高い精度で損傷を評価できることがわかる。また，今回対象とした桟橋においては，終局損傷に至る梁の箇所を適切に評価できている。さらに，この2件を含む計 400 件の残存耐力評価を行い，精度の検証を行った結果を図11に示す。おおむね 80％以上の正解率で評価可能であり，検証結果の中央値は 88％と高い値となっている。以上のことから，精度の高い AI モデルを構築することができた。

第7章 金属・構造物の腐食防止・維持管理技術

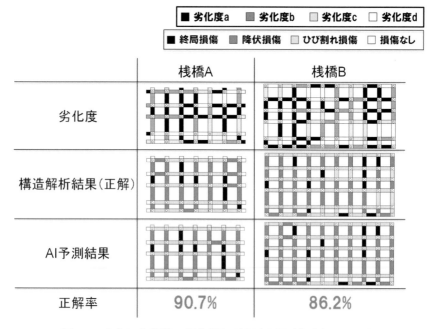

図10 劣化した桟橋の損傷評価結果（地震時損傷）と正解率

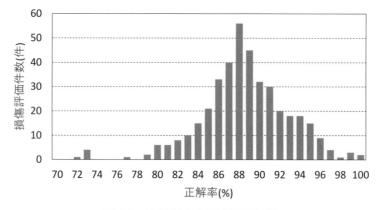

図11 AIモデルの精度検証結果

3.2 開発技術の適用による効果と将来の残存耐力予測

　AIを用いた評価技術であることから，地震力により損傷する具体的な梁部材とその損傷程度を即時に把握することが可能である。本技術の経済的効果として，先に述べたように鉄筋の斫り出し作業やFEM解析，桟橋全体系の構造解析を不要にした点が挙げられる。一例として3000 m^{2}の桟橋を対象とした場合，鉄筋の斫り出し作業として約2～3ヵ月，その後のFEM解析で約2ヵ月，桟橋全体系の構造解析（残存耐力評価）で約1.5ヵ月を要するため，合計5.5～6.5ヵ月が必要とされていた。本技術を活用することで，一般定期点検と劣化度判定までを約0.5～1ヵ月，AIによる残存耐力評価を約0.1ヵ月で行うことができ，合計0.6～1.1ヵ月で残存耐力評価が可能となる。残存耐力を算定するまでの期間を最大で約91％削減できる。

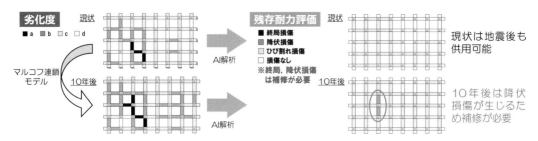

図12 残存耐力評価(地震時損傷)の将来予測事例

　また，マルコフ連鎖モデルなどの劣化進行の確率モデルを本技術と併用することで，年数の経過による残存耐力の変化を把握することができるため，桟橋の供用継続が可能な期間を具体的に設定することができる。現状と将来の残存耐力評価の事例を図12に示す。図に示すように，現状の劣化度においては残存耐力評価を行うと，損傷なしあるいはひび割れ損傷のみとなっているため，ただちに補修が必要な状況ではない。しかし，マルコフ連鎖モデルにより10年後の劣化度を予測して，その劣化度に対する残存耐力評価を行ったところ，降伏損傷が生じる梁が出現した。この結果を活用することで，たとえば10年以内に補修工事の計画を立案し早期に対応を取ることが可能となる。ただちに補修が必要となるような損傷がいつ現れるのか，またどの梁に出現するのかを把握することができるため，部分補修を行うなどの対応も可能となる。

4. 実桟橋への適用と画像情報を用いたAI技術の開発

　ここでは，1970年代に建設された桟橋について，本技術を適用して残存耐力を評価した事例について述べる。対象となる桟橋の平面図を調査から得られた劣化度判定結果と合わせて図13に示す。当該桟橋は，一部（図13の左側）について補修工事をすでに実施しており，補修済みの範囲については，劣化度dと判定されている。このような一部補修済みの桟橋に対して，本技術により残存耐力を評価した結果を図14に示す。結果から，未補修範囲においては，地震時に降伏を超える損傷が発生すると評価された。さらに，未補修部分の劣化した梁の影響を受け，すでに補修を行った梁についても損傷が拡大することが示された。このように，部分的な補修を行う際には，補修による効果と未補修部分の相互影響をあらかじめ把握しておくことが重要であり，それらを把握して補修を実施しなければその効果は限定的なものとなる可能性がある。本技

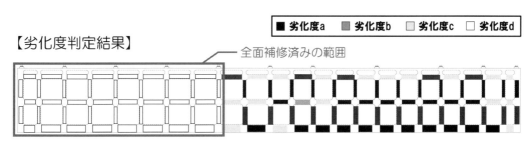

図13 桟橋の劣化度判定結果

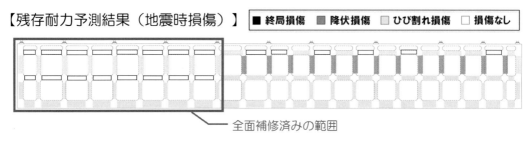

図14 桟橋の残存耐力評価結果（レベル1地震動）

術を活用することで，部分補修による効果や未補修部分の影響を考慮した予測を事前に把握することができるため，単に現状の残存耐力を把握するだけでなく，より合理的な補修方法を検討することができる。

また，ここまでに紹介したAI技術は文献[6]に記載のように，桟橋形状の誤認識に対する技術としてチェビシェフ距離を考慮した数値情報による残存耐力評価技術である。一方で，形状誤認識に対応する画像情報を用いたAI技術についても開発を進めている[8]。これらの技術も含め，今後さまざまな手法を駆使することによって，より迅速に精度の良い残存耐力評価および将来予測を可能にしていきたい。

5. おわりに

本技術は，施設管理者の方々から従前よりいただいていた，桟橋の現状の劣化度だけではわからない「地震に対する損傷の可能性」や「桟橋の供用継続の可否」に関する問い合わせが開発の契機となっている。鉄筋腐食により劣化した桟橋の危険性を施設管理者がより具体的に把握することで，維持管理に積極的にかかわるようになり，それにより予防保全型の維持管理へ転換が図られるものと考えている。

文献

1) 国土交通省：国土交通省インフラ長寿命化計画（行動計画）令和3年度～令和7年度，6(2021)．
2) 国土交通省：令和2年版国土交通白書，146(2020)．
3) 宇野州彦，岩波光保：劣化度判定結果を活用した残存耐力評価手法の実桟橋への適用，土木学会論文集B3(海洋開発)，74(2)，I_55(2018)．
4) 宇野州彦，岩波光保：鉄筋腐食を有する桟橋上部工を模擬した試験体の残存耐力に与える腐食方法及び縮尺の影響評価，土木学会論文集B3(海洋開発)，75(2)，I_827(2019)．
5) 宇野州彦，白可，岩波光保：人工知能技術を活用した桟橋の残存耐力評価手法に関する研究，土木学会論文集B3(海洋開発)，76(2)，I_600(2020)．
6) 宇野州彦，白可，岩波光保：画像情報を用いた機械学習手法による桟橋の残存耐力評価に関する研究，AI・データサイエンス論文集，1(J1)，132(2020)．
7) 門脇大輔，阪田隆司，保坂桂佑，平松雄司：Kaggleで勝つ データ分析の技術，111(2019)．
8) 宇野州彦，岩波光保：機械学習手法による劣化度判定画像を活用した桟橋の残存耐力評価，土木学会論文集，80(18)(2024)．

索 引

英数・記号

3 次元形状計測 ················ 149
4 種混合ガス腐食試験 ············ 119
10 点土壌評価システム ············ 299
A_0 モード ··················· 187
ACM ······················ 150
AE：Acoustic Emission ········· 181
　　＝アコースティックエミッション法
AE 音源位置標定 ················ 186
AE モニタリング装置 ············· 182
AI：Artificial Intelligence ······· 174
AIC：Akaike's Information Criterion ···· 186
　　＝赤池情報量基準
Alloy 625 ··················· 208
Al–Zn 相 ··················· 196
ASTM B117 ················· 116
CAE：Computer Aided Engineering ···· 218
　　＝計算機援用工学
CASS ····················· 117
Cr 炭化物 ··················· 261
Deep Learning ··············· 174
　　＝深層学習
DFT：Density Functional Theory ····· 219
　　＝密度汎関数法
ESM–RISM 法 ················ 219
Fe–Cr 合金 ··················· 99
Fe–Ni 合金 ··················· 99
GIS ······················ 150
GPU：Graphics Processing Unit ···· 180
Gumbel 確率紙 ················ 136
Gumbel 分布 ················· 135
HE：Hydrogen embrittlement ···· 49, 60
　　＝水素脆化
ICM ······················ 150
IEC ························ 2
IEC 60068-2-42 ··············· 118
IEC 60068-2-43 ··············· 118

IEC 60068-2-60 ··············· 118
IMA ······················ 215
　　＝イオンマイクロアナライザ
ISO ······················· 2
ISO 9227 ··················· 117
ISO 21857：2021 ··············· 48
ISO 15589-1：2015 ············· 233
ISO 15589-2：2024 ············· 234
ISO/TC 156 の P メンバー ·········· 3
ISO/TC 156 の WG ·············· 3
ITU ······················· 2
JASO M609 ················· 117
JASO M610 ················· 117
JIS Z 2371 ·················· 116
JPEG ····················· 150
J 積分 ····················· 54
Kesternich（ケステルニッヒ）試験 ···· 118
$MgZn_2$ 相 ·················· 196
MI ······················· 218
MVLUE ···················· 137
NBS ······················ 29
Nernst の式 ·················· 7
Paris 則 ···················· 54
Pourbaix の電位－pH ············ 231
Pourbaix の電位－pH 図 ·········· 271
RCM ······················ 150
RD 型 ····················· 159
RGB 色空間 ·················· 150
RR 型 ····················· 159
S_0 モード ·················· 187
Sieverts（ジーベルツ）則 ·········· 61
S–N（応力-繰り返し数）曲線 ········· 69
SR 型 ····················· 159
SSRT 試験 ··················· 57
VDA：Verband der Automobilindustrie ··· 121
WC 系サーメット ··············· 272
WC 炭化物系サーメット ·········· 270
WC 炭化物粉末 ················ 264

－索-1－

WET 率 ……………………………………… 109
W 炭化物 ………………………………………… 261
X 線回折装置 …………………………………… 113
X 線蛍光分析装置 ……………………………… 112
X 線光電子分光分析装置 ……………………… 113
X 線マイクロアナライザ ……………………… 112
Zn-6% Al-3% Mg 合金めっき鋼板 …………… 191
Zn-11% Al-3% Mg-0.2% Si 合金めっき鋼板 …… 191
Zn-19% Al-6% Mg-Si 合金めっき鋼板 ……… 191
Zn/Al/MgZn₂ 三元共晶 ………………………… 197

あ

アーク溶射法 …………………………………… 267
赤池情報量基準 ………………………………… 186
　　= AIC：Akaike's Information Criterion
アコースティックエミッション法 …………… 181
　　= AE：Acoustic Emission
後めっき材 ……………………………………… 190
後めっき縞板 …………………………………… 197
穴あき腐食試験 ………………………………… 122
アノテーション ………………………………… 177
アノード ……………………………… 228, 267
アノードサイト ………………………………… 228
アノード反応 …………………………… 6, 228
アノード分極曲線 ……………………………… 271
アノード分極特性 ……………………………… 274
アノード平衡電位 ……………………………… 229
アルカリ骨材反応 ……………………………… 146
アンダーコート ………………………………… 261

い

硫黄系アウトガス ……………………………… 106
硫黄系ガス ……………………………………… 106
硫黄酸化細菌（SOB） …………………………… 28
イオン化 ………………………………………… 6
イオン透過抵抗 ………………………………… 152
イオンマイクロアナライザ …………………… 215
　　= IMA
維持管理 …………………………… 146, 279, 303
異種金属接触腐食（ガルバニ腐食） …………… 267
一次 AE ………………………………………… 182
陰極防食 ………………………………………… 77

う

ウェーブレット変換 …………………………… 186
ウェザリング …………………………………… 116
上塗り …………………………………………… 251

え

液膜厚さ ………………………………………… 16
エポキシ樹脂塗料 ……………………………… 251
塩害 ……………………………………………… 105
塩化物 …………………………………………… 118
塩化物応力腐食割れ …………………………… 50
塩水シャワー …………………………………… 122
塩水浸漬 ………………………………………… 122
塩水噴霧試験 ………………………… 107, 116, 253
塩素 ……………………………………………… 124

お

応力 ……………………………………………… 125
応力拡大係数 …………………………………… 54
応力腐食割れ ………………………… 49, 111, 129
オゾン …………………………………………… 125

か

海塩粒子 ………………………………………… 95
海塩粒子量 ……………………………………… 98
外観観察 ………………………………………… 97
外観腐食 ………………………………………… 122
開気孔 …………………………………………… 276
海水懸濁物 ……………………………………… 37
海水腐食 ………………………………………… 36
外面応力腐食割れ ……………………………… 50
海洋環境 ………………………………………… 37
海洋鋼構造物 …………………………………… 122
海洋大循環 ……………………………………… 37
拡散方程式 ……………………………………… 64
拡散律速 ………………………………………… 12
学習 ……………………………………………… 177
下限界応力拡大係数 …………………………… 54
ガスの溶解度 …………………………………… 111
ガス腐食試験 …………………………………… 118

－索-2－

ガス雰囲気温度 ……………………… 203	金属溶射 ……………………………… 286
画像データ ……………………………… 177	
加速腐食試験中 ………………………… 182	

く

カソード …………………… 228, 267	クーポン ……………………………… 236
カソードサイト ………………………… 229	くさび効果 …………………………… 74
カソード反応 …………………… 7, 229	クロム系炭化物サーメット粉末 ……… 265
カソード復極 …………………………… 25	クロム炭化物系サーメット皮膜 ……… 273
カソード復極説に対する是非 ………… 26	
カソード防食 …………………… 38, 228	

け

活性経路溶解 …………………………… 49	蛍光 X 線分析 ………………………… 149
活性状態 ………………………………… 184	計算機援用工学 ……………………… 220
活性溶解 ………………………………… 213	= CAE：Computer Aided Engineering
過熱器管 ………………………………… 200	桁端部 ………………………………… 281
下方塩霧吹付ノズル …………………… 124	欠陥 …………………………………… 275
ガラス越し暴露試験 …………………… 94	結露 …………………………………… 118
環境遮断性 ……………………………… 13	健全度評価 …………………………… 280
環境助長割れ …………………………… 50	懸濁物 ………………………………… 37
環境ストレス …………………………… 104	
乾湿繰り返し試験 ……………………… 17	

こ

乾食 ……………………………………… 129	コイル法 ……………………………… 148
貫通気孔(ピンホール) ………………… 261	高温酸化 ……………………………… 80
貫通孔 …………………………………… 267	高温腐食 ……………………………… 80
	高温腐食試験 ………………………… 202

き

	交換電流密度 ………………………… 11
機械学習 …………………… 100, 150	鋼橋 …………………………………… 279
機械学習モデル ………………………… 222	高効率廃棄物発電 …………………… 200
機械的性質 ……………………………… 208	高速道路 ……………………………… 278
基準応力 ………………………………… 58	高速道路リニューアルプロジェクト … 279
気象因子 ………………………………… 98	高耐食性材料 ………………………… 202
犠牲アノード …………………………… 269	厚膜形エポキシ樹脂塗料 …………… 253
犠牲防食性 ……………………………… 192	交流腐食 ……………………………… 236
キセノンアーク灯 ……………………… 122	交流腐食防止基準 …………………… 236
既存塗膜 ………………………………… 294	交流迷走電流腐食 …………………… 44
逆電位設定法 …………………………… 159	交流迷走電流腐食防止基準 ………… 48
キャス試験 ……………………………… 117	小型塩水噴霧試験機 ………………… 123
極値 ……………………………………… 134	黒鉛化腐食 …………………………… 299
極値統計理論 …………………………… 134	国際規格 ………………………… 2, 119
局部腐食 …………………… 111, 134, 144	国土強靭化 …………………………… 196
許容応力 ………………………………… 58	ごみ焼却灰 …………………………… 201
近接目視 ………………………………… 147	コンクリート中の鋼のカソード防食基準 …… 235
金属材料 ………………………………… 128	混合ガス試験 ………………………… 118
金属材料の耐食性 ……………………… 13	
金属腐食 ………………………………… 125	

－索-3－

混合ガス腐食試験·····················109

さ

サーマルリサイクル·····················209
サーメット溶射·····················260
サーメット溶射材料·····················261
サーメット溶射皮膜·····················269
再現試験·····················111
再現性·····················121
再現率·····················178
材質変更·····················77
再生可能エネルギー·····················209
最大減肉速度·····················206
最大肉厚減量·····················205
材料形態·····················270
先めっき材·····················190
酢酸酸性塩水噴霧試験·····················117
錆·····················117, 182
錆瘤·····················32
錆の進行度·····················175
錆の成長・自壊·····················184
酸化剤·····················6
酸化物·····················13
酸化物層·····················6
酸化膜·····················70
サンシャインカーボンアーク灯·····················122
酸性雨サイクル試験·····················121
酸素還元·····················7
残存耐力·····················303
残存耐力評価·····················304
サンド・エロージョン·····················39
桟橋·····················303

し

紫外線·····················122
紫外線蛍光ランプ·····················122
時効衝撃特性·····················208
自然腐食·····················129
磁束貫通法·····················148
下塗り·····················251
実機試験·····················203
湿潤大気応力腐食割れ·····················50

湿食·····················105, 129, 144
磁粉探傷試験·····················147
縞鋼板·····················197
シミュレーション解析·····················205
写真撮影·····················150
遮蔽暴露試験·····················94
集中腐食·····················40
周波数スペクトル·····················184
重防食塗装·····················247, 283
寿命検証·····················119
主要イオン·····················36
蒸気温度·····················203
小傾角粒界·····················52
自溶合金粉末·····················263
自溶合金溶射·····················260
照射誘起応力腐食割れ·····················50
状態観察·····················112
床板·····················197
将来予測·····················309
ジンクリッチペイント·····················183
人工海水·····················121
人工知能（AI）·····················305
新水基·····················240
浸漬環境·····················17
浸漬試験·····················272
深層学習·····················174
　　= Deep Learning
振動·····················125
新油基·····················240
信頼性試験·····················104

す

水素イオンの還元·····················9
水素脆化·····················49, 60
　　= HE：Hydrogen embrittlement
水素脆化メカニズム·····················65
推論·····················176
隙間腐食·····················210
隙間腐食発生確率·····················211
スクリーニング技術·····················109
ステンレスクラッド鋼·····················288
ストライエーション·····················71
スプラット（扁平状粒子）·····················275

せ

脆性ストライエーション	75
精度	178
精度検証	178
錆油開発	242
積雪寒冷地	279
絶対湿度一定	121
切断端面部	195
接点腐食	118
選択的溶出	216
潜伏期間	50
全面腐食	144, 186, 210

そ

送信用振動子	147
促進性	119
促進耐候性試験	122
素地調整	249, 295

た

ターフェル係数	11
対応粒界	52
大気暴露	119
大気暴露試験	94
大気腐食	15
大気腐食環境	17
耐高温腐食性	201
耐候性鋼	152
耐候性鋼材	286
耐候劣化	122
耐食性	117
耐食チタン合金 AKOT	210
耐食溶射	260
耐食溶射皮膜	267
太陽光	122
ダクタイル鉄管	299
脱炭素社会	209
単ガス試験	109
炭化物サーメット粉末	264
炭化物(ペレット)	275
弾性波	181

ち

断面観察	98
チューニング	178
中性塩水噴霧試験	116
チョーキング	247
長期保全	288
長油性フタル酸樹脂塗料	250
直接暴露試験	94
直流迷走電流腐食	44
直流迷走電流腐食の防止基準	47

て

データオーグメンテーション	177
定荷重試験	56
定電位電解	275
定ひずみ試験	56
適合率	178
鉄筋腐食	162
鉄細菌(IB)	28
鉄酸化細菌(IOB)	27
鉄道	138
転位	70
電位 − pH 図	13
電位ノイズ	154
電気化学インピーダンス図形	268
電気化学インピーダンス特性	267
電気化学インピーダンス法	152
電気化学的挙動	211
電気化学ノイズ	51, 154
点検	280
電子・原子シミュレーション	66
電磁誘導加熱	164
電流ノイズ	154

と

凍結融解	146
凍結防止剤	279
毒物劇物	241
土壌の特性	23
塗装	283

塗装系 ·· 247
塗装指針 ·· 290
トップコート ·································· 261
塗膜損傷 ·· 185
塗膜劣化度診断システム（Paint View）········· 287
ドローン ·· 149

な

ナイキスト線図 ······················ 268, 274
中塗り ·· 251
鉛・クロムフリー錆止めペイント ········· 250

に

肉盛溶射 ·· 262
肉盛溶射材料 ·································· 260
二酸化硫黄 ······································ 98
二次 AE ··· 182
日本産業規格 ·································· 260
ニューラルネットワーク ·················· 176

ぬ

塗り替え ·· 284
塗替え時期 ···································· 293
塗替え施工 ···································· 293

の

濃化 ·· 215

は

バイオマス発電 ······························ 209
廃棄物発電 ···································· 200
破壊力学 ·································· 54, 73
パックセメンテーション ··················· 89
発電設備材料 ·································· 207
パワースペクトル ··························· 156
反応抵抗（腐食抵抗）······················ 268

ひ

被覆防食 ··· 38
非酸化性の環境 ······························ 210
ひずみエネルギー ··························· 181
引張 ·· 125
非破壊検査 ···································· 162
皮膜の破壊 ·· 6
皮膜表面 ·· 272
ヒュージング ·································· 260
標準電極電位 ···································· 7
表面処理皮膜 ·································· 116
表面濃化 ·· 215
表面皮膜 ··· 6
飛来塩分 ·· 279
ピンホール ···································· 260

ふ

封孔処理 ·· 275
富岳 ·· 224
深さ方向の組成分析結果 ··················· 215
複合サイクル試験 ··························· 107
複合サイクル腐食試験 ······················ 117
腐食 ·· 279
腐食確率 ··· 30
腐食機構 ·· 129
腐食試験 ·· 107
腐食性ガス ···································· 118
腐食生成物 ···································· 192
腐食性物質 ···································· 104
腐食センサ ···································· 150
腐食促進試験 ·································· 116
腐食速度 ···················· 12, 30, 39, 105, 211
腐食電位 ······················ 10, 213, 267
腐食電流 ·· 268
腐食度 ··· 97
腐食の定義 ···································· 105
腐食の分類 ···································· 105
腐食ピット ······································ 72
腐食評価技術 ·································· 111
腐食評価事例 ···································· 18
腐食疲労 ··· 49
腐食メカニズム ······························ 267

腐食予測 ……………………………………… 128
腐食予測式 ……………………………………… 99
腐食予測マップ ………………………………… 102
腐食量 …………………………………………… 97
フッ素樹脂塗料 ……………………………… 251
不働態 …………………………………………… 13
不働態化 ……………………………………… 214
不働態皮膜 ……………………… 14, 144, 210
不動態皮膜 …………………………………… 144
ブラスト工法 ………………………………… 296
ブラスト処理 ………………………………… 250
ブラックボックス暴露試験 ………………… 94
フレーム溶射法 ……………………………… 267
分極曲線 ……………………………………… 213
分極抵抗 ………………………………… 11, 154
分極特性 ……………………………………… 273
噴霧採取容器 ………………………………… 123
噴霧方式 ……………………………………… 116
噴霧量 ………………………………………… 123

へ

閉気孔 ………………………………………… 276
平坦度 ………………………………………… 199
平面耐食性 …………………………………… 192
ペトロラタム形防錆油 ……………………… 243
片状黒鉛鋳鉄 ………………………………… 299
変色皮膜破壊 ………………………………… 49

ほ

ボイラ過熱器管 ……………………………… 200
放射発散度 …………………………………… 163
防食技術 ……………………………………… 279
防食皮膜 ……………………………………… 267
防食溶射 ……………………………………… 260
防食溶射皮膜 ………………………………… 268
防錆剤 ………………………………………… 241
防錆油 ………………………………………… 240
防錆油開発 …………………………………… 240
防せい溶射 …………………………………… 260
放物線速度則 ………………………………… 80
保護性皮膜 …………………………………… 81

ま

マクロセル腐食 ……………………………… 37
増塗り ………………………………………… 284
マテリアルズ・インフォマティクス ……… 218

み

密度汎関数法 ………………………………… 219
　　= DFT：Density Functional Theory

む

無機ジンクリッチペイント ………………… 251

め

迷走電流腐食 ………………………………… 42

も

モデル ………………………………………… 175

よ

溶射 …………………………………………… 88
溶射材料 ……………………………………… 261
溶射皮膜 ……………………………………… 78
溶射皮膜構成成分 …………………………… 274
溶射法 ………………………………………… 265
溶出イオン量 ………………………………… 270
溶存酸素 ……………………………………… 7
溶融 Zn めっき鋼板 ………………………… 191
溶融亜鉛めっき ……………………………… 285
予防保全 ……………………………………… 147
予測モデル …………………………………… 100

ら

ライフサイクルコスト …………………… 146, 284

り

粒界エネルギー ……………………………… 53

硫化腐食 …………………………………… 106
硫化物応力腐食割れ ……………………… 50
硫酸塩還元菌（SRB）……………………… 25

る

累積 AE イベント数 ……………………… 183

れ

レール ……………………………………… 138
冷媒 ………………………………………… 165

金属材料の腐食防食技術体系
基礎から AI 技術まで

発行日	2025 年 1 月 19 日　初版第 1 刷発行
監修者	梶山　文夫
発行者	吉田　隆
発行所	株式会社エヌ・ティー・エス
	東京都千代田区北の丸公園 2-1　科学技術館 2 階
	TEL　03(5224)5430　http://www.nts-book.co.jp/
印刷・製本	日本ハイコム株式会社

Ⓒ 2025　梶山　文夫, 他

ISBN 978-4-86043-932-3

乱丁・落丁はお取り替えいたします。無断複写・転載を禁じます。
定価はケースに表示してあります。
本書の内容に関し追加・訂正情報が生じた場合は、当社ホームページにて掲載いたします。
※ホームページを閲覧する環境のない方は当社営業部（03-5224-5430）へお問い合わせ下さい。

関連図書

	書籍名	発刊年	体裁	本体価格
1	マテリアルズインテグレーションによる構造材料設計ハンドブック	2024 年	B5 360 頁	54,000 円
2	接着工学 第2版 〜接着剤の基礎、機械的特性・応用〜	2024 年	B5 736 頁	54,000 円
3	水素利用技術集成 Vol.6 〜炭素循環社会に向けた製造・貯蔵・利用の最前線〜	2024 年	B5 428 頁	53,000 円
4	傾斜機能材料ハンドブック	2024 年	B5 460 頁	56,000 円
5	接着界面解析と次世代接着接合技術	2022 年	B5 448 頁	54,000 円
6	破壊の力学 Q&A 大系 〜壊れない製品設計のための実践マニュアル〜	2022 年	B5 576 頁	54,000 円
7	やわらかものづくりハンドブック 〜先端ソフトマターのプロセスイノベーションとその実践〜	2022 年	B5 600 頁	45,000 円
8	フレッティング摩耗・疲労・損傷と対策技術大系 〜事故から学ぶ壊れない製品設計〜	2022 年	B5 332 頁	50,000 円
9	データ駆動型材料開発 〜オントロジーとマイニング、計測と実験装置の自動制御〜	2021 年	B5 290 頁	52,000 円
10	セルロースナノファイバー 研究と実用化の最前線	2021 年	B5 896 頁	63,000 円
11	ねじ締結体設計大系 〜事故から学ぶ壊れない製品設計の要諦〜	2021 年	B5 368 頁	50,000 円
12	マテリアルズ・インフォマティクス開発事例最前線	2021 年	B5 322 頁	50,000 円
13	3D プリンタ用新規材料開発	2021 年	B5 380 頁	45,000 円
14	ポリマーの強靱化技術最前線 〜破壊機構、分子結合制御、しなやかタフポリマーの開発〜	2020 年	B5 318 頁	45,000 円
15	グラフェンから広がる二次元物質の新技術と応用 〜世界の動向、CVD 合成、転写積層、量子物性、センサ・デバイス、THz 応用〜	2020 年	B5 558 頁	54,000 円
16	水素利用技術集成 Vol.5 〜水素ステーション・設備の安全性〜	2018 年	B5 242 頁	38,000 円
17	繊維のスマート化技術大系 〜生活・産業・社会のイノベーションへ向けて〜	2017 年	B5 562 頁	56,000 円
18	新世代 木材・木質材料と木造建築技術	2017 年	B5 484 頁	43,000 円
19	自動車のマルチマテリアル戦略 〜材料別戦略から異材接合、成形加工、表面処理技術まで〜	2017 年	B5 394 頁	45,000 円
20	工業製品・部材の長もちの科学 〜設計・評価技術から応用事例まで〜	2017 年	B5 448 頁	50,000 円
21	しなやかで強い鉄鋼材料 〜革新的構造用金属材料の開発最前線〜	2016 年	B5 440 頁	50,000 円
22	CFRP の成形・加工・リサイクル技術最前線 〜生活用具から産業用途まで適用拡大を背景として〜	2015 年	B5 388 頁	40,000 円

※本体価格には消費税は含まれておりません。

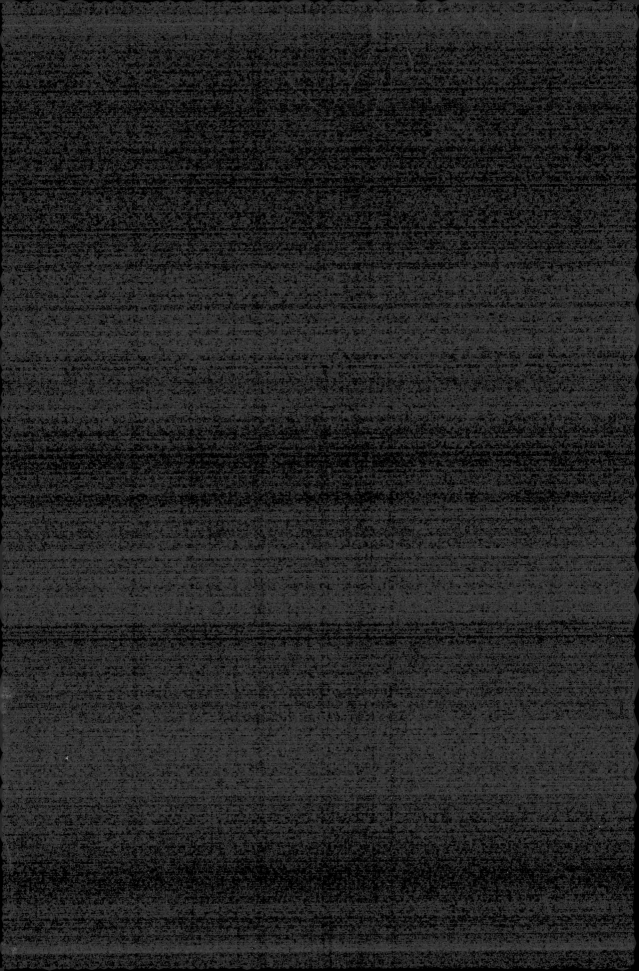